商务印书馆普通高等学校“十四五”数字化建设规划教材

高等数学学习指导（下）

主　编　朱云峰　孙丽丽　王　冠
副主编　曲　如　常华珍　王学武
张中华　谷　晶　谢　琪
王禹棋
主　审　韩　玉

创于1897
商务印书馆
The Commercial Press

图书在版编目（CIP）数据

高等数学学习指导. 下 / 朱云峰，孙丽丽，王冠主编. -- 北京 ：商务印书馆，2024. -- ISBN 978 - 7 - 100 - 24345 - 2

Ⅰ. O13

中国国家版本馆 CIP 数据核字第 20246VK539 号

高等数学学习指导（下）

朱云峰　孙丽丽　王　冠　主编

商　务　印　书　馆　出　版

（北京王府井大街36号　邮政编码100710）

商　务　印　书　馆　发　行

鸿博睿特(天津)印刷科技有限公司印刷

ISBN 978-7-100-24345-2

2024 年 8 月第 1 版　　开本 787×1092　1/16

2024 年 8 月第 1 次印刷　　印张 9.25

定价：32.80 元

前　言

根据党的二十大报告提出的"实施科教兴国战略，强化现代化建设人才支撑"的精神，大学应加强基础学科、新兴学科、交叉学科建设。高等数学主要由微积分、向量代数与空间解析几何、无穷级数、常微分方程几部分组成，内容多而广。要想牢固掌握高等数学基础知识并能融会贯通，需经过大量的思考与练习。高等数学在大学阶段的重要性是毋庸置疑的，它是为后续科学研究夯实基础的一门重要学科。学好高等数学的意义有：对概念的理解可以培养学生的理性思维；对计算能力的训练可以培养学生的探索精神；对证明问题的训练可以培养学生的逻辑推理能力；对应用问题的求解可以培养学生的实际运用能力。

要学好高等数学，必须要进行持续的学习和不断的实践。本书是我校高等数学一线教师根据多年教学经验和我校学生的特点精心编写的，希望使学生具有数学才气、终身刻苦学习的勇气、夯实数学基础的底气、突破科学困难的锐气。

本书分上、下两册，与《高等数学》同步，每一章由知识点总结、基础题与综合题组成。基础题是针对基础知识和基本计算方法的掌握而设计的，注重学生对基本概念的理解、基本计算方法的运用、所学知识的内化；综合题是针对数学思维的强化和计算能力的提高而设计的，注重学生对基本概念的深化、计算能力的提升、证明能力的训练、应用能力的拓展。

本书的特点如下：

1. 知识面覆盖广，基本概念、方法、知识点总结细致，题目设计由浅入深，可以满足不同专业和不同程度的学生的学习需求；

2. 习题讲解细致，方法独到新颖，解答问题力求通俗易懂；

3. 基础题的训练能够让学生掌握基本概念和计算方法，综合题的训练能够提升学生对复杂问题的计算能力、综合分析能力和实际应用能力。

本书的编写得到了很多同事的支持和帮助，特别是我校高等数学教研室曲如老师提出了许多建设性的修改意见，在此表示衷心的感谢！

由于编者水平有限，本书难免有许多不足之处，恳请专家和读者批评指正！

目　录

第 7 章 向量代数与空间解析几何

知识点总结

一、向量

1. 向量的坐标表示

设空间两点的坐标分别为 $M_1(x_1,y_1,z_1)$、$M_2(x_2,y_2,z_2)$，则$\overrightarrow{M_1M_2}$ 的坐标表示式为

$$\overrightarrow{M_1M_2}=(x_2-x_1,y_2-y_1,z_2-z_1).$$

2. 向量的模

向量$\overrightarrow{M_1M_2}$ 的模为

$$|\overrightarrow{M_1M_2}|=\sqrt{(x_2-x_1)^2+(y_2-y_1)^2+(z_2-z_1)^2}.$$

3. 方向余弦

三个方向角的余弦 $\cos\alpha$、$\cos\beta$、$\cos\gamma$ 称为向量 $\boldsymbol{a}$ 的方向余弦.

设 $\boldsymbol{a}=(a_x,a_y,a_z)$，则

(1)$a_x=|\boldsymbol{a}|\cos\alpha, a_y=|\boldsymbol{a}|\cos\beta, a_z=|\boldsymbol{a}|\cos\gamma$;

(2)$\cos\alpha=\dfrac{a_x}{\sqrt{a_x^2+a_y^2+a_z^2}},\cos\beta=\dfrac{a_y}{\sqrt{a_x^2+a_y^2+a_z^2}},\cos\gamma=\dfrac{a_z}{\sqrt{a_x^2+a_y^2+a_z^2}}$;

(3)$\cos^2\alpha+\cos^2\beta+\cos^2\gamma=1$;

(4)$\boldsymbol{a}^\circ=\dfrac{\boldsymbol{a}}{|\boldsymbol{a}|}=\dfrac{1}{|\boldsymbol{a}|}(a_x,a_y,a_z)=(\cos\alpha,\cos\beta,\cos\gamma)$.

4. 两向量的数量积

设 $\boldsymbol{a},\boldsymbol{b}$ 为两个向量，θ 为向量 $\boldsymbol{a}$ 与 $\boldsymbol{b}$ 的夹角，则向量 $\boldsymbol{a}$ 与 $\boldsymbol{b}$ 的数量积为

$$\boldsymbol{a}\cdot\boldsymbol{b}=|\boldsymbol{a}||\boldsymbol{b}|\cos\theta.$$

坐标表示：$\boldsymbol{a}=(a_x,a_y,a_z),\boldsymbol{b}=(b_x,b_y,b_z)$，则

$$\boldsymbol{a}\cdot\boldsymbol{b}=a_xb_x+a_yb_y+a_zb_z.$$

夹角的余弦：$\cos\theta=\dfrac{\boldsymbol{a}\cdot\boldsymbol{b}}{|\boldsymbol{a}||\boldsymbol{b}|}=\dfrac{a_xb_x+a_yb_y+a_zb_z}{\sqrt{a_x^2+a_y^2+a_z^2}\ \sqrt{b_x^2+b_y^2+b_z^2}}(\boldsymbol{a}、\boldsymbol{b}\neq\boldsymbol{0})$.

5. 两向量的向量积

设 $\boldsymbol{a}=(a_x,a_y,a_z),\boldsymbol{b}=(b_x,b_y,b_z)$，则向量 $\boldsymbol{a}$ 与 $\boldsymbol{b}$ 的向量积为

$$\boldsymbol{a}\times\boldsymbol{b}=\begin{vmatrix}\boldsymbol{i} & \boldsymbol{j} & \boldsymbol{k}\\ a_x & a_y & a_z\\ b_x & b_y & b_z\end{vmatrix}=\begin{vmatrix}a_y & a_z\\ b_y & b_z\end{vmatrix}\boldsymbol{i}-\begin{vmatrix}a_x & a_z\\ b_x & b_z\end{vmatrix}\boldsymbol{j}+\begin{vmatrix}a_x & a_y\\ b_x & b_y\end{vmatrix}\boldsymbol{k}.$$

6. 三个向量的混合积

设 $\boldsymbol{a}=(a_x,a_y,a_z)$,$\boldsymbol{b}=(b_x,b_y,b_z)$,$\boldsymbol{c}=(c_x,c_y,c_z)$,则向量 $\boldsymbol{a}$、$\boldsymbol{b}$、$\boldsymbol{c}$ 的混合积为

$$[\boldsymbol{a}\ \boldsymbol{b}\ \boldsymbol{c}]=\begin{vmatrix}a_x & a_y & a_z\\ b_x & b_y & b_z\\ c_x & c_y & c_z\end{vmatrix}.$$

性质:(1) 三个向量 $\boldsymbol{a}$、$\boldsymbol{b}$、$\boldsymbol{c}$ 共面的充分必要条件是 $[\boldsymbol{a}\ \boldsymbol{b}\ \boldsymbol{c}]=0$;

(2) 空间四点 $M_i(x_i,y_i,z_i)(i=1,2,3,4)$ 共面的充分必要条件是

$$(\overrightarrow{M_1M_2}\times\overrightarrow{M_1M_3})\cdot\overrightarrow{M_1M_4}=\begin{vmatrix}x_2-x_1 & y_2-y_1 & z_2-z_1\\ x_3-x_1 & y_3-y_1 & z_3-z_1\\ x_4-x_1 & y_4-y_1 & z_4-z_1\end{vmatrix}=0.$$

二、平面的方程

(1) 点法式方程:

$$A(x-x_0)+B(y-y_0)+C(z-z_0)=0.$$

(2) 一般方程:

$$Ax+By+Cz+D=0.$$

(3) 截距式方程:

$$\frac{x}{a}+\frac{y}{b}+\frac{z}{c}=1.$$

三、两平面的夹角

设两平面 $\Pi_1:A_1x+B_1y+C_1z+D_1=0$ 与 $\Pi_2:A_2x+B_2y+C_2z+D_2=0$,两平面的夹角为 θ,则有

$$\cos\theta=\frac{|\boldsymbol{n}_1\cdot\boldsymbol{n}_2|}{|\boldsymbol{n}_1||\boldsymbol{n}_2|}=\frac{|A_1A_2+B_1B_2+C_1C_2|}{\sqrt{A_1^2+B_1^2+C_1^2}\sqrt{A_2^2+B_2^2+C_2^2}}.$$

四、平面外一点到平面的距离公式

设 $M_0(x_0,y_0,z_0)$ 为平面 $Ax+By+Cz+D=0$ 外的一点,则点 $M_0(x_0,y_0,z_0)$ 到该平面的距离为

$$d=\frac{|Ax_0+By_0+Cz_0+D|}{\sqrt{A^2+B^2+C^2}}.$$

五、空间直线的方程

(1) 一般方程:

$$\begin{cases}A_1x+B_1y+C_1z+D_1=0\\A_2x+B_2y+C_2z+D_2=0\end{cases}.$$

(2) 对称式(或点向式)方程:

$$\frac{x-x_0}{m}=\frac{y-y_0}{n}=\frac{z-z_0}{p}.$$

(3) 参数方程:

$$\begin{cases}x=x_0+mt\\y=y_0+nt\ ,\quad t\text{ 为参数}.\\z=z_0+pt\end{cases}$$

六、两直线的夹角

设两直线 L_1 和 L_2 的方向向量分别为 $\boldsymbol{s}_1=(m_1,n_1,p_1)$ 和 $\boldsymbol{s}_2=(m_2,n_2,p_2)$,两直线的夹角为 θ,则有

$$\cos\theta=\frac{|\boldsymbol{s}_1\cdot\boldsymbol{s}_2|}{|\boldsymbol{s}_1||\boldsymbol{s}_2|}=\frac{|m_1m_2+n_1n_2+p_1p_2|}{\sqrt{m_1^2+n_1^2+p_1^2}\sqrt{m_2^2+n_2^2+p_2^2}},$$

故

$$\theta=\arccos\frac{|m_1m_2+n_1n_2+p_1p_2|}{\sqrt{m_1^2+n_1^2+p_1^2}\sqrt{m_2^2+n_2^2+p_2^2}}.$$

七、空间直线与平面的夹角

设直线 L 的方向向量为 $\boldsymbol{s}=(m,n,p)$,平面 Π 的法向量为 $\boldsymbol{n}=(A,B,C)$,直线与平面的夹角为 φ,可知 $(\widehat{\boldsymbol{n},\boldsymbol{s}})=\frac{\pi}{2}\pm\varphi$,由定义知 $\sin\varphi>0$,于是

$$\sin\varphi=|\cos(\widehat{\boldsymbol{s},\boldsymbol{n}})|=\frac{|\boldsymbol{s}\cdot\boldsymbol{n}|}{|\boldsymbol{s}||\boldsymbol{n}|}=\frac{|Am+Bn+Cp|}{\sqrt{m^2+n^2+p^2}\sqrt{A^2+B^2+C^2}}.$$

八、平面束方程

设直线 L 的方程为 $\begin{cases}A_1x+B_1y+C_1z+D_1=0\\A_2x+B_2y+C_2z+D_2=0\end{cases}$,其中系数 A_1、B_1、C_1 与 A_2、B_2、C_2 不对应成比例,则平面束方程为

$$\lambda(A_1x+B_1y+C_1z+D_1)+\mu(A_2x+B_2y+C_2z+D_2)=0,$$

其中 λ、μ 为任意两个不同时为零的常数.

九、曲面及其方程

1. 球面

球面方程为

$$(x-x_0)^2+(y-y_0)^2+(z-z_0)^2=R^2.$$

2. 旋转曲面

(1) yOz 面上一条曲线 $C:\begin{cases} f(y,z)=0 \\ x=0 \end{cases}$ 绕 z 轴旋转一周所成的旋转曲面的方程为

$$f(\pm\sqrt{x^2+y^2},z)=0;$$

yOz 面上一条曲线 $C:\begin{cases} f(y,z)=0 \\ x=0 \end{cases}$ 绕 y 轴旋转一周所成的旋转曲面的方程为

$$f(y,\pm\sqrt{x^2+z^2})=0.$$

(2) zOx 面上一条曲线 $C:\begin{cases} f(x,z)=0 \\ y=0 \end{cases}$ 绕 z 轴旋转一周所成的旋转曲面的方程为

$$f(\pm\sqrt{x^2+y^2},z)=0;$$

zOx 面上一条曲线 $C:\begin{cases} f(x,z)=0 \\ y=0 \end{cases}$ 绕 x 轴旋转一周所成的旋转曲面的方程为

$$f(x,\pm\sqrt{y^2+z^2})=0.$$

(3) xOy 面上一条曲线 $C:\begin{cases} f(x,y)=0 \\ z=0 \end{cases}$ 绕 x 轴旋转一周所成的旋转曲面的方程为

$$f(x,\pm\sqrt{y^2+z^2})=0;$$

xOy 面上一条曲线 $C:\begin{cases} f(x,y)=0 \\ z=0 \end{cases}$ 绕 y 轴旋转一周所成的旋转曲面的方程为

$$f(\pm\sqrt{x^2+z^2},y)=0.$$

3. 柱面

(1) 方程 $f(x,y)=0$ 表示母线平行于 z 轴的柱面.

(2) 方程 $g(y,z)=0$ 表示母线平行于 x 轴的柱面.

(3) 方程 $h(x,z)=0$ 表示母线平行于 y 轴的柱面.

十、空间曲线及其方程

(1) 一般方程:

$$\begin{cases} F(x,y,z)=0 \\ G(x,y,z)=0 \end{cases}.$$

(2) 参数方程:

$$\begin{cases} x=x(t) \\ y=y(t), \quad t\text{ 为参数}. \\ z=z(t) \end{cases}$$

十一、空间曲线在坐标面上的投影

设空间曲线 C 的方程为

$$\begin{cases} F(x,y,z)=0 \\ G(x,y,z)=0 \end{cases},$$

消去 z,可以得到包含空间曲线 C 在 xOy 面上的投影曲线的曲线方程

$$\begin{cases} H(x,y)=0 \\ z=0 \end{cases};$$

同理,消去 x 或 y,也可以得到包含空间曲线 C 在 yOz 面或 zOx 面上的投影曲线的曲线方程

$$\begin{cases} R(y,z)=0 \\ x=0 \end{cases},$$

或

$$\begin{cases} T(x,z)=0 \\ y=0 \end{cases}.$$

十二、二次曲面

1. 椭球面

椭球面的方程为

$$\frac{x^2}{a^2}+\frac{y^2}{b^2}+\frac{z^2}{c^2}=1.$$

2. 抛物面

(1) 椭圆抛物面的方程为

$$\frac{x^2}{a^2}+\frac{y^2}{b^2}=z.$$

(2) 双曲抛物面(马鞍面) 的方程为

$$-\frac{x^2}{a^2}+\frac{y^2}{b^2}=z.$$

3. 双曲面

(1) 单叶双曲面的方程为

$$\frac{x^2}{a^2}+\frac{y^2}{b^2}-\frac{z^2}{c^2}=1,\quad \frac{x^2}{a^2}-\frac{y^2}{b^2}+\frac{z^2}{c^2}=1,\quad -\frac{x^2}{a^2}+\frac{y^2}{b^2}+\frac{z^2}{c^2}=1.$$

(2) 双叶双曲面的方程为

$$-\frac{x^2}{a^2}+\frac{y^2}{b^2}+\frac{z^2}{c^2}=-1,\quad \frac{x^2}{a^2}-\frac{y^2}{b^2}+\frac{z^2}{c^2}=-1,\quad \frac{x^2}{a^2}+\frac{y^2}{b^2}-\frac{z^2}{c^2}=-1.$$

4. 二次锥面

二次锥面的方程为

$$\frac{x^2}{a^2}+\frac{y^2}{b^2}=z^2.$$

基　础　题

1. 设 $\boldsymbol{m}=3\boldsymbol{i}+5\boldsymbol{j}+8\boldsymbol{k}$, $\boldsymbol{n}=2\boldsymbol{i}-4\boldsymbol{j}-7\boldsymbol{k}$, $\boldsymbol{p}=5\boldsymbol{i}+\boldsymbol{j}-4\boldsymbol{k}$,求 $\boldsymbol{a}=4\boldsymbol{m}+3\boldsymbol{n}-\boldsymbol{p}$ 在 y 轴上的分向量.

解 $\boldsymbol{a} = 4\boldsymbol{m} + 3\boldsymbol{n} - \boldsymbol{p}$

$= 4(3\boldsymbol{i} + 5\boldsymbol{j} + 8\boldsymbol{k}) + 3(2\boldsymbol{i} - 4\boldsymbol{j} - 7\boldsymbol{k}) - (5\boldsymbol{i} + \boldsymbol{j} - 4\boldsymbol{k})$

$= 13\boldsymbol{i} + 7\boldsymbol{j} + 15\boldsymbol{k}$,

所以其在 y 轴上的分向量为 $7\boldsymbol{j}$.

2. 已知向量$\overrightarrow{AB}$ 的模 $|\overrightarrow{AB}| = 2$,它与 x 轴和 y 轴的夹角分别为$\frac{\pi}{3}$ 和$\frac{\pi}{4}$,点 A 的坐标为 $(1,0,3)$,求点 B 的坐标.

解 因为向量$\overrightarrow{AB}$ 的方向角 $\alpha = \frac{\pi}{3}, \beta = \frac{\pi}{4}$,所以 $\cos\alpha = \frac{1}{2}, \cos\beta = \frac{\sqrt{2}}{2}$. 又因为 $\cos^2\alpha + \cos^2\beta + \cos^2\gamma = 1$,所以 $\cos\gamma = \pm\frac{1}{2}$,故 $\gamma = \frac{\pi}{3}$ 或 $\gamma = \frac{2\pi}{3}$.

设点 B 的坐标为 (x,y,z),则$\overrightarrow{AB} = (x-1, y-0, z-3)$,从而

$$\cos\alpha = \frac{x-1}{|\overrightarrow{AB}|} = \frac{x-1}{2} = \frac{1}{2} \Rightarrow x = 2,$$

$$\cos\beta = \frac{y-0}{|\overrightarrow{AB}|} = \frac{y-0}{2} = \frac{\sqrt{2}}{2} \Rightarrow y = \sqrt{2},$$

$$\cos\gamma = \frac{z-3}{|\overrightarrow{AB}|} = \frac{z-3}{2} = \pm\frac{1}{2} \Rightarrow z = 4 \text{ 或 } z = 2,$$

故点 B 的坐标为 $(2,\sqrt{2},4)$ 或 $(2,\sqrt{2},2)$.

3. 从点 $A(2,-1,7)$ 沿向量 $\boldsymbol{a} = (8,9,-12)$ 的方向取线段 $|AB| = 34$,求点 B 的坐标.

解 设点 B 的坐标为 (x,y,z),则$\overrightarrow{AB} = (x-2, y+1, z-7)$.

由于$\overrightarrow{AB}$ 与 $\boldsymbol{a}$ 共线,有

$$\overrightarrow{AB} = \lambda\boldsymbol{a} = (8\lambda, 9\lambda, -12\lambda),$$

故 $x-2 = 8\lambda, y+1 = 9\lambda, z-7 = -12\lambda (\lambda > 0)$.

又有 $|\overrightarrow{AB}| = 34 = \sqrt{(8\lambda)^2 + (9\lambda)^2 + (-12\lambda)^2} = 17\lambda$,解得 $\lambda = 2$,从而 $x = 18, y = 17, z = -17$,即点 B 的坐标为 $(18,17,-17)$.

4. 设 $\boldsymbol{a} \neq \boldsymbol{0}, \boldsymbol{b} \neq \boldsymbol{0}$,向量 $(\boldsymbol{a} + 3\boldsymbol{b}) \perp (7\boldsymbol{a} - 5\boldsymbol{b})$,且 $(\boldsymbol{a} - 4\boldsymbol{b}) \perp (7\boldsymbol{a} - 2\boldsymbol{b})$,求向量 $\boldsymbol{a}$ 与 $\boldsymbol{b}$ 的夹角 θ.

解 由题意知,$\begin{cases}(\boldsymbol{a} + 3\boldsymbol{b}) \cdot (7\boldsymbol{a} - 5\boldsymbol{b}) = 0 \\ (\boldsymbol{a} - 4\boldsymbol{b}) \cdot (7\boldsymbol{a} - 2\boldsymbol{b}) = 0\end{cases}$,即$\begin{cases}7|\boldsymbol{a}|^2 + 16\boldsymbol{a} \cdot \boldsymbol{b} - 15|\boldsymbol{b}|^2 = 0 \\ 7|\boldsymbol{a}|^2 - 30\boldsymbol{a} \cdot \boldsymbol{b} + 8|\boldsymbol{b}|^2 = 0\end{cases}$,得 $2\boldsymbol{a} \cdot \boldsymbol{b} = |\boldsymbol{b}|^2$,即 $2|\boldsymbol{a}||\boldsymbol{b}|\cos\theta) = |\boldsymbol{b}|^2$.

将 $|\boldsymbol{b}| = 2|\boldsymbol{a}|\cos\theta$ 代入 $7|\boldsymbol{a}|^2 + 16\boldsymbol{a} \cdot \boldsymbol{b} - 15|\boldsymbol{b}|^2 = 0$,得

$$7|\boldsymbol{a}|^2 + 32|\boldsymbol{a}|^2\cos^2\theta - 60|\boldsymbol{a}|^2\cos^2\theta = 0,$$

即
$$7|\boldsymbol{a}|^2(1 - 4\cos^2\theta) = 0 \Rightarrow \cos\theta = \pm\frac{1}{2}.$$

而 $|\boldsymbol{b}| = 2|\boldsymbol{a}|\cos\theta > 0$,故 $\cos\theta > 0$,从而 $\cos\theta = \frac{1}{2}$,即 $\theta = (\widehat{\boldsymbol{a},\boldsymbol{b}}) = \frac{\pi}{3}$.

5. 已知向量$\overrightarrow{OA} = (-2,3,-6)$,$\overrightarrow{OB} = (1,-2,2)$,$|\overrightarrow{OC}| = \sqrt{42}$,且$\overrightarrow{OC}$ 平分 $\angle AOB$,求向量$\overrightarrow{OC}$.

解　由题意知，与$\overrightarrow{OA}$同方向的单位向量为$\boldsymbol{e}_1=\dfrac{\overrightarrow{OA}}{|\overrightarrow{OA}|}=\dfrac{1}{7}(-2,3,-6)$，与$\overrightarrow{OB}$同方向的单位向量为$\boldsymbol{e}_2=\dfrac{\overrightarrow{OB}}{|\overrightarrow{OB}|}=\dfrac{1}{3}(1,-2,2)$. 由于$\overrightarrow{OC}$平分$\angle AOB$，则与$\overrightarrow{OC}$同方向的向量为

$$\boldsymbol{e}_3=\frac{\overrightarrow{OA}}{|\overrightarrow{OA}|}+\frac{\overrightarrow{OB}}{|\overrightarrow{OB}|}=\frac{1}{7}(-2,3,-6)+\frac{1}{3}(1,-2,2)=\frac{1}{21}(1,-5,-4),$$

故存在$\lambda>0$，使$\overrightarrow{OC}=\lambda\boldsymbol{e}_3=\dfrac{\lambda}{21}(1,-5,-4)$，又$|\overrightarrow{OC}|=\sqrt{42}$，所以

$$\frac{\lambda}{21}\sqrt{1^2+(-5)^2+(-4)^2}=\sqrt{42},$$

得$\lambda=21$，则$\overrightarrow{OC}=(1,-5,-4)$.

6. 已知力$\boldsymbol{F}=\boldsymbol{i}+2\boldsymbol{j}-3\boldsymbol{k}$作用于杠杆上点$A(1,2,-1)$处，求此力关于另一点$B(3,-1,1)$的力矩.

解　由于向量$\overrightarrow{BA}=(-2,3,-2)$，因此力$\boldsymbol{F}=\boldsymbol{i}+2\boldsymbol{j}-3\boldsymbol{k}$关于点$B$的力矩为

$$\boldsymbol{M}=\overrightarrow{BA}\times\boldsymbol{F}=\begin{vmatrix}\boldsymbol{i}&\boldsymbol{j}&\boldsymbol{k}\\-2&3&-2\\1&2&-3\end{vmatrix}=-5\boldsymbol{i}-8\boldsymbol{j}-7\boldsymbol{k}.$$

7. 求通过点$P(2,-1,-1)$、$Q(1,2,3)$且垂直于平面$\Pi_1:2x+3y-5z+6=0$的平面的方程.

解　已知平面Π_1的法向量$\boldsymbol{n}_1=(2,3,-5)$，又向量$\overrightarrow{PQ}=(-1,3,4)$在所求平面上，设所求平面的法向量为$\boldsymbol{n}$，则有$\boldsymbol{n}\perp\boldsymbol{n}_1$，且$\boldsymbol{n}\perp\overrightarrow{PQ}$，故取

$$\boldsymbol{n}=\boldsymbol{n}_1\times\overrightarrow{PQ}=\begin{vmatrix}\boldsymbol{i}&\boldsymbol{j}&\boldsymbol{k}\\2&3&-5\\-1&3&4\end{vmatrix}=(27,-3,9),$$

又平面过点$P(2,-1,-1)$，所以所求平面方程为

$$27(x-2)-3(y+1)+9(z+1)=0,$$

即

$$9x-y+3z-16=0.$$

8. 求过点$(3,1,-2)$且通过直线$\dfrac{x-4}{5}=\dfrac{y+3}{2}=\dfrac{z}{1}$的平面的方程.

解　**方法一**　应用平面的一般方程.

设所求平面方程为$Ax+By+Cz+D=0$. 因为点$P(3,1,-2)$与点$Q(4,-3,0)$都在平面上，所以直线的方向向量$\boldsymbol{s}=(5,2,1)$与平面的法向量$\boldsymbol{n}=(A,B,C)$垂直，即$\boldsymbol{s}\cdot\boldsymbol{n}=0$，故有

$$\begin{cases}3A+B-2C+D=0\\4A-3B+D=0\\5A+2B+C=0\end{cases},$$

解得$A=-\dfrac{8}{59}D, B=\dfrac{9}{59}D, C=\dfrac{22}{59}D$，代入方程$Ax+By+Cz+D=0$并消去$D$，得所求平面方程为

$$8x-9y-22z-59=0.$$

方法二　应用平面的点法式方程.

因为点 $P(3,1,-2)$ 与点 $Q(4,-3,0)$ 都在平面上,所以平面的法向量 $\boldsymbol{n}=(A,B,C)\perp\overrightarrow{PQ}$;又因为直线也在平面上,所以直线的方向向量 $\boldsymbol{s}=(5,2,1)\perp\boldsymbol{n}$. 故平面的法向量可取为

$$\boldsymbol{n}=\boldsymbol{s}\times\overrightarrow{PQ}=\begin{vmatrix}\boldsymbol{i}&\boldsymbol{j}&\boldsymbol{k}\\5&2&1\\1&-4&2\end{vmatrix}=(8,-9,-22),$$

因此,所求平面方程为

$$8(x-3)-9(y-1)-22(z+2)=0,$$

即

$$8x-9y-22z-59=0.$$

9. 过已知点 $M_0(-1,2,-3)$ 作一直线 L,使其与向量 $\boldsymbol{a}=(6,-2,-3)$ 垂直,且与直线 $L_1:\dfrac{x-1}{3}=\dfrac{y+1}{2}=\dfrac{z-3}{-5}$ 相交.

解　方法一　应用直线的对称式方程.

过点 M_0 作与向量 $\boldsymbol{a}$ 垂直的平面 Π_1,再求出已知直线 L_1 与该平面的交点 M,则交点 M 与点 M_0 确定的直线即为所求直线.

过点 $M_0(-1,2,-3)$ 且与向量 $\boldsymbol{a}=(6,-2,-3)$ 垂直的平面 Π_1 的方程为

$$6(x+1)-2(y-2)-3(z+3)=0,$$

即

$$6x-2y-3z+1=0.$$

将直线 L_1 的参数方程 $x=1+3t,y=-1+2t,z=3-5t$ 代入上述平面方程,有

$$6(1+3t)-2(-1+2t)-3(3-5t)+1=0,$$

解得 $t=0$,故平面 Π_1 与直线 L_1 的交点为 $M(1,-1,3)$. 过点 $M(1,-1,3)$ 与点 $M_0(-1,2,-3)$ 的直线的方程为

$$\frac{x-1}{2}=\frac{y+1}{-3}=\frac{z-3}{6}.$$

方法二　应用直线的一般方程.

过点 M_0 作与向量 $\boldsymbol{a}$ 垂直的平面 Π_1,再作由点 M_0 与直线 L_1 确定的平面 Π_2,两平面的交线即为所求直线.

过点 $M_0(-1,2,-3)$ 且与向量 $\boldsymbol{a}=(6,-2,-3)$ 垂直的平面 Π_1 的方程为

$$6x-2y-3z+1=0.$$

直线 L_1 的方向向量 $\boldsymbol{s}=(3,2,-5)$,点 $M_1(1,-1,3)$ 在直线 L_1 上,则由点 M_0 及直线 L_1 确定的平面 Π_2 的法向量为

$$\boldsymbol{n}=\boldsymbol{s}\times\overrightarrow{M_0M_1}=(3,2,-5)\times(2,-3,6)=-(3,28,13),$$

故平面 Π_2 的方程为

$$3x+28y+13z-14=0,$$

所求直线方程为

$$\begin{cases}6x-2y-3z+1=0\\3x+28y+13z-14=0\end{cases}.$$

10. 求直线 $\begin{cases}x+2y=7\\x+y-3z=0\end{cases}$ 与平面 $2x+y-z+1=0$ 的夹角及交点.

解　由于直线的方向向量 $\boldsymbol{s}=(1,2,0)\times(1,1,-3)=\begin{vmatrix}\boldsymbol{i} & \boldsymbol{j} & \boldsymbol{k}\\ 1 & 2 & 0\\ 1 & 1 & -3\end{vmatrix}=(-6,3,-1)$，平面的法向量 $\boldsymbol{n}=(2,1,-1)$，因此直线与平面的夹角 θ 的正弦为

$$\sin\theta=\frac{|\boldsymbol{s}\cdot\boldsymbol{n}|}{|\boldsymbol{s}|\,|\boldsymbol{n}|}=\frac{4}{\sqrt{69}},$$

故 $\theta=\arcsin\dfrac{4}{\sqrt{69}}$.

联立方程 $\begin{cases}x+2y=7\\ x+y-3z=0\\ 2x+y-z-1=0\end{cases}$，解得交点为 $(-1,4,1)$.

11. 求点 $A(4,1,-2)$ 到直线 $\begin{cases}x-y+z+5=0\\ 2x+z-4=0\end{cases}$ 的距离.

解　**方法一**　利用点到直线的距离公式.

已知直线的方向向量为

$$\boldsymbol{s}=\boldsymbol{n}_1\times\boldsymbol{n}_2=\begin{vmatrix}\boldsymbol{i} & \boldsymbol{j} & \boldsymbol{k}\\ 1 & -1 & 1\\ 2 & 0 & 1\end{vmatrix}=(-1,1,2),$$

求出直线上一点 $B(2,7,0)$，则点 A 到直线的距离为

$$d=\frac{|\overrightarrow{AB}\times\boldsymbol{s}|}{|\boldsymbol{s}|}=\frac{|(-2,6,2)\times(-1,1,2)|}{|(-1,1,2)|}=\frac{|2(5,1,2)|}{\sqrt{6}}=2\sqrt{5}.$$

方法二　过已知点作与已知直线垂直的平面，并求出其交点，则已知点与交点的距离就是已知点到直线的距离.

过点 $A(4,1,-2)$ 且与直线 $\begin{cases}x-y+z+5=0\\ 2x+z-4=0\end{cases}$ 垂直的平面方程为

$$-(x-4)+(y-1)+2(z+2)=0,$$

即

$$x-y-2z-7=0,$$

联立方程 $\begin{cases}x-y+z+5=0\\ 2x+z-4=0\\ x-y-2z-7=0\end{cases}$，解得直线与平面的交点为 $C(4,5,-4)$，则点 A 到直线的距离为

$$d=|AC|=\sqrt{0^2+4^2+(-2)^2}=2\sqrt{5}.$$

综　合　题

1. 设直线 L：$\begin{cases}2y+3z-5=0\\ x-2y-z+7=0\end{cases}$，求该直线在平面 Π：$x-y+3z+8=0$ 上的投影直线的方程.

解　方法一　过直线 L 作与平面 Π 垂直的平面(称为投影柱面),投影柱面与已知平面的交线即是所求直线在平面上的投影.

直线 L 的方向向量 $\boldsymbol{s}=(0,2,3)\times(1,-2,-1)=(4,3,-2)$,投影柱面的法向量为

$$\boldsymbol{n}_1=\boldsymbol{s}\times\boldsymbol{n}=(4,3,-2)\times(1,-1,3)=7(1,-2,-1).$$

又在直线 L 上取一点 $M_0(0,4,-1)$,则投影柱面的方程为

$$(x-0)-2(y-4)-(z+1)=0,$$

即 $x-2y-z+7=0$,故所求直线 L 在平面 Π 上的投影直线的方程为

$$\begin{cases}x-y+3z+8=0\\x-2y-z+7=0\end{cases}.$$

方法二　应用平面束方程.过直线 L 的平面束方程为

$$\lambda(x-2y-z+7)+\mu(2y+3z-5)=0,$$

则其法向量 $\boldsymbol{n}_1=(\lambda,-2\lambda+2\mu,-\lambda+3\mu)$,平面 Π 的法向量 $\boldsymbol{n}=(1,-1,3)$.投影柱面的法向量 $\boldsymbol{n}_1$ 满足 $\boldsymbol{n}_1\cdot\boldsymbol{n}=7\mu=0$,得 $\mu=0$,故投影柱面的方程为

$$\lambda(x-2y-z+7)=0,$$

即

$$x-2y-z+7=0,$$

所以直线 L 在平面 Π 上的投影直线的方程为

$$\begin{cases}x-y+3z+8=0\\x-2y-z+7=0\end{cases}.$$

2.求锥面 $z=\sqrt{x^2+y^2}$ 与柱面 $z^2=2x$ 所围立体在三个坐标面上的投影区域.

解　由方程组 $\begin{cases}z=\sqrt{x^2+y^2}\\z^2=2x\end{cases}$ 消去 z,得投影柱面 $(x-1)^2+y^2=1$.故所围立体在 xOy 面上的投影区域为

$$\begin{cases}(x-1)^2+y^2\leqslant 1\\z=0\end{cases}.$$

同理,消去 x,得所围立体在 yOz 面上的投影区域为

$$\begin{cases}\left(\dfrac{z^2}{2}-1\right)^2+y^2\leqslant 1,z\geqslant 0\\x=0\end{cases}.$$

所围立体在 zOx 面上的投影区域是由 zOx 面上的直线 $z=x$ 与抛物线 $z^2=2x$ 围成的区域,即

$$\begin{cases}x\leqslant z\leqslant\sqrt{2}x\\y=0\end{cases}.$$

3.将空间曲线方程 $\begin{cases}x^2+y^2+z^2=16\\x+z=0\end{cases}$ 化为参数方程.

解　将 $z=-x$ 代入球面方程,得 xOy 面上的投影曲线 $2x^2+y^2=16$,即椭圆 $\dfrac{x^2}{8}+\dfrac{y^2}{16}=1$,其参数方程为

$$\begin{cases} x = 2\sqrt{2}\cos t \\ y = 4\sin t \end{cases} \quad (0 \leqslant t \leqslant 2\pi),$$

由此得原曲线的参数方程为

$$\begin{cases} x = 2\sqrt{2}\cos t \\ y = 4\sin t \\ z = -2\sqrt{2}\cos t \end{cases} \quad (0 \leqslant t \leqslant 2\pi).$$

4. 求下列各曲线绕 z 轴旋转一周所得旋转曲面的方程.

(1) $\begin{cases} x^2 + 3z^2 = 9 \\ y = 0 \end{cases}$；　(2) $\dfrac{x-1}{0} = \dfrac{y}{1} = \dfrac{z}{1}$.

解　(1) 已知曲线是 xOz 面上的椭圆曲线,将 $x^2 + 3z^2 = 9$ 中的变量 x 换成 $\pm\sqrt{x^2+y^2}$,得所求曲面方程为 $x^2 + y^2 + 3z^2 = 9$(椭球面).

(2) 旋转曲面上任意一点 $M(x,y,z)$ 均由直线 L 上某一点 $M_0(x_0,y_0,z_0)$ 绕 z 轴旋转得到. 当直线 L 绕 z 轴旋转时,动点 M 的竖坐标 $z = z_0$ 保持不变,该点到 z 轴的距离 d 也不变,即 $\sqrt{x^2+y^2} = \sqrt{x_0^2+y_0^2}$. 又 x_0、y_0 满足直线方程,故 $x_0 = 1, y_0 = z_0$,所求曲面方程为

$$x^2 + y^2 = x_0^2 + y_0^2 = 1 + z_0^2 = 1 + z^2,$$

即

$$x^2 + y^2 - z^2 = 1\text{(单叶双曲面方程)}.$$

5. 将直线 $\dfrac{x-1}{2} = \dfrac{y-2}{1} = \dfrac{z-3}{-1}$ 绕 z 轴旋转一周,求所得旋转曲面的方程.

解　由于曲面上任意一点 $M(x,y,z)$ 均由直线 L 上的某一点 $M_1(x_1,y_1,z_1)$ 旋转得到,因此在旋转过程中,竖坐标 z 不变,即 $z = z_1$,且该点到 z 轴的距离不变,即 $x^2 + y^2 = x_1^2 + y_1^2$. 又因为 x_1、y_1、z_1 满足给定的直线方程,所以所求曲面方程为 $\begin{cases} x^2 + y^2 = \varphi^2(t) + \psi^2(t) \\ z = \omega(t) \end{cases}$,消去参数,即可得到旋转曲面的一般方程.

所给直线的参数方程为

$$\begin{cases} x = 1 + 2t \\ y = 2 + t \\ z = 3 - t \end{cases},$$

则直线绕 z 轴旋转一周所得的旋转曲面的方程为

$$\begin{cases} x^2 + y^2 = (1+2t)^2 + (2+t)^2 \\ z = 3 - t \end{cases},$$

消去参数 t,得

$$x^2 + y^2 = 74 - 38z + 5z^2,$$

即

$$x^2 + y^2 - 5z^2 + 38z - 74 = 0\text{(单叶双曲面方程)}.$$

6. 求直线 L：$\begin{cases} x - y + 2z - 1 = 0 \\ x - 3y - 2z + 1 = 0 \end{cases}$ 绕 y 轴旋转一周所得旋转曲面的方程.

解　将所给直线方程化为参数方程 L：$\begin{cases} x = 2y \\ y = y \\ z = -\dfrac{1}{2}y + \dfrac{1}{2} \end{cases}$,绕 y 轴旋转一周所得旋转曲面的

方程为

$$\begin{cases} x=\sqrt{4y^2+\left(\dfrac{1}{2}-\dfrac{1}{2}y\right)^2}\cos\theta \\ y=y \\ z=\sqrt{4y^2+\left(\dfrac{1}{2}-\dfrac{1}{2}y\right)^2}\sin\theta \end{cases},$$

消去 θ,得
$$x^2+z^2=4y^2+\left(\frac{1}{2}-\frac{1}{2}y\right)^2,$$

即
$$4x^2-17y^2+4z^2+2y-1=0.$$

7. 求过直线 $L:\begin{cases} x=1+t \\ y=1+2t \\ z=1+3t \end{cases}$ 且与点 $(2,2,2)$ 的距离为 $d=\dfrac{1}{\sqrt{3}}$ 的平面的方程.

解 将参数方程化为对称式方程,再化为一般方程:

$$L:\begin{cases} x=1+t \\ y=1+2t \\ z=1+3t \end{cases}\rightarrow \frac{x-1}{1}=\frac{y-1}{2}=\frac{z-1}{3}\rightarrow \begin{cases} 2(x-1)=y-1 & \Pi_1 \\ 3(x-1)=z-1 & \Pi_2 \end{cases},$$

设平面束方程为 $(2+3\lambda)x-y-\lambda z-(1+2\lambda)=0$ $\left(\text{不包含平面 }\Pi_2\text{,可验证点 }(2,2,2)\text{ 到平面 }\Pi_2\text{ 的距离 }d_1=\dfrac{2}{\sqrt{10}}\neq\dfrac{1}{\sqrt{3}}\right)$.

由题意知,$d=\dfrac{1}{\sqrt{3}}=\dfrac{|2(2+3\lambda)-2-2\lambda-(1+2\lambda)|}{\sqrt{(2+3\lambda)^2+(-1)^2+(-\lambda)^2}}$,得 $\lambda=\pm 1$,故所求平面方程为

$$5x-y-z-3=0 \quad \text{或} \quad x+y-z-1=0.$$

第 8 章 多元函数微分学

知识点总结

一、基本概念

(1) 平面点集：二维平面$\mathbb{R}^2$上具有某种性质的点的集合.

(2) 点P的δ邻域：$U(P,\delta)=\{(x,y)\mid\sqrt{(x-x_0)^2+(y-y_0)^2}<\delta\}$，其中$P(x_0,y_0)$是$xOy$面上的一个定点，$\delta$为一个正数.

(3) 内点：若存在点P的某邻域$U(P)$，使得$U(P)\subset E$，则称点P为E的内点.

(4) 边界点：若点P的任一邻域$U(P)$内既有属于E的点，也有不属于E的点，则称点P为E的边界点.

(5) 聚点：若点P的任一去心邻域$\mathring{U}(P,\delta)$内总含有E中的点，则称点P为E的聚点.

(6) 边界：边界点的全体.

(7) 开集：若点集E内任意一点都是E的内点，则称E为开集.

(8) 连通集：若点集E内的任意两点都可以用属于E的折线连接起来，则称E是连通集.

(9) 开区域(区域)：连通的开集.

(10) 闭区域：开区域连同它的边界一起所构成的点集.

(11) 有界集和无界集：如果存在某一正数K，使对于点集E中的所有点P与原点O间的距离$|OP|$不超过K，则称E为有界集；否则，称E为无界集.

(12) 二元函数：设D是$\mathbb{R}^2$的非空子集，如果对于每个点$P(x,y)\in D$，按照一定的法则总有唯一确定的z值和它对应，则称变量z是变量x、y的二元函数，记作$z=f(x,y)$. D称为函数的定义域，x、y称为自变量，z称为因变量，$R_z=\{z\mid z=f(x,y),(x,y)\in D\}$称为函数的值域.

(13) 二元函数的极限：设函数$z=f(x,y)$的定义域为D，点$P_0(x_0,y_0)$是D的聚点，A为常数，若对任意$\varepsilon>0$，存在$\delta>0$，使得当$P(x,y)\in\mathring{U}(P_0,\delta)\cap D$时，恒有$|f(x,y)-A|<\varepsilon$，则称常数$A$为$z=f(x,y)$当$P(x,y)\to P_0(x_0,y_0)$时的极限，记作

$$\lim_{P\to P_0}f(P)=A,\quad \lim_{(x,y)\to(x_0,y_0)}f(x,y)=A\quad 或\quad \lim_{\substack{x\to x_0\\ y\to y_0}}f(x,y)=A.$$

(14) 二元函数的连续性：设函数$z=f(x,y)$的定义域为D，点$P_0\in D$，且点$P_0(x_0,y_0)$是D的聚点，若$\lim\limits_{(x,y)\to(x_0,y_0)}f(x,y)=f(x_0,y_0)$，则称函数$z=f(x,y)$在点$P_0(x_0,y_0)$处连续；否

则,称函数 $z=f(x,y)$ 在点 $P_0(x_0,y_0)$ 处不连续.

(15) 二元初等函数:由以 x 和 y 为自变量的基本初等函数与常数经过有限次四则运算和有限次复合运算后能用一个式子表示的二元函数.

二、有界闭区域上二元连续函数的性质

(1) 有界性定理:如果函数 $f(x,y)$ 在有界闭区域 D 上连续,则它在 D 上有界. 即存在常数 $M>0$,使得对任意 $(x,y)\in D$,都有 $|f(x,y)|\leqslant M$.

(2) 最值定理:如果函数 $f(x,y)$ 在有界闭区域 D 上连续,则它在 D 上必能取到最大值和最小值. 即存在 (x_1,y_1)、$(x_2,y_2)\in D$,使得对任意 $(x,y)\in D$,都有 $f(x_1,y_1)\leqslant f(x,y)\leqslant f(x_2,y_2)$.

(3) 介值定理:如果函数 $f(x,y)$ 在有界闭区域 D 上连续,则它必取得介于最大值 M 和最小值 m 之间的任何值. 即对任意 $c\in[m,M]$,至少存在一点 $(x_0,y_0)\in D$,使得 $f(x_0,y_0)=c$.

三、偏导数

1. 偏导数的定义

设函数 $z=f(x,y)$ 在点 $P_0(x_0,y_0)$ 的某一邻域 $U(P_0)$ 内有定义,如果极限

$$\lim_{\Delta x\to 0}\frac{\Delta_x z}{\Delta x}=\lim_{\Delta x\to 0}\frac{f(x_0+\Delta x,y_0)-f(x_0,y_0)}{\Delta x}$$

存在,则称此极限为函数 $z=f(x,y)$ 在点 $P_0(x_0,y_0)$ 处对 x 的偏导数,记作

$$\left.\frac{\partial z}{\partial x}\right|_{(x_0,y_0)}、\quad \left.\frac{\partial f}{\partial x}\right|_{(x_0,y_0)}、\quad z_x\Big|_{\substack{x=x_0\\y=y_0}}\quad 或\quad f_x(x_0,y_0).$$

类似地,函数 $z=f(x,y)$ 在点 $P_0(x_0,y_0)$ 处对 y 的偏导数可定义为

$$\lim_{\Delta y\to 0}\frac{\Delta_y z}{\Delta y}=\lim_{\Delta y\to 0}\frac{f(x_0,y_0+\Delta y)-f(x_0,y_0)}{\Delta y},$$

记作

$$\left.\frac{\partial z}{\partial y}\right|_{(x_0,y_0)}、\quad \left.\frac{\partial f}{\partial y}\right|_{(x_0,y_0)}、\quad z_y\Big|_{\substack{x=x_0\\y=y_0}}\quad 或\quad f_y(x_0,y_0).$$

2. 二阶偏导数

函数 $z=f(x,y)$ 按照对变量求导次序的不同,有下列四个二阶偏导数:

$$\frac{\partial}{\partial x}\left(\frac{\partial z}{\partial x}\right)=\frac{\partial^2 z}{\partial x^2}=f_{xx}(x,y),$$

$$\frac{\partial}{\partial y}\left(\frac{\partial z}{\partial x}\right)=\frac{\partial^2 z}{\partial x\partial y}=f_{xy}(x,y),$$

$$\frac{\partial}{\partial x}\left(\frac{\partial z}{\partial y}\right)=\frac{\partial^2 z}{\partial y\partial x}=f_{yx}(x,y),$$

$$\frac{\partial}{\partial y}\left(\frac{\partial z}{\partial y}\right)=\frac{\partial^2 z}{\partial y^2}=f_{yy}(x,y),$$

其中偏导数 $f_{xy}(x,y)$ 与 $f_{yx}(x,y)$ 称为二阶混合偏导数.

注:如果函数 $z=f(x,y)$ 的两个二阶混合偏导数 $\frac{\partial^2 z}{\partial x\partial y}$、$\frac{\partial^2 z}{\partial y\partial x}$ 在区域 D 内连续,那么在 D

内必有$\frac{\partial^2 z}{\partial x \partial y}=\frac{\partial^2 z}{\partial y \partial x}$.

3. 计算方法

(1) 一般函数(已知具体表达式的简单多元函数):求多元函数对其中一个自变量的偏导数时,只需将其他自变量看作常数,按照一元函数的求导法则进行计算即可.

(2) 多元复合函数:多元复合函数微分法,即"同路相乘,分路相加"原则.

如果函数 $u=\varphi(x,y)$,$v=\psi(x,y)$ 都在点(x,y)处存在一阶偏导数,函数 $z=f(u,v)$ 在相应点(u,v)处可微,则复合函数 $z=f[\varphi(x,y),\psi(x,y)]$在点$(x,y)$处的两个偏导数都存在,且有

$$\frac{\partial z}{\partial x}=\frac{\partial z}{\partial u}\cdot\frac{\partial u}{\partial x}+\frac{\partial z}{\partial v}\cdot\frac{\partial v}{\partial x},\quad \frac{\partial z}{\partial y}=\frac{\partial z}{\partial u}\cdot\frac{\partial u}{\partial y}+\frac{\partial z}{\partial v}\cdot\frac{\partial v}{\partial y}.$$

(3) 隐函数:隐函数微分法.

设函数 $F(x,y)$ 在点 $P_0(x_0,y_0)$ 的某一邻域内具有连续偏导数,且 $F(x_0,y_0)=0$,$F_y(x_0,y_0)\neq 0$,则方程 $F(x,y)=0$ 在点 $P_0(x_0,y_0)$ 的某一邻域内恒能唯一地确定一个连续且具有连续导数的函数 $y=f(x)$,它满足条件 $y_0=f(x_0)$,并有

$$\frac{\mathrm{d}y}{\mathrm{d}x}=-\frac{F_x}{F_y}.$$

设函数 $u=F(x,y,z)$ 在点 $P(x_0,y_0,z_0)$ 的某一邻域内具有连续偏导数,且 $F(x_0,y_0,z_0)=0$,$F_z(x_0,y_0,z_0)\neq 0$,则方程 $F(x,y,z)=0$ 在点 $P(x_0,y_0,z_0)$ 的某一邻域内恒能唯一地确定一个连续且具有连续偏导数的函数 $z=f(x,y)$,它满足条件 $z_0=f(x_0,y_0)$,并有

$$\frac{\partial z}{\partial x}=-\frac{F_x}{F_z},\quad \frac{\partial z}{\partial y}=-\frac{F_y}{F_z}.$$

四、全微分

(1) 定义:设函数 $z=f(x,y)$ 在点(x,y)的某一邻域内有定义,如果函数 $z=f(x,y)$ 在点(x,y)处的全增量 Δz 可表示成

$$\Delta z=f(x+\Delta x,y+\Delta y)-f(x,y)=A\Delta x+B\Delta y+o(\rho),$$

其中 A、B 不依赖于 Δx 与 Δy,$\rho=\sqrt{(\Delta x)^2+(\Delta y)^2}$,则称函数 $f(x,y)$ 在点(x,y)处可微分. $A\Delta x+B\Delta y$ 称为函数 $z=f(x,y)$ 在点(x,y)处的全微分,记作

$$\mathrm{d}z=A\Delta x+B\Delta y.$$

(2) 函数可微的必要条件1:如果函数 $z=f(x,y)$ 在点(x,y)处可微,则该函数在点(x,y)处连续.

(3) 函数可微的必要条件2:如果函数 $z=f(x,y)$ 在点(x,y)处可微,则该函数在点(x,y)处的偏导数存在,且有 $A=f_x(x,y)$,$B=f_y(x,y)$,即 $\mathrm{d}z=f_x(x,y)\mathrm{d}x+f_y(x,y)\mathrm{d}y$.

(4) 函数可微的充分条件:如果函数 $z=f(x,y)$ 的偏导函数 $f_x(x,y)$、$f_y(x,y)$ 在点(x,y)处连续,则函数 $z=f(x,y)$ 在点(x,y)处可微.

(5) 全微分形式不变性:设函数 $z=f(u,v)$ 具有连续偏导数,无论 u 和 v 看作自变量还是中间变量,函数 z 的全微分表达式的形式是一样的,均为 $\mathrm{d}z=\frac{\partial z}{\partial u}\mathrm{d}u+\frac{\partial z}{\partial v}\mathrm{d}v$.

五、微分学在几何学中的应用

1. 空间曲线的切线与法平面

设空间曲线 Γ 的参数方程为

$$\begin{cases} x = \varphi(t) \\ y = \psi(t), \quad \alpha \leqslant t \leqslant \beta, \\ z = \omega(t) \end{cases}$$

在曲线 Γ 上取对应于 $t = t_0$ 的一点 $M_0(x_0, y_0, z_0)$.

(1) 曲线的切向量:切线的方向向量,即 $\boldsymbol{T} = (\varphi'(t_0), \psi'(t_0), \omega'(t_0))$.

(2) 切线方程:$\dfrac{x - x_0}{\varphi'(t_0)} = \dfrac{y - y_0}{\psi'(t_0)} = \dfrac{z - z_0}{\omega'(t_0)}$.

(3) 法平面方程:$\varphi'(t_0)(x - x_0) + \psi'(t_0)(y - y_0) + \omega'(t_0)(z - z_0) = 0$.

2. 曲面的切平面与法线

设曲面 Σ 的方程为 $F(x,y,z) = 0$,点 $P(x_0, y_0, z_0)$ 是曲面 Σ 上的一点,函数 $F(x,y,z)$ 的偏导数在点 P 处连续且不同时为零.

(1) 曲面的法向量:垂直于曲面的切平面的向量,即 $\boldsymbol{n} = \pm (F_x, F_y, F_z)|_P$.

(2) 切平面方程:

$$F_x(x_0, y_0, z_0)(x - x_0) + F_y(x_0, y_0, z_0)(y - y_0) + F_z(x_0, y_0, z_0)(z - z_0) = 0.$$

(3) 法线方程:$\dfrac{x - x_0}{F_x(x_0, y_0, z_0)} = \dfrac{y - y_0}{F_y(x_0, y_0, z_0)} = \dfrac{z - z_0}{F_z(x_0, y_0, z_0)}$.

六、多元函数的最优化问题

(1) 无条件极值的定义:设函数 $z = f(x,y)$ 在点 $P_0(x_0, y_0)$ 的某一邻域 $U(P_0)$ 内有定义,如果对任何 $(x,y) \in \mathring{U}(P_0)$,都有 $f(x,y) < f(x_0, y_0)$ $[f(x,y) > f(x_0, y_0)]$,则称 $f(x_0, y_0)$ 是 $f(x,y)$ 的一个极大值(极小值),极大值与极小值统称为极值;点 (x_0, y_0) 称为 $f(x,y)$ 的极大值点(极小值点),极大值点与极小值点统称为极值点.

(2) 无条件极值存在的必要条件:设函数 $z = f(x,y)$ 在点 (x_0, y_0) 处具有偏导数,且在点 (x_0, y_0) 处取得极值,则有 $f_x(x_0, y_0) = 0, f_y(x_0, y_0) = 0$.

(3) 无条件极值存在的充分条件:设函数 $z = f(x,y)$ 在点 (x_0, y_0) 的某邻域内连续且具有二阶连续偏导数,又 (x_0, y_0) 是 $f(x,y)$ 的驻点,令 $A = f_{xx}(x_0, y_0), B = f_{xy}(x_0, y_0), C = f_{yy}(x_0, y_0)$,则 $f(x,y)$ 在点 (x_0, y_0) 处:

① 当 $AC - B^2 > 0$ 时具有极值,且当 $A < 0$ 时有极大值,当 $A > 0$ 时有极小值;

② 当 $AC - B^2 < 0$ 时没有极值;

③ 当 $AC - B^2 = 0$ 时可能有极值,也可能没有极值.

(4) 条件极值问题的定义:对函数自变量的取值带有约束条件的函数极值问题称为条件极值问题.

(5) 条件极值的计算方法:拉格朗日乘数法.

求函数 $z = f(x,y)$ 在约束条件 $\varphi(x,y) = 0$ 下的极值.

① 构造拉格朗日函数：

$$L(x,y,\lambda)=f(x,y)+\lambda\varphi(x,y);$$

② 由方程组

$$\begin{cases}L_x(x,y,\lambda)=f_x(x,y)+\lambda\varphi_x(x,y)=0\\L_y(x,y,\lambda)=f_y(x,y)+\lambda\varphi_y(x,y)=0\\L_\lambda(x,y,\lambda)=\varphi(x,y)=0\end{cases}$$

解出 x、y 及 λ，这样得到的 (x,y) 就是函数 $f(x,y)$ 在约束条件 $\varphi(x,y)=0$ 下的可能极值点.

七、方向导数与梯度

(1) 方向导数的定义：设函数 $z=f(x,y)$ 在点 $P_0(x_0,y_0)$ 的某一邻域 $U(P_0)$ 内有定义. 自点 P_0 引射线 l，在 l 上取点 P_0 的邻近动点 $P(x_0+\Delta x,y_0+\Delta y)$，记 $\rho=|PP_0|=\sqrt{(\Delta x)^2+(\Delta y)^2}$，若当 $P\xrightarrow{\text{沿}\,l}P_0$，即 $\rho\to 0$ 时，比式

$$\frac{\Delta z}{\rho}=\frac{f(P)-f(P_0)}{|PP_0|}=\frac{f(x_0+\Delta x,y_0+\Delta y)-f(x_0,y_0)}{\sqrt{(\Delta x)^2+(\Delta y)^2}}$$

的极限存在，则称此极限为 $z=f(x,y)$ 在点 P_0 处沿方向 $\boldsymbol{l}$ 的方向导数，记作 $\left.\frac{\partial z}{\partial l}\right|_{P_0}$ 或 $\left.\frac{\partial f}{\partial l}\right|_{P_0}$，即

$$\left.\frac{\partial z}{\partial l}\right|_{P_0}=\lim_{\rho\to 0}\frac{f(x_0+\Delta x,y_0+\Delta y)-f(x_0,y_0)}{\sqrt{(\Delta x)^2+(\Delta y)^2}}.$$

(2) 方向导数的计算方法：若函数 $z=f(x,y)$ 在点 $P(x,y)$ 处可微，则函数在该点沿任一方向 $\boldsymbol{l}$ 的方向导数都存在，且有

$$\frac{\partial z}{\partial l}=\frac{\partial z}{\partial x}\cos\alpha+\frac{\partial z}{\partial y}\cos\beta,$$

其中 $\cos\alpha$、$\cos\beta$ 是 $\boldsymbol{l}$ 的方向余弦.

(3) 梯度的定义：设函数 $u=f(x,y)$ 在点 $P(x,y)$ 处具有一阶连续偏导数，则向量 $\frac{\partial f}{\partial x}\boldsymbol{i}+\frac{\partial f}{\partial y}\boldsymbol{j}$ 称为函数 $u=f(x,y)$ 在点 $P(x,y)$ 处的梯度，记作 $\mathbf{grad}\ f(x,y)$，即

$$\mathbf{grad}\ f(x,y)=\frac{\partial f}{\partial x}\boldsymbol{i}+\frac{\partial f}{\partial y}\boldsymbol{j}=\left(\frac{\partial f}{\partial x},\frac{\partial f}{\partial y}\right).$$

三元函数 $u=f(x,y,z)$ 在任意一点处的梯度为

$$\mathbf{grad}\ f(x,y,z)=\frac{\partial f}{\partial x}\boldsymbol{i}+\frac{\partial f}{\partial y}\boldsymbol{j}+\frac{\partial f}{\partial z}\boldsymbol{k}=\left(\frac{\partial f}{\partial x},\frac{\partial f}{\partial y},\frac{\partial f}{\partial z}\right).$$

基　础　题

1. 求二元函数 $f(x,y)=\dfrac{\arcsin(3-x^2-y^2)}{\sqrt{x-y^2}}$ 的定义域.

解 类似于一元函数的自然定义域规则,要求

$$\begin{cases}|3-x^2-y^2|\leqslant 1\\ x-y^2>0\end{cases},$$

即

$$\begin{cases}2\leqslant x^2+y^2\leqslant 4\\ x>y^2\end{cases},$$

故所求定义域为 $D=\{(x,y)\mid 2\leqslant x^2+y^2\leqslant 4,x>y^2\}$.

2. 设函数 $f(x-y,\ln x)=\left(1-\dfrac{y}{x}\right)\dfrac{e^x}{e^y\ln x}$,求 $f(x,y)$ 和 $f\left(\dfrac{x}{y},xy\right)$.

解 整理函数,得

$$f(x-y,\ln x)=\frac{x-y}{x}\cdot\frac{e^{x-y}}{\ln x},$$

令 $u=x-y,v=\ln x$,则

$$f(u,v)=\frac{u}{e^v}\cdot\frac{e^u}{v}=\frac{u}{v}e^{u-v},$$

即

$$f(x,y)=\frac{xe^{x-y}}{y},$$

$$f\left(\frac{x}{y},xy\right)=\frac{\frac{x}{y}}{xy}e^{\frac{x}{y}-xy}=\frac{e^{\frac{x}{y}-xy}}{y^2}.$$

3. 求函数 $f(x,y)=x^2+3xy+y^2$ 在点(1,2)处的偏导数.

解 **方法一** 把 y 看作常数,对 x 求导,得

$$f_x(x,y)=2x+3y;$$

类似地,把 x 看作常数,对 y 求导,得

$$f_y(x,y)=3x+2y.$$

故

$$f_x(1,2)=2\times1+3\times2=8,\quad f_y(1,2)=3\times1+2\times2=7.$$

方法二 将 $x=1$ 和 $y=2$ 分别代入函数,得

$$f(x,2)=x^2+6x+4,\quad f(1,y)=1+3y+y^2,$$

于是

$$f_x(1,2)=\left.\frac{df(x,2)}{dx}\right|_{x=1}=(2x+6)|_{x=1}=8,$$

$$f_y(1,2)=\left.\frac{df(1,y)}{dy}\right|_{y=2}=(3+2y)|_{y=2}=7.$$

4. 求下列函数的偏导数:

(1) $z=\arctan\dfrac{x}{y}$;　　(2) $z=\sqrt{\ln(xy)}$;

(3) $z=\sin(xy)+\cos^2(xy)$;　　(4) $z=(1+xy)^y$.

解 (1) $\dfrac{\partial z}{\partial x}=\dfrac{\frac{1}{y}}{1+\frac{x^2}{y^2}}=\dfrac{y}{x^2+y^2}$, $\dfrac{\partial z}{\partial y}=\dfrac{-\frac{x}{y^2}}{1+\frac{x^2}{y^2}}=-\dfrac{x}{x^2+y^2}$.

(2) $\frac{\partial z}{\partial x}=\frac{1}{2x\sqrt{\ln(xy)}},\frac{\partial z}{\partial y}=\frac{1}{2y\sqrt{\ln(xy)}}$.

(3) $\frac{\partial z}{\partial x}=y\cos(xy)+2\cos(xy)\cdot[-\sin(xy)]\cdot y=y[\cos(xy)-\sin(2xy)]$，根据对称性可知，$\frac{\partial z}{\partial y}=x[\cos(xy)-\sin(2xy)]$.

(4) $\frac{\partial z}{\partial x}=y^2(1+xy)^{y-1}$，又因为 $z=(1+xy)^y=e^{y\ln(1+xy)}$，所以

$$\frac{\partial z}{\partial y}=e^{y\ln(1+xy)}\left[\ln(1+xy)+y\cdot\frac{x}{1+xy}\right]=(1+xy)^y\left[\ln(1+xy)+\frac{xy}{1+xy}\right].$$

5. 求下列函数的全微分：

(1) $z=x^2y+y^2$；　(2) $z=e^x\sin(x+y)$；　(3) $u=(xy)^z$.

解　(1) $dz=\frac{\partial z}{\partial x}dx+\frac{\partial z}{\partial y}dy=2xydx+(x^2+2y)dy$.

(2) 因为

$$\frac{\partial z}{\partial x}=e^x\sin(x+y)+e^x\cos(x+y),\quad \frac{\partial z}{\partial y}=e^x\cos(x+y),$$

所以

$$dz=e^x[\sin(x+y)+\cos(x+y)]dx+e^x\cos(x+y)dy.$$

(3) 因为

$$\frac{\partial u}{\partial x}=yz(xy)^{z-1},\quad \frac{\partial u}{\partial y}=xz(xy)^{z-1},\quad \frac{\partial u}{\partial z}=(xy)^z\ln(xy),$$

所以

$$du=yz(xy)^{z-1}dx+xz(xy)^{z-1}dy+(xy)^z\ln(xy)dz=(xy)^z\left[\frac{z}{x}dx+\frac{z}{y}dy+\ln(xy)dz\right].$$

6. 求三元函数 $u=\sin(x+y^2-e^z)$ 的偏导数 $\frac{\partial u}{\partial x}$、$\frac{\partial u}{\partial y}$、$\frac{\partial u}{\partial z}$.

解　把 y 和 z 看作常数，对 x 求导，得

$$\frac{\partial u}{\partial x}=\cos(x+y^2-e^z)\cdot\frac{\partial}{\partial x}(x+y^2-e^z)=\cos(x+y^2-e^z);$$

类似地，把 x 和 z 看作常数，对 y 求导，得

$$\frac{\partial u}{\partial y}=2y\cos(x+y^2-e^z);$$

把 x 和 y 看作常数，对 z 求导，得

$$\frac{\partial u}{\partial z}=-e^z\cos(x+y^2-e^z).$$

7. 求由方程 $xy-e^x+e^y=0$ 确定的函数 $y=f(x)$ 的导数 $\frac{dy}{dx}$、$\left.\frac{dy}{dx}\right|_{x=0}$.

解　**方法一**　方程两端同时对 x 求导，得

$$y+x\frac{dy}{dx}-e^x+e^y\frac{dy}{dx}=0,$$

解得

$$\frac{\mathrm{d}y}{\mathrm{d}x}=\frac{\mathrm{e}^x-y}{\mathrm{e}^y+x}.$$

由原方程可知,当 $x=0$ 时,$y=0$,所以

$$\left.\frac{\mathrm{d}y}{\mathrm{d}x}\right|_{x=0}=\left.\frac{\mathrm{e}^x-y}{x+\mathrm{e}^y}\right|_{\substack{x=0\\y=0}}=1.$$

方法二 令 $F=xy-\mathrm{e}^x+\mathrm{e}^y$,则 $F_x=y-\mathrm{e}^x$,$F_y=x+\mathrm{e}^y$,于是由隐函数求导公式可得

$$\frac{\mathrm{d}y}{\mathrm{d}x}=-\frac{F_x}{F_y}=\frac{\mathrm{e}^x-y}{x+\mathrm{e}^y},$$

故

$$\left.\frac{\mathrm{d}y}{\mathrm{d}x}\right|_{x=0}=\left.\frac{\mathrm{e}^x-y}{x+\mathrm{e}^y}\right|_{\substack{x=0\\y=0}}=1.$$

8. 已知 $\mathrm{e}^{-xy}-2z+\mathrm{e}^z=0$,求$\frac{\partial z}{\partial x}$和$\frac{\partial z}{\partial y}$.

解 **方法一** 方程两端同时求全微分,得

$$\mathrm{d}(\mathrm{e}^{-xy}-2z+\mathrm{e}^z)=0,$$

由全微分形式不变性有

$$\mathrm{e}^{-xy}\mathrm{d}(-xy)-2\mathrm{d}z+\mathrm{e}^z\mathrm{d}z=0,$$
$$(\mathrm{e}^z-2)\mathrm{d}z=\mathrm{e}^{-xy}(x\mathrm{d}y+y\mathrm{d}x),$$

故

$$\mathrm{d}z=\frac{y\mathrm{e}^{-xy}}{\mathrm{e}^z-2}\mathrm{d}x+\frac{x\mathrm{e}^{-xy}}{\mathrm{e}^z-2}\mathrm{d}y.$$

于是所求偏导数为

$$\frac{\partial z}{\partial x}=\frac{y\mathrm{e}^{-xy}}{\mathrm{e}^z-2},\quad \frac{\partial z}{\partial y}=\frac{x\mathrm{e}^{-xy}}{\mathrm{e}^z-2}.$$

方法二 令 $F(x,y,z)=\mathrm{e}^{-xy}-2z+\mathrm{e}^z$,则

$$F_x=-y\mathrm{e}^{-xy},\quad F_y=-x\mathrm{e}^{-xy},\quad F_z=-2+\mathrm{e}^z,$$

于是由隐函数求导公式可得

$$\frac{\partial z}{\partial x}=-\frac{F_x}{F_z}=\frac{y\mathrm{e}^{-xy}}{\mathrm{e}^z-2},\quad \frac{\partial z}{\partial y}=-\frac{F_y}{F_z}=\frac{x\mathrm{e}^{-xy}}{\mathrm{e}^z-2}.$$

9. 设函数 $f(x,y)=\begin{cases}xy\dfrac{x^2-y^2}{x^2+y^2}, & (x,y)\neq(0,0)\\0, & (x,y)=(0,0)\end{cases}$,试求 $f_{xy}(0,0)$和 $f_{yx}(0,0)$.

解 由定义得

$$f_x(0,0)=\lim_{x\to0}\frac{f(x,0)-f(0,0)}{x}=\lim_{x\to0}\frac{0-0}{x}=0,$$
$$f_y(0,0)=\lim_{y\to0}\frac{f(0,y)-f(0,0)}{y}=\lim_{y\to0}\frac{0-0}{y}=0.$$

当 $y\neq0$ 时,

$$f_x(0,y)=\lim_{x\to0}\frac{f(x,y)-f(0,y)}{x}=\lim_{x\to0}\frac{y(x^2-y^2)}{x^2+y^2}=-y,$$

所以

$$f_{xy}(0,0)=\lim_{y\to 0}\frac{f_x(0,y)-f_x(0,0)}{y}=\lim_{y\to 0}\frac{-y-0}{y}=-1.$$

同理，当 $x\neq 0$ 时，

$$f_y(x,0)=\lim_{y\to 0}\frac{f(x,y)-f(x,0)}{y}=\lim_{y\to 0}\frac{x(x^2-y^2)}{x^2+y^2}=x,$$

所以

$$f_{yx}(0,0)=\lim_{x\to 0}\frac{f_y(x,0)-f_y(0,0)}{x}=\lim_{x\to 0}\frac{x-0}{x}=1.$$

10. 设函数 $z=uv+\sin t$，其中 $u=\mathrm{e}^t$，$v=\cos t$，求导数 $\frac{\mathrm{d}z}{\mathrm{d}t}$.

解　方法一　由多元复合函数微分法得

$$\begin{aligned}\frac{\mathrm{d}z}{\mathrm{d}t}&=\frac{\partial z}{\partial u}\cdot\frac{\mathrm{d}u}{\mathrm{d}t}+\frac{\partial z}{\partial v}\cdot\frac{\mathrm{d}v}{\mathrm{d}t}+\frac{\partial z}{\partial t}\\&=v\mathrm{e}^t-u\sin t+\cos t\\&=\mathrm{e}^t\cos t-\mathrm{e}^t\sin t+\cos t.\end{aligned}$$

方法二　将 $u=\mathrm{e}^t$，$v=\cos t$ 代入函数，得 $z=\mathrm{e}^t\cos t+\sin t$，于是

$$\frac{\mathrm{d}z}{\mathrm{d}t}=\mathrm{e}^t\cos t-\mathrm{e}^t\sin t+\cos t.$$

11. 求函数 $u=\ln(x+\sqrt{y^2+z^2})$ 在点 $A(1,0,1)$ 处沿点 A 指向点 $B(3,-2,2)$ 方向的方向导数.

解　这里方向向量 $\boldsymbol{l}$ 为 $\overrightarrow{AB}=(2,-2,1)$，其方向余弦为

$$\cos\alpha=\frac{2}{3},\quad\cos\beta=-\frac{2}{3},\quad\cos\gamma=\frac{1}{3},$$

由于

$$\begin{aligned}\frac{\partial u}{\partial x}&=\frac{1}{x+\sqrt{y^2+z^2}},\\\frac{\partial u}{\partial y}&=\frac{1}{x+\sqrt{y^2+z^2}}\cdot\frac{y}{\sqrt{y^2+z^2}},\\\frac{\partial u}{\partial z}&=\frac{1}{x+\sqrt{y^2+z^2}}\cdot\frac{z}{\sqrt{y^2+z^2}},\end{aligned}$$

所以

$$\left.\frac{\partial u}{\partial x}\right|_A=\frac{1}{2},\quad\left.\frac{\partial u}{\partial y}\right|_A=0,\quad\left.\frac{\partial u}{\partial z}\right|_A=\frac{1}{2}.$$

于是

$$\begin{aligned}\left.\frac{\partial u}{\partial l}\right|_A&=\left.\frac{\partial u}{\partial x}\right|_A\cos\alpha+\left.\frac{\partial u}{\partial y}\right|_A\cos\beta+\left.\frac{\partial u}{\partial z}\right|_A\cos\gamma\\&=\frac{1}{2}\times\frac{2}{3}+0\times\left(-\frac{2}{3}\right)+\frac{1}{2}\times\frac{1}{3}=\frac{1}{2}.\end{aligned}$$

12. 求下列函数的二阶偏导数：

(1) $z = y^x$；　　(2) $z = \sin^2(ax + by)$；　　(3) $z = x^4 + y^4 - 4x^2y^2$.

解　(1)
$$\frac{\partial z}{\partial x} = y^x \ln y,\quad \frac{\partial z}{\partial y} = xy^{x-1},$$
$$\frac{\partial^2 z}{\partial x^2} = y^x(\ln y)^2,\quad \frac{\partial^2 z}{\partial y^2} = x(x-1)y^{x-2},$$
$$\frac{\partial^2 z}{\partial x \partial y} = xy^{x-1}\ln y + y^x \cdot \frac{1}{y} = y^{x-1}(x\ln y + 1) = \frac{\partial^2 z}{\partial y \partial x}.$$

(2)
$$\frac{\partial z}{\partial x} = 2\sin(ax+by)\cos(ax+by)\cdot a = a\sin 2(ax+by),$$
$$\frac{\partial z}{\partial y} = 2\sin(ax+by)\cos(ax+by)\cdot b = b\sin 2(ax+by),$$
$$\frac{\partial^2 z}{\partial x^2} = a\cos 2(ax+by)\cdot 2a = 2a^2\cos 2(ax+by),$$
$$\frac{\partial^2 z}{\partial y^2} = b\cos 2(ax+by)\cdot 2b = 2b^2\cos 2(ax+by),$$
$$\frac{\partial^2 z}{\partial x \partial y} = a\cos 2(ax+by)\cdot 2b = 2ab\cos 2(ax+by) = \frac{\partial^2 z}{\partial y \partial x}.$$

(3)
$$\frac{\partial z}{\partial x} = 4x^3 - 8xy^2,\quad \frac{\partial z}{\partial y} = 4y^3 - 8x^2y,$$
$$\frac{\partial^2 z}{\partial x^2} = 12x^2 - 8y^2,\quad \frac{\partial^2 z}{\partial y^2} = 12y^2 - 8x^2,\quad \frac{\partial^2 z}{\partial x \partial y} = -16xy = \frac{\partial^2 z}{\partial y \partial x}.$$

13. 设函数 $z = xy + u, u = \varphi(x,y)$，求 $\frac{\partial z}{\partial x}$、$\frac{\partial^2 z}{\partial x^2}$、$\frac{\partial^2 z}{\partial x \partial y}$.

解　由多元复合函数微分法得
$$\frac{\partial z}{\partial x} = y + \frac{\partial u}{\partial x} = y + \varphi_x(x,y),$$
$$\frac{\partial^2 z}{\partial x^2} = \frac{\partial}{\partial x}\left(\frac{\partial z}{\partial x}\right) = \frac{\partial}{\partial x}[y + \varphi_x(x,y)] = \varphi_{xx}(x,y),$$
$$\frac{\partial^2 z}{\partial x \partial y} = \frac{\partial}{\partial y}\left(\frac{\partial z}{\partial x}\right) = \frac{\partial}{\partial y}[y + \varphi_x(x,y)] = 1 + \varphi_{xy}(x,y).$$

14. 设函数 $u = e^{ax}\cos by$，其中 a、b 均为常数，求其二阶偏导数.

解
$$\frac{\partial u}{\partial x} = ae^{ax}\cos by,\quad \frac{\partial u}{\partial y} = -be^{ax}\sin by.$$
$$\frac{\partial^2 u}{\partial x^2} = \frac{\partial}{\partial x}(ae^{ax}\cos by) = a^2e^{ax}\cos by,$$
$$\frac{\partial^2 u}{\partial y^2} = \frac{\partial}{\partial y}(-be^{ax}\sin by) = -b^2e^{ax}\cos by,$$
$$\frac{\partial^2 u}{\partial x \partial y} = \frac{\partial}{\partial y}(ae^{ax}\cos by) = -abe^{ax}\sin by,$$
$$\frac{\partial^2 u}{\partial y \partial x} = \frac{\partial}{\partial x}(-be^{ax}\sin by) = -abe^{ax}\sin by.$$

15. 设方程 $x + y + z = e^z$ 确定了隐函数 $z = f(x,y)$，求 $\frac{\partial^2 z}{\partial x^2}$、$\frac{\partial^2 z}{\partial y^2}$.

解　方程两端分别同时对 x 求偏导和对 y 求偏导，得

$$1+\frac{\partial z}{\partial x}=\mathrm{e}^z\frac{\partial z}{\partial x},\quad 1+\frac{\partial z}{\partial y}=\mathrm{e}^z\frac{\partial z}{\partial y},$$

解得

$$\frac{\partial z}{\partial x}=\frac{1}{\mathrm{e}^z-1},\quad \frac{\partial z}{\partial y}=\frac{1}{\mathrm{e}^z-1}.$$

于是

$$\frac{\partial^2 z}{\partial x^2}=\frac{\partial}{\partial x}\left(\frac{\partial z}{\partial x}\right)=-\frac{1}{(\mathrm{e}^z-1)^2}\cdot\mathrm{e}^z\frac{\partial z}{\partial x}=-\frac{\mathrm{e}^z}{(\mathrm{e}^z-1)^2}\cdot\frac{1}{\mathrm{e}^z-1}=-\frac{\mathrm{e}^z}{(\mathrm{e}^z-1)^3},$$

同理可得

$$\frac{\partial^2 z}{\partial y^2}=-\frac{\mathrm{e}^z}{(\mathrm{e}^z-1)^3}.$$

16. 设函数 $z=x^3y-y^3x$，求 $\frac{\partial^3 z}{\partial x\partial y\partial x}$.

解　依阶计算偏导数即可.

$$\frac{\partial z}{\partial x}=\frac{\partial}{\partial x}(x^3y-y^3x)=3x^2y-y^3,$$

$$\frac{\partial^2 z}{\partial x\partial y}=\frac{\partial}{\partial y}(3x^2y-y^3)=3x^2-3y^2,$$

$$\frac{\partial^3 z}{\partial x\partial y\partial x}=\frac{\partial}{\partial x}(3x^2-3y^2)=6x.$$

17. 设函数 $z=\mathrm{e}^{xy}+x\ln(xy)$，求 $\frac{\partial^3 z}{\partial x^2\partial y}$ 和 $\frac{\partial^3 z}{\partial y^3}$.

解

$$\frac{\partial z}{\partial x}=y\mathrm{e}^{xy}+\ln(xy)+x\cdot\frac{1}{xy}\cdot y=y\mathrm{e}^{xy}+\ln(xy)+1,$$

$$\frac{\partial^2 z}{\partial x^2}=y^2\mathrm{e}^{xy}+\frac{1}{xy}\cdot y=y^2\mathrm{e}^{xy}+\frac{1}{x},$$

得

$$\frac{\partial^3 z}{\partial x^2\partial y}=2y\mathrm{e}^{xy}+xy^2\mathrm{e}^{xy}.$$

$$\frac{\partial z}{\partial y}=x\mathrm{e}^{xy}+x\cdot\frac{1}{xy}\cdot x=x\mathrm{e}^{xy}+\frac{x}{y},$$

$$\frac{\partial^2 z}{\partial y^2}=x^2\mathrm{e}^{xy}-\frac{x}{y^2},$$

得

$$\frac{\partial^3 z}{\partial y^3}=x^3\mathrm{e}^{xy}+\frac{2x}{y^3}.$$

18. 求曲线 $x=t,y=t^2,z=t^3$ 在点 $(1,1,1)$ 处的切线方程和法平面方程.

解　因为

$$\frac{\mathrm{d}x}{\mathrm{d}t}=1,\quad \frac{\mathrm{d}y}{\mathrm{d}t}=2t,\quad \frac{\mathrm{d}z}{\mathrm{d}t}=3t^2,$$

而点 $(1,1,1)$ 对应的参数值为 $t=1$，所以切向量为

$$\boldsymbol{T}=\left(\frac{\mathrm{d}x}{\mathrm{d}t},\frac{\mathrm{d}y}{\mathrm{d}t},\frac{\mathrm{d}z}{\mathrm{d}t}\right)\Big|_{t=1}=(1,2t,3t^2)\big|_{t=1}=(1,2,3),$$

于是切线方程为

$$\frac{x-1}{1}=\frac{y-1}{2}=\frac{z-1}{3};$$

法平面方程为

$$(x-1)+2(y-1)+3(z-1)=0,$$

即

$$x+2y+3z=6.$$

19. 求曲面 $z-e^z+2xy=3$ 在点(1,2,0)处的切平面方程和法线方程.

解 令 $F(x,y,z)=z-e^z+2xy-3$,则

$$F_x=2y,\quad F_y=2x,\quad F_z=1-e^z,$$

故法向量为

$$\boldsymbol{n}=(2y,2x,1-e^z)\big|_{(1,2,0)}=(4,2,0),$$

于是切平面方程为

$$4(x-1)+2(y-2)+0\cdot(z-0)=0,$$

即

$$2x+y-4=0;$$

法线方程为

$$\frac{x-1}{2}=\frac{y-2}{1}=\frac{z}{0}.$$

20. 证明:函数 $z=(1+e^y)\cos x-ye^y$ 有无穷多个极大值点,而无极小值点.

证明 令

$$\begin{cases}z_x=-(1+e^y)\sin x=0\\ z_y=e^y(\cos x-1-y)=0\end{cases},$$

解得

$$\begin{cases}x=k\pi\\ y=(-1)^k-1\end{cases}\quad(k\in\mathbb{Z}).$$

由于

$$z_{xx}=-(1+e^y)\cos x,\quad z_{xy}=-e^y\sin x,\quad z_{yy}=e^y(\cos x-2-y),$$

则在点 $(2n\pi,0)(n\in\mathbb{Z})$ 处,$A=-2<0,B=0,C=-1,AC-B^2=2>0$,函数 z 取得极大值;在点 $((2n+1)\pi,-2)(n\in\mathbb{Z})$ 处,$A=1+e^{-2},B=0,C=-e^{-2},AC-B^2=-e^{-2}-e^{-4}<0$,函数 z 无极值. 即函数有无穷多个极大值点 $(2n\pi,0)(n\in\mathbb{Z})$,而无极小值点.

综 合 题

1. 求极限 $\lim\limits_{(x,y)\to(0,0)}\dfrac{\sin(x^2y)}{x^2+y^2}$.

解 由于

$$\lim_{(x,y)\to(0,0)}\frac{\sin(x^2y)}{x^2+y^2}=\lim_{(x,y)\to(0,0)}\left[\frac{\sin(x^2y)}{x^2y}\cdot\frac{x^2y}{x^2+y^2}\right],$$

令 $u=x^2y$,则

$$\lim_{(x,y)\to(0,0)} \frac{\sin(x^2 y)}{x^2 y} = \lim_{u\to 0} \frac{\sin u}{u} = 1.$$

又由于

$$\left|\frac{x^2 y}{x^2+y^2}\right| = \frac{1}{2}\left|\frac{2xy}{x^2+y^2}\cdot x\right| \leqslant \frac{1}{2}|x| \to 0 \quad (x\to 0),$$

因此

$$\lim_{(x,y)\to(0,0)} \frac{\sin(x^2 y)}{x^2+y^2} = 0.$$

2. 证明:极限 $\lim\limits_{(x,y)\to(0,0)} (1+xy)^{\frac{1}{x+y}}$ 不存在.

证明　取 $x_n = 0, y_n = \frac{1}{n}$($n$ 为自然数),则当 $n\to\infty$ 时,$y_n\to 0$,且

$$\lim_{n\to\infty} (1+x_n y_n)^{\frac{1}{x_n+y_n}} = \lim_{n\to\infty} (1+0)^{\frac{1}{0+1/n}} = 1;$$

再取 $x_n = \frac{1}{n}, y_n = -\frac{1}{n+1}$,则当 $n\to\infty$ 时,$x_n\to 0, y_n\to 0$,且

$$\lim_{n\to\infty} (1+x_n y_n)^{\frac{1}{x_n+y_n}} = \lim_{n\to\infty} \left[1-\frac{1}{n(n+1)}\right]^{n(n+1)} = \frac{1}{\mathrm{e}}.$$

即沿不同的路径,极限的结果不同,故原极限不存在.

3. 设函数 $f(x,y) = \frac{y}{1+xy} - \frac{1-y\sin\frac{\pi x}{y}}{\arctan x}, x>0, y>0$,求:

(1) $g(x) = \lim\limits_{y\to\infty} f(x,y)$;

(2) $\lim\limits_{x\to 0^+} g(x)$.

解　(1) 求极限过程中将 x 看作常数,则

$$g(x) = \lim_{y\to\infty}\left(\frac{y}{1+xy} - \frac{1-y\sin\frac{\pi x}{y}}{\arctan x}\right) = \frac{1}{x} - \frac{1-\pi x}{\arctan x}.$$

(2) 由等价无穷小代换和泰勒公式可得

$$\lim_{x\to 0^+} g(x) = \lim_{x\to 0^+}\left(\frac{1}{x} - \frac{1-\pi x}{\arctan x}\right) = \lim_{x\to 0^+} \frac{\arctan x - x + \pi x^2}{x\arctan x}$$

$$= \lim_{x\to 0^+} \frac{\arctan x - x + \pi x^2}{x^2} = \lim_{x\to 0^+} \frac{x - \frac{1}{3}x^3 + o(x^3) - x + \pi x^2}{x^2} = \pi.$$

4. 讨论函数

$$f(x,y) = \begin{cases} \dfrac{x^3+y^3}{x^2+y^2}, & (x,y)\neq(0,0) \\ 0, & (x,y)=(0,0) \end{cases}$$

在点 $(0,0)$ 处的连续性.

解　根据 $f(x,y)$ 表达式的特征,可利用极坐标变换. 令 $x=\rho\cos\theta, y=\rho\sin\theta$,则

$$\lim_{(x,y)\to(0,0)} f(x,y) = \lim_{\rho\to 0}[\rho(\sin^3\theta+\cos^3\theta)] = 0 = f(0,0),$$

由函数连续的定义知,$f(x,y)$ 在点 $(0,0)$ 处连续.

5. 求函数 $u=x^{y^z}$ 的偏导数和全微分.

解 注意分别将 x、y、z 看作常数时的函数类型即可.

$$\frac{\partial u}{\partial x}=y^z\cdot x^{y^z-1},$$

$$\frac{\partial u}{\partial y}=x^{y^z}\ln x\cdot\frac{\partial}{\partial y}(y^z)=x^{y^z}\ln x\cdot zy^{z-1},$$

$$\frac{\partial u}{\partial z}=x^{y^z}\ln x\cdot\frac{\partial}{\partial z}(y^z)=x^{y^z}\ln x\cdot y^z\ln y,$$

于是全微分为

$$\mathrm{d}u=\frac{\partial u}{\partial x}\mathrm{d}x+\frac{\partial u}{\partial y}\mathrm{d}y+\frac{\partial u}{\partial z}\mathrm{d}z=x^{y^z}\left(\frac{y^z}{x}\mathrm{d}x+zy^{z-1}\ln x\mathrm{d}y+y^z\ln x\ln y\mathrm{d}z\right).$$

6. 设方程组 $\begin{cases}u^2+v^2-x^2-y=0\\-u+v-xy+1=0\end{cases}$,求 $\frac{\partial x}{\partial u}$、$\frac{\partial y}{\partial u}$.

解 方程组确定了隐函数组 $x=x(u,v)$,$y=y(u,v)$. 在方程组两端对 u 求偏导,得

$$2u-2x\cdot\frac{\partial x}{\partial u}-\frac{\partial y}{\partial u}=0,\quad -1-\frac{\partial x}{\partial u}\cdot y-x\frac{\partial y}{\partial u}=0,$$

解得

$$\frac{\partial x}{\partial u}=\frac{2xu+1}{2x^2-y},\quad \frac{\partial y}{\partial u}=-\frac{2x+2yu}{2x^2-y}.$$

7. 设函数 $w=f(x+y+z,xyz)$,其中函数 f 有二阶连续偏导数,求 $\frac{\partial w}{\partial x}$ 和 $\frac{\partial^2 w}{\partial x\partial z}$.

解 令 $u=x+y+z$,$v=xyz$,由多元复合函数微分法可得

$$\frac{\partial w}{\partial x}=\frac{\partial f}{\partial u}\cdot\frac{\partial u}{\partial x}+\frac{\partial f}{\partial v}\cdot\frac{\partial v}{\partial x}=f'_1+yzf'_2,$$

$$\frac{\partial^2 w}{\partial x\partial z}=\frac{\partial}{\partial z}(f'_1+yzf'_2)=\frac{\partial f'_1}{\partial z}+yf'_2+yz\frac{\partial f'_2}{\partial z},$$

又有

$$\frac{\partial f'_1}{\partial z}=\frac{\partial f'_1}{\partial u}\cdot\frac{\partial u}{\partial z}+\frac{\partial f'_1}{\partial v}\cdot\frac{\partial v}{\partial z}=f''_{11}+xyf''_{12},$$

$$\frac{\partial f'_2}{\partial z}=\frac{\partial f'_2}{\partial u}\cdot\frac{\partial u}{\partial z}+\frac{\partial f'_2}{\partial v}\cdot\frac{\partial v}{\partial z}=f''_{21}+xyf''_{22},$$

故

$$\frac{\partial^2 w}{\partial x\partial z}=f''_{11}+xyf''_{12}+yf'_2+yz(f''_{21}+xyf''_{22})=f''_{11}+y(x+z)f''_{12}+xy^2zf''_{22}+yf'_2.$$

8. 设函数 $z=f(x+y+z,xyz)$,求 $\frac{\partial z}{\partial x}$、$\frac{\partial x}{\partial y}$.

解 **方法一** 将 z 看成关于 x、y 的二元函数. 令 $u=x+y+z$,$v=xyz$,结合多元复合函数微分法,方程两端对 x 求偏导,得

$$\frac{\partial z}{\partial x}=f_u\cdot\left(1+\frac{\partial z}{\partial x}\right)+f_v\cdot\left(yz+xy\frac{\partial z}{\partial x}\right),$$

则

$$\frac{\partial z}{\partial x}=\frac{f_u+yzf_v}{1-f_u-xyf_v}.$$

类似地，将 x 看成关于 z、y 的二元函数，方程两端对 y 求偏导，得

$$0 = f_u \cdot \left(\frac{\partial x}{\partial y} + 1\right) + f_v \cdot \left(xz + yz\frac{\partial x}{\partial y}\right),$$

则

$$\frac{\partial x}{\partial y} = -\frac{f_u + xzf_v}{f_u + yzf_v}.$$

方法二　令 $F(x,y,z) = z - f(x+y+z, xyz)$，$u = x+y+z$，$v = xyz$，则

$$F_x = -f_u - yzf_v,\quad F_y = -f_u - xzf_v,\quad F_z = 1 - f_u - xyf_v,$$

于是

$$\frac{\partial z}{\partial x} = -\frac{F_x}{F_z} = \frac{f_u + yzf_v}{1 - f_u - xyf_v},$$

$$\frac{\partial x}{\partial y} = -\frac{F_y}{F_x} = -\frac{f_u + xzf_v}{f_u + yzf_v}.$$

9. 设函数 $u = f(x+z, y+z)$，$z = xy + \varphi(z)$ 确定了 $z = z(x,y)$，其中 f、φ 具有连续偏导数，且 $\varphi'(z) \neq 1$，求 $\mathrm{d}u$.

解　由 $u = f(x+z, y+z)$ 得

$$\mathrm{d}u = f'_1(\mathrm{d}x + \mathrm{d}z) + f'_2(\mathrm{d}y + \mathrm{d}z) = f'_1\mathrm{d}x + f'_2\mathrm{d}y + (f'_1 + f'_2)\mathrm{d}z,$$

再由 $z = xy + \varphi(z)$ 得

$$\mathrm{d}z = y\mathrm{d}x + x\mathrm{d}y + \varphi'(z)\mathrm{d}z,$$

即

$$\mathrm{d}z = \frac{y}{1-\varphi'(z)}\mathrm{d}x + \frac{x}{1-\varphi'(z)}\mathrm{d}y,$$

故

$$\mathrm{d}u = \left[f'_1 + \frac{(f'_1 + f'_2)y}{1-\varphi'(z)}\right]\mathrm{d}x + \left[f'_2 + \frac{(f'_1 + f'_2)x}{1-\varphi'(z)}\right]\mathrm{d}y.$$

10. 设函数 $f(x,y)$ 可微，$f(0,0) = 0$，$f_x(0,0) = a$，$f_y(0,0) = b$，且 $\varphi(t) = f[t, f(t,t^2)]$，求 $\varphi'(0)$.

解　令 $\varphi(t) = f(u,v)$，其中 $u = t$，$v = f(t,t^2)$，则

$$\varphi'(t) = f'_1 \cdot \frac{\mathrm{d}u}{\mathrm{d}t} + f'_2 \cdot \frac{\mathrm{d}v}{\mathrm{d}t} = f'_1 + f'_2 \cdot (f'_1 + 2tf'_2),$$

所以

$$\varphi'(0) = f'_1(0,0) + f'_2(0,0) \cdot [f'_1(0,0)] = a + ab.$$

11. 设函数 $u = f(x,y,z)$，$\psi(x^2, \mathrm{e}^y, z) = 0$，$y = \sin x$，其中 f、ψ 具有连续偏导数，且 $\psi'_3 \neq 0$，求 $\frac{\mathrm{d}u}{\mathrm{d}x}$.

解　题设 $\psi(x^2, \mathrm{e}^y, z) = 0$，$y = \sin x$，隐含函数 $z = z(x)$. 方程 $u = f(x,y,z)$ 两端对 x 求偏导，得

$$\frac{\mathrm{d}u}{\mathrm{d}x} = f'_1 + f'_2\frac{\mathrm{d}y}{\mathrm{d}x} + f'_3\frac{\mathrm{d}z}{\mathrm{d}x}.$$

方程 $\psi(x^2, \mathrm{e}^y, z) = 0$ 两端对 x 求偏导，得

$$\psi'_1 \cdot 2x + \psi'_2 \cdot \mathrm{e}^y \cdot \frac{\mathrm{d}y}{\mathrm{d}x} + \psi'_3 \cdot \frac{\mathrm{d}z}{\mathrm{d}x} = 0,$$

由方程 $y=\sin x$ 知

$$\frac{\mathrm{d}y}{\mathrm{d}x}=\cos x,$$

于是

$$\frac{\mathrm{d}z}{\mathrm{d}x}=-\frac{1}{\psi_3'}(2x\psi_1'+\mathrm{e}^y\psi_2'\cos x),$$

所以

$$\frac{\mathrm{d}u}{\mathrm{d}x}=f_1'+f_2'\cos x-\frac{f_3'}{\psi_3'}(2x\psi_1'+\mathrm{e}^y\psi_2'\cos x).$$

12. 设函数 $z=z(x,y)$ 由 $\int_{1+x}^{2y+z}\mathrm{e}^{-(t-x)^2}\,\mathrm{d}t=xz+\sin yz$ 确定,求 $\mathrm{d}z|_{(0,0)}$.

解 $$\int_{1+x}^{2y+z}\mathrm{e}^{-(t-x)^2}\,\mathrm{d}t=\int_{1+x}^{2y+z}\mathrm{e}^{-(t-x)^2}\,\mathrm{d}(t-x)\xlongequal{令\ t-x=u}\int_{1}^{-x+2y+z}\mathrm{e}^{-u^2}\,\mathrm{d}u,$$

当 $x=0,y=0$ 时,$z=1$. 方程 $\int_{1}^{-x+2y+z}\mathrm{e}^{-u^2}\,\mathrm{d}u=xz+\sin yz$ 两端对 x 求偏导,得

$$\mathrm{e}^{-(-x+2y+z)^2}\left(-1+\frac{\partial z}{\partial x}\right)=z+x\frac{\partial z}{\partial x}+\cos(yz)\cdot y\cdot\frac{\partial z}{\partial x},$$

则

$$\left.\frac{\partial z}{\partial x}\right|_{(0,0)}=\mathrm{e}+1;$$

方程 $\int_{1}^{-x+2y+z}\mathrm{e}^{-u^2}\,\mathrm{d}u=xz+\sin yz$ 两端对 y 求偏导,得

$$\mathrm{e}^{-(-x+2y+z)^2}\left(2+\frac{\partial z}{\partial y}\right)=x\frac{\partial z}{\partial y}+\left(z+y\frac{\partial z}{\partial y}\right)\cos(yz),$$

则

$$\left.\frac{\partial z}{\partial y}\right|_{(0,0)}=\mathrm{e}-2.$$

故

$$\mathrm{d}z|_{(0,0)}=\left.\frac{\partial z}{\partial x}\right|_{(0,0)}\mathrm{d}x+\left.\frac{\partial z}{\partial y}\right|_{(0,0)}\mathrm{d}y=(\mathrm{e}+1)\mathrm{d}x+(\mathrm{e}-2)\mathrm{d}y.$$

13. 求曲线 $y=-x^2,z=x^3$ 上的点,使在该点处的切线平行于已知平面 $x+2y+z=4$.

解 设所求点的坐标为 (x_0,y_0,z_0),则曲线在该点的切向量为

$$\boldsymbol{T}=(1,-2x_0,3x_0^2),$$

由于切线平行于已知平面 $x+2y+z=4$,因而 $\boldsymbol{T}$ 垂直于已知平面的法向量 $\boldsymbol{n}=(1,2,1)$,故有

$$\boldsymbol{T}\cdot\boldsymbol{n}=1-4x_0+3x_0^2=0,$$

解得 $x_0=1$ 或 $\frac{1}{3}$,代入曲线方程,求得切点为 $M_1(1,-1,1)$、$M_2\left(\frac{1}{3},-\frac{1}{9},\frac{1}{27}\right)$.

14. 求曲面 $x^2+y^2+z^2-xy-3=0$ 上同时垂直于平面 $z=0$ 与 $x+y+1=0$ 的切平面的方程.

解 设 $F(x,y,z)=x^2+y^2+z^2-xy-3$,则

$$F_x=2x-y,\quad F_y=2y-x,\quad F_z=2z,$$

故曲面在点 (x_0,y_0,z_0) 处的法向量为

$$\boldsymbol{n} = (2x_0 - y_0, 2y_0 - x_0, 2z_0).$$

平面 $z=0$ 的法向量 $\boldsymbol{n}_1=(0,0,1)$，平面 $x+y+1=0$ 的法向量 $\boldsymbol{n}_2=(1,1,0)$，由于 $\boldsymbol{n}$ 同时垂直于 $\boldsymbol{n}_1$ 与 $\boldsymbol{n}_2$，所以 $\boldsymbol{n}$ 平行于 $\boldsymbol{n}_1\times\boldsymbol{n}_2$，且

$$\boldsymbol{n}_1\times\boldsymbol{n}_2 = \begin{vmatrix} \boldsymbol{i} & \boldsymbol{j} & \boldsymbol{k} \\ 0 & 0 & 1 \\ 1 & 1 & 0 \end{vmatrix} = -\boldsymbol{i}+\boldsymbol{j} = (-1,1,0),$$

故

$$\frac{2x_0 - y_0}{-1} = \frac{2y_0 - x_0}{1},\quad 2z_0 = 0,$$

即 $x_0=-y_0, z_0=0$. 将其代入原曲面方程，求得切点为 $M_1(1,-1,0)$ 和 $M_2(-1,1,0)$，于是所求切平面方程为

$$-(x-1)+(y+1)=0 \quad 和 \quad -(x+1)+(y-1)=0,$$

即

$$x-y-2=0 \quad 和 \quad x-y+2=0.$$

15. 求直线 $\begin{cases} y=2x \\ z=x+1 \end{cases}$ 与 $\begin{cases} y=x+3 \\ z=x \end{cases}$ 之间的最短距离.

解　设 (x_1,y_1,z_1)、(x_2,y_2,z_2) 分别为两直线上的点，则这两点之间的距离为

$$d=\sqrt{(x_2-x_1)^2+(y_2-y_1)^2+(z_2-z_1)^2},$$

将 $y_1=2x_1, z_1=x_1+1, y_2=x_2+3, z_2=x_2$ 代入上式，得

$$d=\sqrt{(x_2-x_1)^2+(x_2+3-2x_1)^2+(x_2-x_1-1)^2}.$$

令

$$\begin{cases} \dfrac{\partial d}{\partial x_1} = \dfrac{1}{d}(6x_1-4x_2-5)=0 \\ \dfrac{\partial d}{\partial x_2} = \dfrac{1}{d}(-4x_1+3x_2+2)=0 \end{cases},$$

得唯一驻点

$$\begin{cases} x_1=\dfrac{7}{2} \\ x_2=4 \end{cases},$$

这是可能的极值点. 由于两条已知直线之间的最短距离一定存在，故这个可能的极值点就是最小值点. 即当 $x_1=\dfrac{7}{2}, x_2=4$ 时，d 有最小值：

$$d_{\min}=\sqrt{\left(4-\frac{7}{2}\right)^2+(4+3-7)^2+\left(4-\frac{7}{2}-1\right)^2}=\frac{\sqrt{2}}{2}.$$

16. 函数 $u=xy^2+z^3-xyz$ 在点 $P_0(1,1,1)$ 处沿哪个方向的方向导数最大？最大值是多少？

解　由于

$$\frac{\partial u}{\partial x}=y^2-yz,\quad \frac{\partial u}{\partial y}=2xy-xz,\quad \frac{\partial u}{\partial z}=3z^2-xy,$$

得

$$\left.\frac{\partial u}{\partial x}\right|_{P_0}=0,\quad \left.\frac{\partial u}{\partial y}\right|_{P_0}=1,\quad \left.\frac{\partial u}{\partial z}\right|_{P_0}=2.$$

从而梯度

$$\mathbf{grad}\ u(P_0)=(0,1,2),\quad |\mathbf{grad}\ u(P_0)|=\sqrt{0+1+4}=\sqrt{5}.$$

于是 u 在点 P_0 处沿向量 $(0,1,2)$ 方向的方向导数最大,最大值是$\sqrt{5}$.

17. 求函数 $u=xyz$ 在条件$\frac{1}{x}+\frac{1}{y}+\frac{1}{z}=\frac{1}{a}(x>0,y>0,z>0,a>0)$下的极值.

解 方法一 将约束条件代入原函数,转化为无条件极值问题. 根据条件$\frac{1}{x}+\frac{1}{y}+\frac{1}{z}=\frac{1}{a}$

解出 $z=\dfrac{1}{\frac{1}{a}-\frac{1}{x}-\frac{1}{y}}$,代入原函数,得

$$u=\frac{xy}{\frac{1}{a}-\frac{1}{x}-\frac{1}{y}}=-\frac{ax^2y^2}{ay+ax-xy},$$

故

$$\frac{\partial u}{\partial x}=-\frac{2a^2xy^3+a^2x^2y^2-ax^2y^3}{(ay+ax-xy)^2},$$

$$\frac{\partial u}{\partial y}=-\frac{2a^2yx^3+a^2x^2y^2-ay^2x^3}{(ay+ax-xy)^2}.$$

令$\frac{\partial u}{\partial x}=0,\frac{\partial u}{\partial y}=0$,得唯一驻点 $x=y=3a$. 又

$$\left.\frac{\partial u}{\partial x}\right|_{y=3a}=-\frac{54a^5x-18a^4x^2}{(3a^2-2ax)^2},$$

$$\left.\frac{\partial u}{\partial x}\right|_{x=3a}=-\frac{9a^4y^2-3a^3y^3}{(3a^2-2ay)^2},$$

$$\left.\frac{\partial u}{\partial y}\right|_{x=3a}=-\frac{54a^5y-18a^4y^2}{(3a^2-2ay)^2},$$

故

$$A=\left.\frac{\partial^2 u}{\partial x^2}\right|_{\substack{x=3a\\y=3a}}=-18a^2\cdot\frac{\partial}{\partial x}\left.\frac{3ax-x^2}{(3a-2x)^2}\right|_{x=3a}=-\left.\frac{162a^4}{(3a-2x)^3}\right|_{x=3a}=6a,$$

$$B=\left.\frac{\partial^2 u}{\partial x\partial y}\right|_{\substack{x=3a\\y=3a}}=-3a\cdot\frac{\partial}{\partial x}\left.\frac{3ay^2-y^3}{(3a-2y)^2}\right|_{y=3a}=-3a\cdot\left.\frac{18a^2y-9ay^2+2y^3}{(3a-2y)^3}\right|_{y=3a}=3a,$$

$$C=\left.\frac{\partial^2 u}{\partial y^2}\right|_{\substack{x=3a\\y=3a}}=-18a^2\cdot\frac{\partial}{\partial y}\left.\frac{3ay-y^2}{(3a-2y)^2}\right|_{y=3a}=-\left.\frac{162a^4}{(3a-2y)^3}\right|_{y=3a}=6a,$$

即 $AC-B^2=27a^2>0,A>0$,故函数在 $x=y=z=3a$ 处取得极小值,极小值为 $27a^3$.

方法二 求条件极值,可直接利用拉格朗日乘数法. 构造拉格朗日函数:

$$L(x,y,z,\lambda)=xyz+\lambda\left(\frac{1}{x}+\frac{1}{y}+\frac{1}{z}-\frac{1}{a}\right),$$

由

$$\begin{cases} L_x = yz - \dfrac{\lambda}{x^2} = 0 \\ L_y = xz - \dfrac{\lambda}{y^2} = 0 \\ L_z = xy - \dfrac{\lambda}{z^2} = 0 \\ L_\lambda = \dfrac{1}{x} + \dfrac{1}{y} + \dfrac{1}{z} - \dfrac{1}{a} = 0 \end{cases},$$

解得

$$x = y = z = 3a,$$

故$(3a,3a,3a)$是函数$u = xyz$在约束条件下的唯一可能极值点. 同方法一，把由约束条件确定的隐函数记作$z = z(x,y)$，将目标函数看作$u = xy \cdot z(x,y) = F(x,y)$，再应用二元函数极值的充分条件，可得点$(3a,3a,3a)$是函数$u = xyz$在约束条件下的极小值点，极小值为$27a^3$.

18. 求函数$f(x,y) = x^2 - 2xy + 2y$在矩形区域$D = \{(x,y) \mid 0 \leqslant x \leqslant 3, 0 \leqslant y \leqslant 2\}$上的最大值和最小值.

解　先求$f(x,y)$在D内部的驻点. 令

$$f_x = 2x - 2y = 0, \quad f_y = -2x + 2 = 0,$$

解得$f(x,y)$在D内部的唯一驻点$(1,1)$，且$f(1,1) = 1$.

再求$f(x,y)$在D的边界上的最大值和最小值. D的边界包含四条直线段$L_1: y = 0, 0 \leqslant x \leqslant 3$; $L_2: x = 0, 0 \leqslant y \leqslant 2$; $L_3: y = 2, 0 \leqslant x \leqslant 3$; $L_4: x = 3, 0 \leqslant y \leqslant 2$.

在L_1上$y = 0, f(x,0) = x^2, 0 \leqslant x \leqslant 3$，这是关于$x$的单调增加函数，故在$L_1$上最大值为$f(3,0) = 9$，最小值为$f(0,0) = 0$. 类似地，在$L_2$和$L_4$上$f(0,y) = 2y$和$f(3,y) = 9 - 4y$也是单调的一元函数，易得最大值分别为

$$f(0,2) = 4 \quad \text{和} \quad f(3,0) = 9,$$

最小值分别为

$$f(0,0) = 0 \quad \text{和} \quad f(3,2) = 1.$$

而在L_3上$y = 2, f(x,2) = x^2 - 4x + 4 = (x-2)^2, 0 \leqslant x \leqslant 3$，故在$L_3$上最大值为$f(0,2) = 4$，最小值为$f(2,2) = 0$.

比较驻点的值$f(1,1) = 1$与L_1、L_2、L_3、L_4上的最大值和最小值，可得$f(x,y)$在D上的最大值为$f(3,0) = 9$，最小值为$f(0,0) = f(2,2) = 0$.

第 9 章 多元数量函数的积分学

知识点总结

一、多元数量函数积分的定义

设 $f(P)$ 是定义在有界闭几何形体 Ω 上的有界函数. 将 Ω 任意划分为 n 个小块(片、段) $\Delta\Omega_i(i=1,2,\cdots,n)$,其度量仍记作 $\Delta\Omega_i$,令 $\lambda=\max\limits_{1\leqslant i\leqslant n}\{\Delta\Omega_i$ 的直径$\}$,任取点 $P_i\in\Delta\Omega_i$,作乘积 $f(P_i)\Delta\Omega_i(i=1,2,\cdots,n)$,并作和式 $\sum\limits_{i=1}^{n}f(P_i)\Delta\Omega_i$. 如果无论对 Ω 怎样分割,点 $P_i\in\Delta\Omega_i$ 怎样选取,都有当 $\lambda\to 0$ 时,和式 $\sum\limits_{i=1}^{n}f(P_i)\Delta\Omega_i$ 无限趋于同一常数 I,则称函数 $f(P)$ 在 Ω 上黎曼可积(或黎曼积分存在),并称此常数 I 为 $f(P)$ 在 Ω 上的黎曼积分或多元数量函数积分,记作 $\int_{\Omega}f(P)\mathrm{d}\Omega$,即

$$\int_{\Omega}f(P)\mathrm{d}\Omega=\lim_{\lambda\to 0}\sum_{i=1}^{n}f(P_i)\Delta\Omega_i.$$

其中 Ω 称为积分区域,$f(P)$ 称为被积函数,P 称为积分变量,$f(P)\mathrm{d}\Omega$ 称为被积表达式,$\mathrm{d}\Omega$ 称为 Ω 的度量微元.

二、多元数量函数积分的性质

性质 1(线性性质) $\int_{\Omega}[\alpha f(P)+\beta g(P)]\mathrm{d}\Omega=\alpha\int_{\Omega}f(P)\mathrm{d}\Omega+\beta\int_{\Omega}g(P)\mathrm{d}\Omega$,其中 α、β 为常数.

性质 2 若 $f(P)\equiv 1$,则它在 Ω 上的积分等于 Ω 的度量,即 $\int_{\Omega}\mathrm{d}\Omega=\Omega$.

性质 3(对积分区域的可加性) $\int_{\Omega}f(P)\mathrm{d}\Omega=\int_{\Omega_1}f(P)\mathrm{d}\Omega+\int_{\Omega_2}f(P)\mathrm{d}\Omega$,其中 $\Omega=\Omega_1\cup\Omega_2$,且 Ω_1 与 Ω_2 无公共内点.

性质 4(单调性) 若 $f(P)\leqslant g(P)$,则 $\forall P\in\Omega$,有 $\int_{\Omega}f(P)\mathrm{d}\Omega\leqslant\int_{\Omega}g(P)\mathrm{d}\Omega$.

推论 1 $\left|\int_{\Omega}f(P)\mathrm{d}\Omega\right|\leqslant\int_{\Omega}|f(P)|\mathrm{d}\Omega$.

推论 2 若 $m\leqslant f(P)\leqslant M$,则 $\forall P\in\Omega$,有 $m\Omega\leqslant\int_{\Omega}f(P)\mathrm{d}\Omega\leqslant M\Omega$.

性质5(积分中值定理)　设 $f(P)$ 在 Ω 上连续，则至少存在一点 $P^* \in \Omega$，使得

$$\int_{\Omega} f(P)\mathrm{d}\Omega = f(P^*)\Omega.$$

三、二重积分的计算

1. 直角坐标系下二重积分的计算

X 型区域：$D=\{(x,y)\mid \varphi_1(x)\leqslant y\leqslant \varphi_2(x), a\leqslant x\leqslant b\}$，则

$$\iint_D f(x,y)\mathrm{d}x\mathrm{d}y=\int_a^b\left[\int_{\varphi_1(x)}^{\varphi_2(x)} f(x,y)\mathrm{d}y\right]\mathrm{d}x=\int_a^b\mathrm{d}x\int_{\varphi_1(x)}^{\varphi_2(x)} f(x,y)\mathrm{d}y.$$

Y 型区域：$D=\{(x,y)\mid \psi_1(y)\leqslant x\leqslant \psi_2(y), c\leqslant y\leqslant d\}$，则

$$\iint_D f(x,y)\mathrm{d}x\mathrm{d}y=\int_c^d\left[\int_{\psi_1(y)}^{\psi_2(y)} f(x,y)\mathrm{d}x\right]\mathrm{d}y=\int_c^d\mathrm{d}y\int_{\psi_1(y)}^{\psi_2(y)} f(x,y)\mathrm{d}x.$$

2. 极坐标系下二重积分的计算

设 $D=\{(\rho,\theta)\mid \varphi_1(\theta)\leqslant\rho\leqslant\varphi_2(\theta), \alpha\leqslant\theta\leqslant\beta\}$，则

$$\iint_D f(x,y)\mathrm{d}x\mathrm{d}y=\iint_D f(\rho\cos\theta,\rho\sin\theta)\rho\mathrm{d}\rho\mathrm{d}\theta=\int_\alpha^\beta\mathrm{d}\theta\int_{\varphi_1(\theta)}^{\varphi_2(\theta)} f(\rho\cos\theta,\rho\sin\theta)\rho\mathrm{d}\rho.$$

3. 积分区域的对称性和被积函数的奇偶性

设平面区域 D 关于 x 轴对称，若被积函数关于 y 是奇函数，则 $\iint\limits_D f(x,y)\mathrm{d}x\mathrm{d}y=0$；若被积函数关于 y 是偶函数，则 $\iint\limits_D f(x,y)\mathrm{d}x\mathrm{d}y=2\iint\limits_{D^+} f(x,y)\mathrm{d}x\mathrm{d}y$，其中 $D^+=\{(x,y)\mid (x,y)\in D, y\geqslant 0\}$.

设平面区域 D 关于 y 轴对称，若被积函数关于 x 是奇函数，则 $\iint\limits_D f(x,y)\mathrm{d}x\mathrm{d}y=0$；若被积函数关于 x 是偶函数，则 $\iint\limits_D f(x,y)\mathrm{d}x\mathrm{d}y=2\iint\limits_{D^+} f(x,y)\mathrm{d}x\mathrm{d}y$，其中 $D^+=\{(x,y)\mid (x,y)\in D, x\geqslant 0\}$.

4. 轮换性

设积分区域 D 的边界曲线方程为 $F(x,y)=0$，若 $F(x,y)=F(y,x)$，则

$$\iint_D f(x,y)\mathrm{d}\sigma=\iint_D f(y,x)\mathrm{d}\sigma=\frac{1}{2}\iint_D[f(x,y)+f(y,x)]\mathrm{d}\sigma.$$

特别地，$\iint\limits_D f(x)\mathrm{d}\sigma=\iint\limits_D f(y)\mathrm{d}\sigma=\dfrac{1}{2}\iint\limits_D[f(x)+f(y)]\mathrm{d}\sigma.$

四、三重积分的计算

1. 直角坐标系下三重积分的计算

(1) 投影法. 设 $\Omega=\{(x,y,z)\mid z_1(x,y)\leqslant z\leqslant z_2(x,y), (x,y)\in D_{xy}\}$，则

$$\iiint_\Omega f(x,y,z)\mathrm{d}V=\iint_{D_{xy}}\mathrm{d}x\mathrm{d}y\int_{z_1(x,y)}^{z_2(x,y)} f(x,y,z)\mathrm{d}z.$$

设 $\Omega=\{(x,y,z)\mid x_1(y,z)\leqslant x\leqslant x_2(y,z), (y,z)\in D_{yz}\}$，则

$$\iiint_{\Omega} f(x,y,z)\mathrm{d}V = \iint_{D_{yz}} \mathrm{d}y\mathrm{d}z \int_{x_1(y,z)}^{x_2(y,z)} f(x,y,z)\mathrm{d}x.$$

设 $\Omega = \{(x,y,z) \mid y_1(z,x) \leqslant y \leqslant y_2(z,x), (z,x) \in D_{zx}\}$,则

$$\iiint_{\Omega} f(x,y,z)\mathrm{d}V = \iint_{D_{zx}} \mathrm{d}z\mathrm{d}x \int_{y_1(z,x)}^{y_2(z,x)} f(x,y,z)\mathrm{d}y.$$

(2) 截面法.设 $\Omega = \{(x,y,z) \mid (x,y) \in D_z, c \leqslant z \leqslant d\}$,则

$$\iiint_{\Omega} f(x,y,z)\mathrm{d}x\mathrm{d}y\mathrm{d}z = \int_c^d \left[\iint_{D_z} f(x,y,z)\mathrm{d}x\mathrm{d}y\right]\mathrm{d}z = \int_c^d \mathrm{d}z \iint_{D_z} f(x,y,z)\mathrm{d}x\mathrm{d}y.$$

设 $\Omega = \{(x,y,z) \mid (z,x) \in D_y, c \leqslant y \leqslant d\}$,则

$$\iiint_{\Omega} f(x,y,z)\mathrm{d}x\mathrm{d}y\mathrm{d}z = \int_c^d \mathrm{d}y \iint_{D_y} f(x,y,z)\mathrm{d}z\mathrm{d}x.$$

设 $\Omega = \{(x,y,z) \mid (y,z) \in D_x, c \leqslant x \leqslant d\}$,则

$$\iiint_{\Omega} f(x,y,z)\mathrm{d}x\mathrm{d}y\mathrm{d}z = \int_c^d \mathrm{d}x \iint_{D_x} f(x,y,z)\mathrm{d}y\mathrm{d}z.$$

2. 球面坐标系下三重积分的计算

球面坐标系下三重积分的表达式为

$$\iiint_{\Omega} f(x,y,z)\mathrm{d}x\mathrm{d}y\mathrm{d}z = \iiint_{\Omega} f(r\sin\varphi\cos\theta, r\sin\varphi\sin\theta, r\cos\varphi) r^2 \sin\varphi \mathrm{d}r\mathrm{d}\varphi\mathrm{d}\theta.$$

3. 积分区域的对称性和被积函数的奇偶性

设空间区域 Ω 关于 xOy 面对称,若被积函数关于 z 是奇函数,则 $\iiint_{\Omega} f(x,y,z)\mathrm{d}V = 0$;若被积函数关于 z 是偶函数,则 $\iiint_{\Omega} f(x,y,z)\mathrm{d}V = 2\iiint_{\Omega^+} f(x,y,z)\mathrm{d}V$,其中 $\Omega^+ = \{(x,y,z) \mid (x,y,z) \in \Omega, z \geqslant 0\}$.

设空间区域 Ω 关于 zOx 面对称,若被积函数关于 y 是奇函数,则 $\iiint_{\Omega} f(x,y,z)\mathrm{d}V = 0$;若被积函数关于 y 是偶函数,则 $\iiint_{\Omega} f(x,y,z)\mathrm{d}V = 2\iiint_{\Omega^+} f(x,y,z)\mathrm{d}V$,其中 $\Omega^+ = \{(x,y,z) \mid (x,y,z) \in \Omega, y \geqslant 0\}$.

设空间区域 Ω 关于 yOz 面对称,若被积函数关于 x 是奇函数,则 $\iiint_{\Omega} f(x,y,z)\mathrm{d}V = 0$;若被积函数关于 x 是偶函数,则 $\iiint_{\Omega} f(x,y,z)\mathrm{d}V = 2\iiint_{\Omega^+} f(x,y,z)\mathrm{d}V$,其中 $\Omega^+ = \{(x,y,z) \mid (x,y,z) \in \Omega, x \geqslant 0\}$.

4. 轮换性

设积分区域 Ω 的边界曲面方程为 $F(x,y,z) = 0$,若 $F(x,y,z) = F(y,z,x) = F(z,x,y)$,则

$$\iiint_{\Omega} f(x,y,z)\mathrm{d}V = \iiint_{\Omega} f(y,z,x)\mathrm{d}V = \iiint_{\Omega} f(z,x,y)\mathrm{d}V$$

$$= \frac{1}{3}\iiint_{\Omega}[f(x,y,z)+f(y,z,x)+f(z,x,y)]\mathrm{d}V.$$

特别地，$\iiint_{\Omega} f(x)\mathrm{d}V = \iiint_{\Omega} f(y)\mathrm{d}V = \iiint_{\Omega} f(z)\mathrm{d}V = \frac{1}{3}\iiint_{\Omega}[f(x)+f(y)+f(z)]\mathrm{d}V.$

五、第一类曲线积分的计算

1. 参数方程

设平面曲线 L 的参数方程为$\begin{cases} x=\varphi(t) \\ y=\psi(t) \end{cases}(\alpha \leqslant t \leqslant \beta)$，则

$$\int_L f(x,y)\mathrm{d}s = \int_{\alpha}^{\beta} f[\varphi(t),\psi(t)]\sqrt{\varphi'^2(t)+\psi'^2(t)}\,\mathrm{d}t \quad (\alpha<\beta).$$

设空间曲线 Γ 的参数方程为 $x=\varphi(t)$，$y=\psi(t)$，$z=\omega(t)(\alpha \leqslant t \leqslant \beta)$，则

$$\int_{\Gamma} f(x,y,z)\mathrm{d}s = \int_{\alpha}^{\beta} f[\varphi(t),\psi(t),\omega(t)]\sqrt{\varphi'^2(t)+\psi'^2(t)+\omega'^2(t)}\,\mathrm{d}t \quad (\alpha<\beta).$$

2. 显函数方程

如果曲线 L 的方程为 $y=\psi(x)$，$a \leqslant x \leqslant b$，则

$$\int_L f(x,y)\mathrm{d}s = \int_a^b f[x,\psi(x)]\sqrt{1+\psi'^2(x)}\,\mathrm{d}x \quad (a<b).$$

如果曲线 L 的方程为 $x=\varphi(y)$，$c \leqslant y \leqslant d$，则

$$\int_L f(x,y)\mathrm{d}s = \int_c^d f[\varphi(y),y]\sqrt{1+\varphi'^2(y)}\,\mathrm{d}y \quad (c<d).$$

3. 极坐标方程

如果曲线 L 的方程为极坐标形式 $\rho=\rho(\theta)$，$\alpha \leqslant \theta \leqslant \beta$，则

$$\int_L f(x,y)\mathrm{d}s = \int_{\alpha}^{\beta} f[\rho(\theta)\cos\theta,\rho(\theta)\sin\theta]\sqrt{\rho^2(\theta)+\rho'^2(\theta)}\,\mathrm{d}\theta.$$

4. 积分曲线的对称性和被积函数的奇偶性

设平面曲线 L 关于 x 轴对称，若被积函数关于 y 是奇函数，则 $\int_L f(x,y)\mathrm{d}s=0$；若被积函数关于 y 是偶函数，则 $\int_L f(x,y)\mathrm{d}s = 2\int_{L^+} f(x,y)\mathrm{d}s$，其中 $L^+=\{(x,y)\mid(x,y)\in L, y\geqslant 0\}$.

设平面曲线 L 关于 y 轴对称，若被积函数关于 x 是奇函数，则 $\int_L f(x,y)\mathrm{d}s=0$；若被积函数关于 x 是偶函数，则 $\int_L f(x,y)\mathrm{d}s = 2\int_{L^+} f(x,y)\mathrm{d}s$，其中 $L^+=\{(x,y)\mid(x,y)\in L, x\geqslant 0\}$.

5. 轮换性

设平面曲线 L 的方程为 $F(x,y)=0$，若 $F(x,y)=F(y,x)$，则

$$\int_L f(x,y)\mathrm{d}s = \int_L f(y,x)\mathrm{d}s = \frac{1}{2}\int_L[f(x,y)+f(y,x)]\mathrm{d}s.$$

特别地，

$$\int_L f(x)\mathrm{d}s = \int_L f(y)\mathrm{d}s = \frac{1}{2}\int_L[f(x)+f(y)]\mathrm{d}s.$$

设空间曲线 Γ 的一般方程为 $\begin{cases}F(x,y,z)=0\\G(x,y,z)=0\end{cases}$，若 $F(x,y,z)=F(y,z,x)=F(z,x,y)$，$G(x,y,z)=G(y,z,x)=G(z,x,y)$，则

$$\begin{aligned}\int_\Gamma f(x,y,z)\mathrm{d}s&=\int_\Gamma f(y,z,x)\mathrm{d}s=\int_\Gamma f(z,x,y)\mathrm{d}s\\&=\frac{1}{3}\int_\Gamma[f(x,y,z)+f(y,z,x)+f(z,x,y)]\mathrm{d}s.\end{aligned}$$

特别地，

$$\int_\Gamma f(x)\mathrm{d}s=\int_\Gamma f(y)\mathrm{d}s=\int_\Gamma f(z)\mathrm{d}s=\frac{1}{3}\int_\Gamma[f(x)+f(y)+f(z)]\mathrm{d}s.$$

六、第一类曲面积分的计算

1. 显函数方程

若曲面 Σ 的方程为 $z=z(x,y)$，$(x,y)\in D_{xy}$，Σ 在 xOy 面上的投影区域为 D_{xy}，则

$$\iint_\Sigma f(x,y,z)\mathrm{d}S=\iint_{D_{xy}}f[x,y,z(x,y)]\sqrt{1+z_x^2(x,y)+z_y^2(x,y)}\,\mathrm{d}x\mathrm{d}y.$$

若曲面 Σ 的方程为 $y=y(z,x)$，$(z,x)\in D_{zx}$，Σ 在 zOx 面上的投影区域为 D_{zx}，则

$$\iint_\Sigma f(x,y,z)\mathrm{d}S=\iint_{D_{zx}}f[x,y(z,x),z]\sqrt{1+y_z^2(z,x)+y_x^2(z,x)}\,\mathrm{d}z\mathrm{d}x.$$

若曲面 Σ 的方程为 $x=x(y,z)$，$(y,z)\in D_{yz}$，Σ 在 yOz 面上的投影区域为 D_{yz}，则

$$\iint_\Sigma f(x,y,z)\mathrm{d}S=\iint_{D_{yz}}f[x(y,z),y,z]\sqrt{1+x_y^2(y,z)+x_z^2(y,z)}\,\mathrm{d}y\mathrm{d}z.$$

2. 积分曲面的对称性和被积函数的奇偶性

设曲面 Σ 关于 xOy 面对称，若被积函数关于 z 是奇函数，则 $\iint_\Sigma f(x,y,z)\mathrm{d}S=0$；若被积函数关于 z 是偶函数，则 $\iint_\Sigma f(x,y,z)\mathrm{d}S=2\iint_{\Sigma^+}f(x,y,z)\mathrm{d}S$，其中 $\Sigma^+=\{(x,y,z)\mid(x,y,z)\in\Sigma,z\geqslant 0\}$.

设曲面 Σ 关于 zOx 面对称，若被积函数关于 y 是奇函数，则 $\iint_\Sigma f(x,y,z)\mathrm{d}S=0$；若被积函数关于 y 是偶函数，则 $\iint_\Sigma f(x,y,z)\mathrm{d}S=2\iint_{\Sigma^+}f(x,y,z)\mathrm{d}S$，其中 $\Sigma^+=\{(x,y,z)\mid(x,y,z)\in\Sigma,y\geqslant 0\}$.

设曲面 Σ 关于 yOz 面对称，若被积函数关于 x 是奇函数，则 $\iint_\Sigma f(x,y,z)\mathrm{d}S=0$；若被积函数关于 x 是偶函数，则 $\iint_\Sigma f(x,y,z)\mathrm{d}S=2\iint_{\Sigma^+}f(x,y,z)\mathrm{d}S$，其中 $\Sigma^+=\{(x,y,z)\mid(x,y,z)\in\Sigma,x\geqslant 0\}$.

3. 轮换性

设曲面 Σ 的方程为 $F(x,y,z)=0$，若 $F(x,y,z)=F(y,z,x)=F(z,x,y)$，则

$$\begin{aligned}\iint_{\Sigma} f(x,y,z)\mathrm{d}S &= \iint_{\Sigma} f(y,z,x)\mathrm{d}S = \iint_{\Sigma} f(z,x,y)\mathrm{d}S \\ &= \frac{1}{3}\iint_{\Sigma}[f(x,y,z)+f(y,z,x)+f(z,x,y)]\mathrm{d}S.\end{aligned}$$

特别地，

$$\iint_{\Sigma} f(x)\mathrm{d}S = \iint_{\Sigma} f(y)\mathrm{d}S = \iint_{\Sigma} f(z)\mathrm{d}S = \frac{1}{3}\iint_{\Sigma}[f(x)+f(y)+f(z)]\mathrm{d}S.$$

4. 质心

设 Ω 是空间中的一个几何形体，其密度函数为 $\rho=\rho(P)$，且 $\rho(P)$ 在 Ω 上连续，则 Ω 的质量为

$$m=\int_{\Omega}\rho(P)\mathrm{d}\Omega.$$

Ω 的质心的坐标为

$$\bar{x}=\frac{\int_{\Omega}x\rho(P)\mathrm{d}\Omega}{\int_{\Omega}\rho(P)\mathrm{d}\Omega},\quad \bar{y}=\frac{\int_{\Omega}y\rho(P)\mathrm{d}\Omega}{\int_{\Omega}\rho(P)\mathrm{d}\Omega},\quad \bar{z}=\frac{\int_{\Omega}z\rho(P)\mathrm{d}\Omega}{\int_{\Omega}\rho(P)\mathrm{d}\Omega}.$$

当密度函数 $\rho(P)$ 为常数时，几何形体 Ω 的质心又称为 Ω 的形心，其坐标为

$$\bar{x}=\frac{\int_{\Omega}x\,\mathrm{d}\Omega}{\int_{\Omega}\mathrm{d}\Omega},\quad \bar{y}=\frac{\int_{\Omega}y\,\mathrm{d}\Omega}{\int_{\Omega}\mathrm{d}\Omega},\quad \bar{z}=\frac{\int_{\Omega}z\,\mathrm{d}\Omega}{\int_{\Omega}\mathrm{d}\Omega}.$$

基　础　题

1. 选用适当的坐标系计算下列二重积分：

(1) $\iint_{D} \mathrm{e}^{\frac{y}{x}}\mathrm{d}\sigma$，其中 $D: 0\leqslant x\leqslant 1, 0\leqslant y\leqslant x^2$；

(2) $\iint_{D} \mathrm{e}^{y^2}\mathrm{d}\sigma$，其中 D 是由 $y=x, y=2x$ 及 $y=1$ 围成的闭区域；

(3) $\iint_{D} \frac{1}{\sqrt{x^2+y^2}}\mathrm{d}\sigma$，其中 D 是由 $y=x^2$ 与 $y=x$ 围成的闭区域；

(4) $\iint_{D} \frac{\arctan\frac{y}{x}}{\sqrt{x^2+y^2}}\mathrm{d}\sigma$，其中 $D: 1\leqslant x^2+y^2\leqslant 4, x\leqslant y\leqslant \sqrt{3}x$；

(5) $\iint_{D} |x-y^2|\mathrm{d}\sigma$，其中 $D: 0\leqslant x\leqslant 1, -1\leqslant y\leqslant 1$；

(6) $\iint_{D} (x^2+y^2)\mathrm{d}\sigma$，其中 D 是位于两圆 $x^2+y^2=2x$ 和 $x^2+y^2=4x$ 之间的闭区域；

(7) $\iint\limits_D xy\,\mathrm{d}\sigma$，其中 $D: x^2+y^2\leqslant 16, 0\leqslant y\leqslant x$；

(8) $\iint\limits_D \mathrm{e}^{x+y}\,\mathrm{d}\sigma$，其中 $D: |x|+|y|\leqslant 1$.

解 (1) $\iint\limits_D \mathrm{e}^{\frac{y}{x}}\,\mathrm{d}\sigma = \int_0^1 \mathrm{d}x\int_0^{x^2}\mathrm{e}^{\frac{y}{x}}\,\mathrm{d}y$

$$\xlongequal{\text{令 } u=\frac{y}{x}} \int_0^1 \mathrm{d}x\int_0^x x\mathrm{e}^u\,\mathrm{d}u = \int_0^1 x(\mathrm{e}^x-1)\,\mathrm{d}x = \frac{1}{2}.$$

(2) 积分区域可以按照 Y 型区域表示为 $D=\left\{(x,y)\,\middle|\,\frac{y}{2}\leqslant x\leqslant y, 0\leqslant y\leqslant 1\right\}$，于是

$$\iint\limits_D \mathrm{e}^{y^2}\,\mathrm{d}\sigma = \int_0^1 \mathrm{d}y\int_{y/2}^{y}\mathrm{e}^{y^2}\,\mathrm{d}x = \frac{1}{2}\int_0^1 y\mathrm{e}^{y^2}\,\mathrm{d}y$$
$$= \frac{1}{4}\int_0^1 \mathrm{e}^{y^2}\,\mathrm{d}(y^2) = \frac{1}{4}(\mathrm{e}-1).$$

(3) 曲线 $y=x^2$ 可以写成 $\rho\sin\theta=\rho^2\cos^2\theta$，即 $\rho=\frac{\sin\theta}{\cos^2\theta}$，积分区域可以表示为

$$D=\left\{(\rho,\theta)\,\middle|\,0\leqslant\rho\leqslant\frac{\sin\theta}{\cos^2\theta}, 0\leqslant\theta\leqslant\frac{\pi}{4}\right\},$$

于是

$$\iint\limits_D \frac{1}{\sqrt{x^2+y^2}}\,\mathrm{d}\sigma = \int_0^{\pi/4}\mathrm{d}\theta\int_0^{\frac{\sin\theta}{\cos^2\theta}}\frac{1}{\rho}\cdot\rho\,\mathrm{d}\rho$$
$$= \int_0^{\pi/4}\frac{\sin\theta}{\cos^2\theta}\,\mathrm{d}\theta = \int_0^{\pi/4}\tan\theta\sec\theta\,\mathrm{d}\theta = \sqrt{2}-1.$$

(4) 积分区域可以表示为 $D=\left\{(\rho,\theta)\,\middle|\,1\leqslant\rho\leqslant 2, \frac{\pi}{4}\leqslant\theta\leqslant\frac{\pi}{3}\right\}$，于是

$$\iint\limits_D \frac{\arctan\frac{y}{x}}{\sqrt{x^2+y^2}}\,\mathrm{d}\sigma = \int_{\pi/4}^{\pi/3}\mathrm{d}\theta\int_1^2\frac{\theta}{\rho}\cdot\rho\,\mathrm{d}\rho = \int_{\pi/4}^{\pi/3}\theta\,\mathrm{d}\theta = \frac{7}{288}\pi^2.$$

(5) 积分区域 $D=D_1\cup D_2$，其中

$D_1=\{(x,y)\mid 0\leqslant x\leqslant y^2, -1\leqslant y\leqslant 1\}$，$D_2=\{(x,y)\mid y^2\leqslant x\leqslant 1, -1\leqslant y\leqslant 1\}$，于是

$$\iint\limits_D |x-y^2|\,\mathrm{d}\sigma = \iint\limits_{D_1}(y^2-x)\,\mathrm{d}\sigma + \iint\limits_{D_2}(x-y^2)\,\mathrm{d}\sigma$$
$$= \int_{-1}^1\mathrm{d}y\int_0^{y^2}(y^2-x)\,\mathrm{d}x + \int_{-1}^1\mathrm{d}y\int_{y^2}^1(x-y^2)\,\mathrm{d}x$$
$$= \frac{1}{2}\int_{-1}^1[y^4+(1-y^2)^2]\,\mathrm{d}y = \int_0^1(2y^4-2y^2+1)\,\mathrm{d}y = \frac{11}{15}.$$

(6) 圆 $x^2+y^2=ax$ 可以写成 $\rho^2=a\rho\cos\theta$，即 $\rho=a\cos\theta$，积分区域可以表示为 $D=\left\{(\rho,\theta)\,\middle|\,2\cos\theta\leqslant\rho\leqslant 4\cos\theta, -\frac{\pi}{2}\leqslant\theta\leqslant\frac{\pi}{2}\right\}$，于是

$$\iint\limits_D (x^2+y^2)\,\mathrm{d}\sigma = \int_{-\pi/2}^{\pi/2}\mathrm{d}\theta\int_{2\cos\theta}^{4\cos\theta}\rho^2\cdot\rho\,\mathrm{d}\rho = 60\int_{-\pi/2}^{\pi/2}\cos^4\theta\,\mathrm{d}\theta = \frac{45}{2}\pi.$$

(7) 积分区域可以表示为 $D=\left\{(\rho,\theta)\,\middle|\,0\leqslant\rho\leqslant 4,0\leqslant\theta\leqslant\frac{\pi}{4}\right\}$，于是

$$\begin{aligned}\iint_D xy\,\mathrm{d}\sigma&=\int_0^{\pi/4}\mathrm{d}\theta\int_0^4\rho^2\cos\theta\sin\theta\cdot\rho\mathrm{d}\rho\\&=\frac{1}{2}\int_0^{\pi/4}\mathrm{d}\theta\int_0^4\rho^3\sin 2\theta\mathrm{d}\rho=32\int_0^{\pi/4}\sin 2\theta\mathrm{d}\theta=16.\end{aligned}$$

(8) **方法一**　$|x|+|y|\leqslant 1$ 是由 $x+y=1,x+y=-1,y=x+1,y=x-1$ 围成的闭区域.

设积分区域 $D=D_1\cup D_2$，其中 D_1 由 $x+y=-1,y=x+1$ 和 $x=0$ 围成，即

$$D_1=\{(x,y)\mid -x-1\leqslant y\leqslant x+1,-1\leqslant x\leqslant 0\},$$

D_2 由 $x+y=1,y=x-1$ 和 $x=0$ 围成，即

$$D_2=\{(x,y)\mid x-1\leqslant y\leqslant -x+1,0\leqslant x\leqslant 1\},$$

于是

$$\begin{aligned}\iint_D \mathrm{e}^{x+y}\mathrm{d}\sigma&=\iint_{D_1}\mathrm{e}^{x+y}\mathrm{d}\sigma+\iint_{D_2}\mathrm{e}^{x+y}\mathrm{d}\sigma\\&=\int_{-1}^0\mathrm{d}x\int_{-x-1}^{x+1}\mathrm{e}^{x+y}\mathrm{d}y+\int_0^1\mathrm{d}x\int_{x-1}^{-x+1}\mathrm{e}^{x+y}\mathrm{d}y\\&=\int_{-1}^0\mathrm{e}^x(\mathrm{e}^{x+1}-\mathrm{e}^{-x-1})\mathrm{d}x+\int_0^1\mathrm{e}^x(\mathrm{e}^{-x+1}-\mathrm{e}^{x-1})\mathrm{d}x\\&=\int_{-1}^0(\mathrm{e}^{2x+1}-\mathrm{e}^{-1})\mathrm{d}x+\int_0^1(\mathrm{e}-\mathrm{e}^{2x-1})\mathrm{d}x\\&=\int_{-1}^0\mathrm{e}^{2x+1}\mathrm{d}x-\int_0^1\mathrm{e}^{2x-1}\mathrm{d}x+\mathrm{e}-\mathrm{e}^{-1},\end{aligned}$$

在上面两个积分中分别进行换元，令 $u=2x+1,v=2x-1$，得到

$$\begin{aligned}\iint_D\mathrm{e}^{x+y}\mathrm{d}\sigma&=\int_{-1}^0\mathrm{e}^{2x+1}\mathrm{d}x-\int_0^1\mathrm{e}^{2x-1}\mathrm{d}x+\mathrm{e}-\mathrm{e}^{-1}\\&=\frac{1}{2}\int_{-1}^1\mathrm{e}^u\mathrm{d}u-\frac{1}{2}\int_{-1}^1\mathrm{e}^v\mathrm{d}v+\mathrm{e}-\mathrm{e}^{-1}=\mathrm{e}-\mathrm{e}^{-1}.\end{aligned}$$

方法二　令 $u=x+y,v=x-y$，则 $x=\frac{u+v}{2},y=\frac{u-v}{2}$，于是

$$J=\frac{\partial(x,y)}{\partial(u,v)}=\begin{vmatrix}\frac{\partial x}{\partial u}&\frac{\partial x}{\partial v}\\\frac{\partial y}{\partial u}&\frac{\partial y}{\partial v}\end{vmatrix}=\begin{vmatrix}\frac{1}{2}&\frac{1}{2}\\\frac{1}{2}&-\frac{1}{2}\end{vmatrix}=-\frac{1}{2}.$$

直线 $x+y=1$ 对应 $u=1$，直线 $x+y=-1$ 对应 $u=-1$，直线 $y=x+1$ 对应 $v=-1$，直线 $y=x-1$ 对应 $v=1$，即积分区域 D 在 uOv 面中对应的区域 D' 由直线 $u=-1,u=1,v=-1,v=1$ 围成，从而 $D'=\{(u,v)\mid -1\leqslant v\leqslant 1,-1\leqslant u\leqslant 1\}$. 故

$$\begin{aligned}\iint_D\mathrm{e}^{x+y}\mathrm{d}\sigma&=\iint_{D'}\mathrm{e}^u\cdot|J|\,\mathrm{d}u\mathrm{d}v\\&=\frac{1}{2}\int_{-1}^1\mathrm{d}u\int_{-1}^1\mathrm{e}^u\mathrm{d}v=\int_{-1}^1\mathrm{e}^u\mathrm{d}u=\mathrm{e}-\mathrm{e}^{-1}.\end{aligned}$$

2. 试利用积分区域的对称性和被积函数的奇偶性计算下列二重积分：

(1) $\iint\limits_D (1+x^2\sin y)\mathrm{d}x\mathrm{d}y$，其中 $D:(x-1)^2+y^2\leqslant 1$；

(2) $\iint\limits_D (\tan xy+1)\mathrm{d}x\mathrm{d}y$，其中 $D:x^2+y^2\leqslant 1, y\geqslant x$.

解　(1) 积分区域 D 关于 x 轴对称，$x^2\sin y$ 关于 y 是奇函数，因此

$$\iint\limits_D (1+x^2\sin y)\mathrm{d}\sigma=\iint\limits_D \mathrm{d}\sigma+\iint\limits_D x^2\sin y\mathrm{d}\sigma=\pi+0=\pi.$$

(2) 积分区域 $D=D_1\cup D_2$，其中

$$D_1=\left\{(\rho,\theta)\,\middle|\,0\leqslant\rho\leqslant 1,\frac{\pi}{4}\leqslant\theta\leqslant\frac{3\pi}{4}\right\},\quad D_2=\left\{(\rho,\theta)\,\middle|\,0\leqslant\rho\leqslant 1,\frac{3\pi}{4}\leqslant\theta\leqslant\frac{5\pi}{4}\right\},$$

显然，区域 D_1 关于 y 轴对称，区域 D_2 关于 x 轴对称，$\tan xy$ 关于 x 和 y 都是奇函数，因此

$$\begin{aligned}\iint\limits_D (1+\tan xy)\mathrm{d}\sigma&=\iint\limits_D \mathrm{d}\sigma+\iint\limits_D \tan xy\mathrm{d}\sigma\\&=\iint\limits_D \mathrm{d}\sigma+\iint\limits_{D_1} \tan xy\mathrm{d}\sigma+\iint\limits_{D_2} \tan xy\mathrm{d}\sigma\\&=\frac{\pi}{2}+0+0=\frac{\pi}{2}.\end{aligned}$$

3. 求 $\iint\limits_D \frac{y-x}{y+x}\mathrm{d}\sigma$，其中 D 是以(1,0)、(2,0)、(0,2)、(0,1) 为顶点的梯形闭区域.

解　**方法一**　由轮换性知，$\iint\limits_D \frac{y-x}{y+x}\mathrm{d}\sigma=\iint\limits_D \frac{x-y}{y+x}\mathrm{d}\sigma$，因此 $\iint\limits_D \frac{y-x}{y+x}\mathrm{d}\sigma=0$.

方法二　直线 $x+y=a$ 可以写成 $\rho\cos\theta+\rho\sin\theta=a$，即 $\rho=\frac{a}{\cos\theta+\sin\theta}$，积分区域可以表示为 $D=\left\{(\rho,\theta)\,\middle|\,\frac{1}{\cos\theta+\sin\theta}\leqslant\rho\leqslant\frac{2}{\cos\theta+\sin\theta},0\leqslant\theta\leqslant\frac{\pi}{2}\right\}$，于是

$$\begin{aligned}\iint\limits_D \frac{y-x}{y+x}\mathrm{d}\sigma&=\int_0^{\pi/2}\mathrm{d}\theta\int_{\frac{1}{\cos\theta+\sin\theta}}^{\frac{2}{\cos\theta+\sin\theta}}\frac{\rho\sin\theta-\rho\cos\theta}{\rho\cos\theta+\rho\sin\theta}\cdot\rho\mathrm{d}\rho\\&=\frac{3}{2}\int_0^{\pi/2}\frac{\sin\theta-\cos\theta}{\cos\theta+\sin\theta}\cdot\frac{1}{(\cos\theta+\sin\theta)^2}\mathrm{d}\theta\\&=-\frac{3}{2}\int_0^{\pi/2}\frac{1}{(\cos\theta+\sin\theta)^3}\mathrm{d}(\cos\theta+\sin\theta)=0.\end{aligned}$$

4. 选用适当的坐标系计算下列三重积分：

(1) $\iiint\limits_\Omega (x^2+y^2+z^2)\mathrm{d}V$，其中 Ω 是由圆锥面 $z=\sqrt{x^2+y^2}$ 及平面 $z=1$ 围成的闭区域；

(2) $\iiint\limits_\Omega xyz\mathrm{d}V$，其中 Ω 是由三个坐标面及平面 $x+y=2, z=3$ 围成的闭区域；

(3) $\iiint\limits_\Omega \sqrt{x^2+y^2}\mathrm{d}V$，其中 Ω 是由曲面 $x^2+y^2=1, z=\sqrt{4-x^2-y^2}$ 及平面 $z=0$ 围成的闭区域；

(4) $\iiint\limits_\Omega x\mathrm{d}V$，其中 Ω 是由曲面 $x=y^2+z^2$ 及 $x=2-y^2-z^2$ 围成的闭区域；

(5) $\iiint\limits_{\Omega} z\,\mathrm{d}V$，其中 Ω 是由曲面 $z = 2 - x^2 - y^2$ 及平面 $z = 1$ 围成的闭区域；

(6) $\iiint\limits_{\Omega} \mathrm{e}^z\,\mathrm{d}V$，其中 Ω 是由曲面 $z = \sqrt{x^2 + y^2}$ 及 $z = x^2 + y^2$ 围成的闭区域；

(7) $\iiint\limits_{\Omega} (x^2 + y^2 + z^2)\,\mathrm{d}V$，其中 Ω 是由曲面 $z = \sqrt{1 - x^2 - y^2}$ 及平面 $z = 0$ 围成的闭区域.

解　(1) 积分区域 Ω 在 xOy 面上的投影区域为 $D = \{(x,y) \mid x^2 + y^2 \leqslant 1\}$，因此积分区域可以表示为 $\Omega = \{(x,y,z) \mid \sqrt{x^2 + y^2} \leqslant z \leqslant 1, (x,y) \in D\}$，于是

$$\begin{aligned}\iiint\limits_{\Omega} (x^2 + y^2 + z^2)\,\mathrm{d}V &= \iint\limits_{D} \mathrm{d}x\mathrm{d}y \int_{\sqrt{x^2+y^2}}^{1} (x^2 + y^2 + z^2)\,\mathrm{d}z \\ &= \iint\limits_{D} \left\{(x^2 + y^2)(1 - \sqrt{x^2 + y^2}) + \frac{1}{3}\left[1 - \sqrt{(x^2 + y^2)^3}\right]\right\} \mathrm{d}x\mathrm{d}y. \\ &= \frac{1}{3}\int_0^{2\pi} \mathrm{d}\theta \int_0^1 [3\rho^2(1-\rho) + (1-\rho^3)]\rho\mathrm{d}\rho = \frac{3\pi}{10}.\end{aligned}$$

(2) 积分区域 Ω 在 xOy 面上的投影区域为 $D = \{(x,y) \mid 0 \leqslant y \leqslant 2 - x, 0 \leqslant x \leqslant 2\}$，因此积分区域可以表示为 $\Omega = \{(x,y,z) \mid 0 \leqslant z \leqslant 3, (x,y) \in D\}$，于是

$$\begin{aligned}\iiint\limits_{\Omega} xyz\,\mathrm{d}V &= \iint\limits_{D} \mathrm{d}x\mathrm{d}y \int_0^3 xyz\,\mathrm{d}z \\ &= \frac{9}{2}\iint\limits_{D} xy\,\mathrm{d}x\mathrm{d}y = \frac{9}{2}\int_0^2 \mathrm{d}x \int_0^{2-x} xy\,\mathrm{d}y \\ &= \frac{9}{4}\int_0^2 x\,(2-x)^2\,\mathrm{d}x = 3.\end{aligned}$$

(3) 积分区域 Ω 在 xOy 面上的投影区域为 $D = \{(x,y) \mid x^2 + y^2 \leqslant 1\}$，因此积分区域可以表示为 $\Omega = \{(x,y,z) \mid 0 \leqslant z \leqslant \sqrt{4 - x^2 - y^2}, (x,y) \in D\}$，于是

$$\begin{aligned}\iiint\limits_{\Omega} \sqrt{x^2 + y^2}\,\mathrm{d}V &= \iint\limits_{D} \mathrm{d}x\mathrm{d}y \int_0^{\sqrt{4-x^2-y^2}} \sqrt{x^2 + y^2}\,\mathrm{d}z \\ &= \iint\limits_{D} \sqrt{x^2 + y^2} \cdot \sqrt{4 - x^2 - y^2}\,\mathrm{d}x\mathrm{d}y \\ &= \int_0^{2\pi} \mathrm{d}\theta \int_0^1 \rho\sqrt{4 - \rho^2} \cdot \rho\mathrm{d}\rho = 2\pi\left(\frac{\pi}{3} - \frac{\sqrt{3}}{4}\right).\end{aligned}$$

(4) 积分区域 Ω 在 yOz 面上的投影区域为 $D = \{(y,z) \mid y^2 + z^2 \leqslant 1\}$，因此积分区域可以表示为 $\Omega = \{(x,y,z) \mid y^2 + z^2 \leqslant x \leqslant 2 - y^2 - z^2, (y,z) \in D\}$，于是

$$\begin{aligned}\iiint\limits_{\Omega} x\,\mathrm{d}V &= \iint\limits_{D} \mathrm{d}y\mathrm{d}z \int_{y^2+z^2}^{2-y^2-z^2} x\,\mathrm{d}x \\ &= \frac{1}{2}\iint\limits_{D} [(2 - y^2 - z^2)^2 - (y^2 + z^2)^2]\,\mathrm{d}y\mathrm{d}z \\ &= \frac{1}{2}\int_0^{2\pi} \mathrm{d}\theta \int_0^1 [(2-\rho^2)^2 - \rho^4] \cdot \rho\mathrm{d}\rho = \pi.\end{aligned}$$

(5) 积分区域可以表示为 $\Omega = \{(x,y,z) \mid (x,y) \in D_z, 1 \leqslant z \leqslant 2\}$，其中 $D_z: x^2 + y^2 \leqslant 2 - z$，于是

$$\iiint\limits_{\Omega} z\,\mathrm{d}V = \int_1^2 \mathrm{d}z \iint\limits_{D_z} z\,\mathrm{d}x\mathrm{d}y = \int_1^2 \pi z(2-z)\mathrm{d}z = \frac{2\pi}{3}.$$

(6) 积分区域 Ω 在 xOy 面上的投影区域为 $D=\{(x,y)\mid x^2+y^2\leqslant 1\}$，因此积分区域可以表示为 $\Omega=\{(x,y,z)\mid x^2+y^2\leqslant z\leqslant\sqrt{x^2+y^2},(x,y)\in D\}$，于是

$$\begin{aligned}\iiint\limits_{\Omega}\mathrm{e}^z\mathrm{d}V &= \iint\limits_{D}\mathrm{d}x\mathrm{d}y\int_{x^2+y^2}^{\sqrt{x^2+y^2}}\mathrm{e}^z\mathrm{d}z\\ &= \iint\limits_{D}(\mathrm{e}^{\sqrt{x^2+y^2}}-\mathrm{e}^{x^2+y^2})\mathrm{d}x\mathrm{d}y\\ &= \int_0^{2\pi}\mathrm{d}\theta\int_0^1(\mathrm{e}^{\rho}-\mathrm{e}^{\rho^2})\rho\mathrm{d}\rho=(3-\mathrm{e})\pi.\end{aligned}$$

(7) 积分区域可以表示为 $\Omega=\left\{(r,\varphi,\theta)\,\middle|\,0\leqslant r\leqslant 1,0\leqslant\varphi\leqslant\dfrac{\pi}{2},0\leqslant\theta\leqslant 2\pi\right\}$，于是

$$\iiint\limits_{\Omega}(x^2+y^2+z^2)\mathrm{d}V=\int_0^{2\pi}\mathrm{d}\theta\int_0^{\pi/2}\mathrm{d}\varphi\int_0^1 r^2\cdot r^2\sin\varphi\mathrm{d}r=\frac{2}{5}\pi.$$

5. 利用三重积分计算由曲面 $z=\sqrt{2-x^2-y^2}$ 与 $z=x^2+y^2$ 围成的立体的体积.

解 积分区域 Ω 在 xOy 面上的投影区域为 $D=\{(x,y)\mid x^2+y^2\leqslant 1\}$，因此积分区域可以表示为 $\Omega=\{(x,y,z)\mid x^2+y^2\leqslant z\leqslant\sqrt{2-x^2-y^2},(x,y)\in D\}$，于是

$$\begin{aligned}V=\iiint\limits_{\Omega}\mathrm{d}V &= \iint\limits_{D}\mathrm{d}x\mathrm{d}y\int_{x^2+y^2}^{\sqrt{2-x^2-y^2}}\mathrm{d}z\\ &= \iint\limits_{D}[\sqrt{2-x^2-y^2}-(x^2+y^2)]\mathrm{d}x\mathrm{d}y\\ &= \int_0^{2\pi}\mathrm{d}\theta\int_0^1(\sqrt{2-\rho^2}-\rho^2)\rho\mathrm{d}\rho=\frac{4\sqrt{2}}{3}-\frac{7}{6}.\end{aligned}$$

6. 利用积分区域的对称性和被积函数的奇偶性计算下列三重积分：

(1) $\iiint\limits_{\Omega}x\sin z^2\mathrm{d}V$，其中 Ω 是由球面 $x^2+y^2+z^2=1$ 围成的闭区域；

(2) $\iiint\limits_{\Omega}(x+y+z)\mathrm{d}V$，其中 Ω 是由曲面 $z=x^2+y^2$ 及平面 $z=1$ 围成的闭区域；

(3) $\iiint\limits_{\Omega}|z|\mathrm{d}V$，其中 Ω 是由曲面 $z=1-x^2-y^2$ 及 $z=x^2+y^2-1$ 围成的闭区域.

解 (1) 积分区域 Ω 关于 yOz 面对称，$x\sin z^2$ 关于 x 是奇函数，因此

$$\iiint\limits_{\Omega}x\sin z^2\mathrm{d}V=0.$$

(2) 积分区域 Ω 关于 yOz 面对称，因此 $\iiint\limits_{\Omega}x\mathrm{d}V=0$；积分区域 Ω 关于 zOx 面对称，因此 $\iiint\limits_{\Omega}y\mathrm{d}V=0$.

积分区域可以表示为 $\Omega=\{(x,y,z)\mid(x,y)\in D_z,0\leqslant z\leqslant 1\}$，其中 $D_z:x^2+y^2\leqslant z$，于是

$$\iiint\limits_{\Omega}(x+y+z)\mathrm{d}V=\iiint\limits_{\Omega}z\mathrm{d}V=\int_0^1\mathrm{d}z\iint\limits_{D_z}z\mathrm{d}x\mathrm{d}y=\int_0^1\pi z^2\mathrm{d}z=\frac{\pi}{3}.$$

(3) 积分区域 Ω 关于 xOy 面对称，因此 $\iiint\limits_{\Omega}|z|\,\mathrm{d}V=2\iiint\limits_{\Omega_1}z\mathrm{d}V$，其中

$$\Omega_1=\{(x,y,z)\mid(x,y)\in D_z,0\leqslant z\leqslant 1\},\quad D_z:x^2+y^2\leqslant 1-z,$$

于是

$$\iiint\limits_{\Omega}|z|\,\mathrm{d}V=2\iiint\limits_{\Omega_1}z\mathrm{d}V=2\int_0^1\mathrm{d}z\iint\limits_{D_z}z\,\mathrm{d}x\mathrm{d}y$$
$$=2\int_0^1\pi z(1-z)\mathrm{d}z=\frac{\pi}{3}.$$

7. 计算 $\iiint\limits_{\Omega}(3x^2+4y^2)\mathrm{d}x\mathrm{d}y\mathrm{d}z$，其中 Ω 是由球面 $x^2+y^2+z^2=1$ 围成的闭区域.

解　积分区域可以表示为 $\Omega=\{(r,\varphi,\theta)\mid 0\leqslant r\leqslant 1,0\leqslant\varphi\leqslant\pi,0\leqslant\theta\leqslant 2\pi\}$. 由轮换性知，$\iiint\limits_{\Omega}x^2\mathrm{d}V=\iiint\limits_{\Omega}y^2\mathrm{d}V=\iiint\limits_{\Omega}z^2\mathrm{d}V$，因此

$$\iiint\limits_{\Omega}(3x^2+4y^2)\mathrm{d}V=7\iiint\limits_{\Omega}x^2\mathrm{d}V=\frac{7}{3}\iiint\limits_{\Omega}(x^2+y^2+z^2)\mathrm{d}V$$
$$=\frac{7}{3}\int_0^{2\pi}\mathrm{d}\theta\int_0^{\pi}\mathrm{d}\varphi\int_0^1 r^2\cdot r^2\sin\varphi\mathrm{d}r=\frac{28}{15}\pi.$$

8. 计算 $I=\int_L(x^2+y^2)\mathrm{d}s$，其中 L 是圆心在点 $(R,0)$、半径为 R 的上半圆周.

解　曲线 $L:x=R+R\cos t,y=R\sin t,t\in[0,\pi]$，于是

$$\int_L(x^2+y^2)\mathrm{d}s=\int_0^{\pi}[R^2(1+\cos t)^2+R^2\sin^2 t]\cdot R\mathrm{d}t$$
$$=2R^3\int_0^{\pi}(1+\cos t)\mathrm{d}t=2\pi R^3.$$

9. 计算 $\int_L(x+y)\mathrm{d}s$，其中 L 为连接 $(1,0)$ 和 $(0,1)$ 两点的直线段.

解　直线 L 的方程可以写成 $x+y=1$，因此 $\int_L(x+y)\mathrm{d}s=\int_L\mathrm{d}s=\sqrt{2}$.

10. 计算 $\oint_L \mathrm{e}^{\sqrt{x^2+y^2}}\mathrm{d}s$，其中 L 为圆 $x^2+y^2=a^2$、直线 $y=x$ 及 x 轴在第一象限所围成的扇形的整个边界.

解　曲线 $L=L_1\cup L_2\cup L_3$，其中

$$L_1:y=0,x\in[0,a];\quad L_2:x^2+y^2=a^2,\theta\in\left[0,\frac{\pi}{4}\right];\quad L_3:x=t,y=t,t\in\left[0,\frac{\sqrt{2}}{2}a\right].$$

于是

$$\oint_L \mathrm{e}^{\sqrt{x^2+y^2}}\mathrm{d}s=\int_{L_1}\mathrm{e}^{\sqrt{x^2+y^2}}\mathrm{d}s+\int_{L_2}\mathrm{e}^{\sqrt{x^2+y^2}}\mathrm{d}s+\int_{L_3}\mathrm{e}^{\sqrt{x^2+y^2}}\mathrm{d}s$$
$$=\int_0^a\mathrm{e}^x\mathrm{d}x+\int_{L_2}\mathrm{e}^a\mathrm{d}s+\int_0^{a/\sqrt{2}}\mathrm{e}^{\sqrt{2}t}\sqrt{2}\,\mathrm{d}t$$
$$=2(\mathrm{e}^a-1)+\frac{\pi}{4}a\mathrm{e}^a=\left(\frac{\pi}{4}a+2\right)\mathrm{e}^a-2.$$

11. 计算 $\int_L y^2\mathrm{d}s$，其中 L 为摆线的一拱 $x=a(t-\sin t),y=a(1-\cos t)(0\leqslant t\leqslant 2\pi)$.

解 $\int_L y^2 ds = \int_0^{2\pi} a^2(1-\cos t)^2 \cdot \sqrt{a^2(1-\cos t)^2 + a^2\sin^2 t}\,dt$

$$= \sqrt{2}a^3 \int_0^{2\pi}(1-\cos t)^2 \cdot \sqrt{1-\cos t}\,dt = \sqrt{2}a^3 \int_0^{2\pi}\left(2\sin^2\frac{t}{2}\right)^{\frac{5}{2}} dt$$

$$= 16a^3 \int_0^{\pi} \sin^5 u du = \frac{256}{15}a^3.$$

12. 计算$\int_L x^2(x+y)ds$,其中 $L: x^2+y^2=a^2(a>0, y\geqslant 0)$.

解 $\int_L x^2(x+y)ds = \int_L x^3 ds + \int_L x^2 y ds$,曲线 L 关于 y 轴对称,x^3 关于 x 是奇函数,x^2y 关于 x 是偶函数,因此

$$\int_L x^2(x+y)ds = 2\int_{L^+} x^2 y ds \quad (\text{其中 } L^+ \text{ 为 } L \text{ 的右半支})$$

$$= 2\int_0^{\pi/2} a^2\cos^2 t \cdot a\sin t\sqrt{(-a\sin t)^2+(a\cos t)^2}\,dt$$

$$= 2a^4\int_0^{\pi/2}\cos^2 t\sin t dt = -\frac{2a^4}{3}\cos^3 t\Big|_0^{\pi/2} = \frac{2a^4}{3}.$$

13. 计算$\int_L |y| ds$,其中 $L: x=\sqrt{1-y^2}$.

解 曲线 L 关于 x 轴对称,$|y|$ 关于 y 是偶函数,因此$\int_L |y| ds = 2\int_{L_1} y ds$,其中 L_1 是 L 在第一象限的部分,即 $L_1: x=\cos t, y=\sin t, t\in\left[0,\frac{\pi}{2}\right]$,于是

$$\int_L |y| ds = 2\int_{L_1} y ds = 2\int_0^{\pi/2}\sin t dt = 2.$$

14. 计算$\oint_L (2xy+3x^2+4y^2)ds$,其中 L 为椭圆$\frac{x^2}{4}+\frac{y^2}{3}=1$,设其周长为 a.

解 曲线 L 关于 x 轴对称,$2xy$ 关于 y 是奇函数,因此$\oint_L 2xy ds = 0$;曲线 L 的方程可以写成 $3x^2+4y^2=12$,因此$\oint_L(3x^2+4y^2)ds = 12\oint_L ds = 12a$. 故$\oint_L(2xy+3x^2+4y^2)ds = 12a$.

15. 计算$\int_\Gamma \frac{z^2}{x^2+y^2}ds$,其中 Γ 为螺旋线 $x=a\cos t, y=a\sin t, z=at$ 从 $t=0$ 到 $t=2\pi$ 的弧段.

解 $\int_\Gamma \frac{z^2}{x^2+y^2}ds = \int_0^{2\pi}\frac{a^2t^2}{a^2}\cdot\sqrt{(-a\sin t)^2+(a\cos t)^2+a^2}\,dt$

$$= \sqrt{2}a\int_0^{2\pi} t^2 dt = \frac{8\sqrt{2}}{3}a\pi^3.$$

16. 计算$\iint_\Sigma \frac{1}{x^2+y^2+z^2}dS$,其中 Σ 是曲面 $z=-\sqrt{R^2-x^2-y^2}$.

解 曲面 Σ 是下半球面,因此

$$\iint_\Sigma \frac{1}{x^2+y^2+z^2}dS = \frac{1}{R^2}\iint_\Sigma dS = 2\pi.$$

17. 计算$\iint\limits_{\Sigma}\left(2x+\frac{4}{3}y+z\right)dS$,其中$\Sigma$为平面$\frac{x}{2}+\frac{y}{3}+\frac{z}{4}=1$在第一卦限的部分.

解　曲面Σ的方程可以写成$2x+\frac{4}{3}y+z=4$或$z=4-2x-\frac{4}{3}y$,Σ在xOy面上的投影区域为$D:x\geqslant 0,y\geqslant 0,\frac{x}{2}+\frac{y}{3}\leqslant 1$,因此

$$\iint\limits_{\Sigma}\left(2x+\frac{4}{3}y+z\right)dS=4\iint\limits_{\Sigma}dS=4\iint\limits_{D}\sqrt{1+(-2)^2+\left(-\frac{4}{3}\right)^2}\,dxdy$$

$$=\frac{4\sqrt{61}}{3}\iint\limits_{D}dxdy=4\sqrt{61}.$$

18. 计算$\iint\limits_{\Sigma}(2xy-x-2x^2+z)dS$,其中$\Sigma$为平面$2x+2y+z=6$在第一卦限的部分.

解　曲面Σ的方程可以写成$z=6-2x-2y$,Σ在xOy面上的投影区域为$D:x\geqslant 0,y\geqslant 0,x+y\leqslant 3$,因此

$$\iint\limits_{\Sigma}(2xy-x-2x^2+z)dS=\iint\limits_{D}(2xy-3x-2x^2-2y+6)\cdot\sqrt{1+(-2)^2+(-2)^2}\,dxdy$$

$$=3\int_0^3dx\int_0^{3-x}(2xy-3x-2x^2-2y)dy+18\cdot\frac{9}{2}$$

$$=3\int_0^3\left[\frac{1}{2}(2x-2)(3-x)^2-(3x+2x^2)(3-x)\right]dx+81$$

$$=3\int_0^3(x-3)(3x^2-x+3)dx+81$$

$$=3\int_0^3(3x^3-10x^2+6x-9)dx+81=-\frac{27}{4}.$$

19. 计算$\iint\limits_{\Sigma}x^2dS$,其中$\Sigma$是曲面$x^2+y^2+z^2=a^2$.

解　由轮换性知,$\iint\limits_{\Sigma}x^2dS=\iint\limits_{\Sigma}y^2dS=\iint\limits_{\Sigma}z^2dS$,因此

$$\iint\limits_{\Sigma}x^2dS=\frac{1}{3}\iint\limits_{\Sigma}(x^2+y^2+z^2)dS=\frac{1}{3}a^2\iint\limits_{\Sigma}dS=\frac{4}{3}\pi a^4.$$

20. 计算$\iint\limits_{\Sigma}(xy+yz+zx)dS$,其中$\Sigma$为锥面$z=\sqrt{x^2+y^2}$被曲面$x^2+y^2=2ax(a\geqslant 0)$所截下的部分.

解　曲面Σ在xOy面上的投影区域为$D:x^2+y^2\leqslant 2ax$.积分区域D关于x轴对称.曲线$x^2+y^2=2ax$可以写成$\rho^2=2a\rho\cos\theta$,即$\rho=2a\cos\theta$,积分区域D可以表示为

$$D=\left\{(\rho,\theta)\,\middle|\,0\leqslant\rho\leqslant 2a\cos\theta,-\frac{\pi}{2}\leqslant\theta\leqslant\frac{\pi}{2}\right\}.$$

曲面Σ的方程可以写成$F(x,y,z)=z^2-x^2-y^2=0$,因此$\frac{\partial z}{\partial x}=\frac{x}{z}$,$\frac{\partial z}{\partial y}=\frac{y}{z}$,于是

$\sqrt{1+z_x^2+z_y^2}=\sqrt{1+\left(\frac{x}{z}\right)^2+\left(\frac{y}{z}\right)^2}=\sqrt{\frac{x^2+y^2+z^2}{z^2}}=\sqrt{\frac{2z^2}{z^2}}=\sqrt{2}$.从而

$$\iint_{\Sigma}(xy+yz+zx)\mathrm{d}S=\iint_{D}[xy+(x+y)\sqrt{x^2+y^2}]\sqrt{2}\,\mathrm{d}x\mathrm{d}y$$
$$=\sqrt{2}\iint_{D}x\sqrt{x^2+y^2}\,\mathrm{d}x\mathrm{d}y=\sqrt{2}\int_{-\pi/2}^{\pi/2}\mathrm{d}\theta\int_0^{2a\cos\theta}\rho^2\cos\theta\cdot\rho\mathrm{d}\rho$$
$$=4\sqrt{2}a^4\int_{-\pi/2}^{\pi/2}\cos^5\theta\mathrm{d}\theta=8\sqrt{2}a^4\int_0^{\pi/2}\cos^5\theta\mathrm{d}\theta=\frac{64\sqrt{2}}{15}a^4.$$

21. 求平面 $x+2y+3z=1$ 被三个坐标面所截的有限部分的面积.

解　曲面 Σ 的方程可以写成 $x=1-2y-3z$，Σ 在 yOz 面上的投影区域为

$$D: y\geqslant 0, z\geqslant 0, 2y+3z\leqslant 1,$$

因此面积为

$$A=\iint_{\Sigma}\mathrm{d}S=\iint_{D}\sqrt{1+(-2)^2+(-3)^2}\,\mathrm{d}y\mathrm{d}z=\sqrt{14}\iint_{D}\mathrm{d}y\mathrm{d}z=\frac{\sqrt{14}}{12}.$$

22. 设平面薄片由抛物线 $y=x^2$ 及直线 $y=x$ 围成，其面密度为 $\rho(x,y)=x^2y$，求该薄片的质心位置.

解　积分区域可以按照 X 型区域表示为 $D=\{(x,y)\mid x^2\leqslant y\leqslant x, 0\leqslant x\leqslant 1\}$，于是

$$\iint_{D}\rho(x,y)\mathrm{d}\sigma=\iint_{D}x^2y\mathrm{d}\sigma=\int_0^1\mathrm{d}x\int_{x^2}^{x}x^2y\mathrm{d}y$$
$$=\frac{1}{2}\int_0^1 x^2(x^2-x^4)\mathrm{d}x=\frac{1}{35},$$
$$\iint_{D}x\rho(x,y)\mathrm{d}\sigma=\iint_{D}x^3y\mathrm{d}\sigma=\int_0^1\mathrm{d}x\int_{x^2}^{x}x^3y\mathrm{d}y$$
$$=\frac{1}{2}\int_0^1 x^3(x^2-x^4)\mathrm{d}x=\frac{1}{48},$$
$$\iint_{D}y\rho(x,y)\mathrm{d}\sigma=\iint_{D}x^2y^2\mathrm{d}\sigma=\int_0^1\mathrm{d}x\int_{x^2}^{x}x^2y^2\mathrm{d}y$$
$$=\frac{1}{3}\int_0^1 x^2(x^3-x^6)\mathrm{d}x=\frac{1}{54}.$$

于是
$$\bar{x}=\frac{\iint_{D}x\rho(x,y)\mathrm{d}\sigma}{\iint_{D}\rho(x,y)\mathrm{d}\sigma}=\frac{35}{48},\quad \bar{y}=\frac{\iint_{D}y\rho(x,y)\mathrm{d}\sigma}{\iint_{D}\rho(x,y)\mathrm{d}\sigma}=\frac{35}{54},$$

即质心为 $\left(\frac{35}{48},\frac{35}{54}\right)$.

综　合　题

1. 计算二重积分 $I=\iint_{D}\rho^2\sin\theta\sqrt{1-\rho^2\cos 2\theta}\,\mathrm{d}\rho\mathrm{d}\theta$，其中

$$D=\left\{(\rho,\theta)\,\middle|\,0\leqslant\rho\leqslant\sec\theta, 0\leqslant\theta\leqslant\frac{\pi}{4}\right\}.$$

解　$\theta=0$ 的直角坐标方程为 $y=0$，$\theta=\dfrac{\pi}{4}$ 的直角坐标方程为 $y=x$，$\rho=\sec\theta$ 即 $\rho\cos\theta=1$ 的直角坐标方程为 $x=1$，故 $D=\{(x,y)\mid 0\leqslant y\leqslant x,0\leqslant x\leqslant 1\}$，则

$$\rho^2\sin\theta\sqrt{1-\rho^2\cos 2\theta}=\rho\cdot\rho\sin\theta\sqrt{1-2\rho^2\cos^2\theta+\rho^2}=\rho\cdot y\sqrt{1-x^2+y^2},$$

于是

$$\begin{aligned}I&=\iint_D\rho^2\sin\theta\sqrt{1-\rho^2\cos 2\theta}\,\mathrm{d}\rho\mathrm{d}\theta\\&=\iint_D y\sqrt{1-x^2+y^2}\,\mathrm{d}x\mathrm{d}y=\int_0^1\mathrm{d}x\int_0^x y\sqrt{1-x^2+y^2}\,\mathrm{d}y\\&=\frac{1}{2}\int_0^1\mathrm{d}x\int_0^x\sqrt{1-x^2+y^2}\,\mathrm{d}(1-x^2+y^2)\\&=\frac{1}{3}\int_0^1[1-(1-x^2)^{3/2}]\mathrm{d}x=\frac{1}{3}-\frac{\pi}{16}.\end{aligned}$$

2. 计算二重积分 $I=\iint\limits_D(x-y)\mathrm{d}x\mathrm{d}y$，其中 $D=\{(x,y)\mid(x-1)^2+(y-1)^2\leqslant 2,y\geqslant x\}$.

解　**方法一**　令 $X=x-1,Y=y-1$，则 $\mathrm{d}x\mathrm{d}y=\mathrm{d}X\mathrm{d}Y$，$D_1:X^2+Y^2\leqslant 2,Y\geqslant X$，于是

$$\begin{aligned}I&=\iint_D(x-y)\mathrm{d}x\mathrm{d}y=\iint_{D_1}(X-Y)\mathrm{d}X\mathrm{d}Y\\&=\int_{\pi/4}^{5\pi/4}\mathrm{d}\theta\int_0^{\sqrt{2}}\rho^2(\cos\theta-\sin\theta)\mathrm{d}\rho=-\frac{8}{3}.\end{aligned}$$

方法二　$y=x$ 的极坐标方程为 $\theta=\dfrac{\pi}{4}$，过原点的圆的切线方程为 $y=-x$，该切线在第二象限部分的极坐标方程为 $\theta=\dfrac{3\pi}{4}$；圆的方程可以写成 $x^2-2x+y^2-2y=0$，因此其极坐标方程为 $\rho^2\cos^2\theta-2\rho\cos\theta+\rho^2\sin^2\theta-2\rho\sin\theta=0$，即 $\rho=2(\cos\theta+\sin\theta)$，则

$$D=\left\{(\rho,\theta)\,\middle|\,0\leqslant\rho\leqslant 2(\cos\theta+\sin\theta),\frac{\pi}{4}\leqslant\theta\leqslant\frac{3\pi}{4}\right\},$$

于是

$$\begin{aligned}I&=\iint_D(x-y)\mathrm{d}x\mathrm{d}y=\int_{\pi/4}^{3\pi/4}\mathrm{d}\theta\int_0^{2(\cos\theta+\sin\theta)}\rho^2(\cos\theta-\sin\theta)\mathrm{d}\rho\\&=\frac{8}{3}\int_{\pi/4}^{3\pi/4}(\cos\theta-\sin\theta)(\cos\theta+\sin\theta)^3\mathrm{d}\theta\\&=\frac{8}{3}\int_{\pi/4}^{3\pi/4}(\cos\theta+\sin\theta)^3\mathrm{d}(\cos\theta+\sin\theta)\\&\xlongequal{\text{令 }u=\cos\theta+\sin\theta}\frac{8}{3}\int_{\sqrt{2}}^0 u^3\mathrm{d}u=-\frac{8}{3}.\end{aligned}$$

3. 计算二重积分 $I=\iint\limits_D(x^2+y^2)\mathrm{d}x\mathrm{d}y$，其中 $D=\{(x,y)\mid x^2+y^2\leqslant x+y\}$.

解　**方法一**　积分区域为 $D=\left\{(x,y)\,\middle|\,\left(x-\dfrac{1}{2}\right)^2+\left(y-\dfrac{1}{2}\right)^2\leqslant\dfrac{1}{2}\right\}$. 令 $X=x-\dfrac{1}{2}$，$Y=y-\dfrac{1}{2}$，则 $\mathrm{d}x\mathrm{d}y=\mathrm{d}X\mathrm{d}Y$，$D_1:X^2+Y^2\leqslant\dfrac{1}{2}$，于是

$$\begin{aligned}I&=\iint\limits_{D}(x^2+y^2)\mathrm{d}x\mathrm{d}y=\iint\limits_{D_1}\left[\left(X+\frac{1}{2}\right)^2+\left(Y+\frac{1}{2}\right)^2\right]\mathrm{d}X\mathrm{d}Y\\&=\iint\limits_{D_1}\left(X^2+Y^2+X+Y+\frac{1}{2}\right)\mathrm{d}X\mathrm{d}Y\\&=\iint\limits_{D_1}(X^2+Y^2)\mathrm{d}X\mathrm{d}Y+0+\frac{1}{2}\iint\limits_{D_1}\mathrm{d}X\mathrm{d}Y\\&=\int_0^{2\pi}\mathrm{d}\theta\int_0^{\sqrt{2}/2}\rho^3\mathrm{d}\rho+\frac{1}{2}\cdot\frac{\pi}{2}=\frac{3}{8}\pi.\end{aligned}$$

方法二 过原点的圆的切线方程为 $y=-x$,该切线在第四象限部分的极坐标方程为$\theta=-\frac{\pi}{4}$,在第二象限部分的极坐标方程为 $\theta=\frac{3\pi}{4}$;圆的方程可以写成 $x^2-x+y^2-y=0$,因此其极坐标方程为 $\rho^2\cos^2\theta-\rho\cos\theta+\rho^2\sin^2\theta-\rho\sin\theta=0$,即 $\rho=\cos\theta+\sin\theta$,则

$$D=\left\{(\rho,\theta)\left|\,0\leqslant\rho\leqslant\cos\theta+\sin\theta,-\frac{\pi}{4}\leqslant\theta\leqslant\frac{3\pi}{4}\right.\right\},$$

于是

$$\begin{aligned}I&=\iint\limits_{D}(x^2+y^2)\mathrm{d}x\mathrm{d}y=\int_{-\pi/4}^{3\pi/4}\mathrm{d}\theta\int_0^{\cos\theta+\sin\theta}\rho^3\mathrm{d}\rho\\&=\frac{1}{4}\int_{-\pi/4}^{3\pi/4}(\cos\theta+\sin\theta)^4\mathrm{d}\theta\\&=\frac{1}{4}\int_{-\pi/4}^{3\pi/4}(\sqrt{2})^4\cos^4\left(\theta-\frac{\pi}{4}\right)\mathrm{d}\theta\\&\xlongequal{\text{令 }u=\theta-\frac{\pi}{4}}\int_{-\pi/2}^{\pi/2}\cos^4u\mathrm{d}u=\frac{3}{8}\pi.\end{aligned}$$

4. 计算二重积分 $I=\iint\limits_{D}\max\{xy,1\}\mathrm{d}x\mathrm{d}y$,其中 $D=\{(x,y)\mid 0\leqslant x\leqslant 2,0\leqslant y\leqslant 2\}$.

解 设 D_1 是由直线 $x=2,y=2$ 和曲线 $xy=1$ 围成的区域,即

$$D_1=\left\{(x,y)\left|\,\frac{1}{x}\leqslant y\leqslant 2,\frac{1}{2}\leqslant x\leqslant 2\right.\right\}.$$

显然,D_1 是 D 的子集,在 D_1 上 $xy\geqslant 1$. 记 $D_2=D-D_1$,在 D_2 上 $xy\leqslant 1$,于是

$$\begin{aligned}I&=\iint\limits_{D}\max\{xy,1\}\mathrm{d}x\mathrm{d}y\\&=\iint\limits_{D_1}xy\mathrm{d}x\mathrm{d}y+\iint\limits_{D_2}\mathrm{d}x\mathrm{d}y=\iint\limits_{D_1}(xy-1)\mathrm{d}x\mathrm{d}y+\iint\limits_{D}\mathrm{d}x\mathrm{d}y\\&=\int_{1/2}^{2}\mathrm{d}x\int_{1/x}^{2}(xy-1)\mathrm{d}y+4\\&=\int_{1/2}^{2}\left(2x-2+\frac{1}{2x}\right)\mathrm{d}x+4=\frac{19}{4}+\ln 2.\end{aligned}$$

5. 设二元函数 $f(x,y)=\begin{cases}x^2, & |x|+|y|\leqslant 1\\ \dfrac{1}{\sqrt{x^2+y^2}}, & 1<|x|+|y|\leqslant 2\end{cases}$,计算二重积分 $I=\iint\limits_{D}f(x,y)\mathrm{d}x\mathrm{d}y$,其中 $D=\{(x,y)\mid |x|+|y|\leqslant 2\}$.

解　积分区域 D 关于 x 轴、y 轴都对称，$f(x,y)$ 关于 y、x 都是偶函数，利用积分区域的对称性和被积函数的奇偶性，得

$$I=\iint\limits_{D}f(x,y)\mathrm{d}x\mathrm{d}y=4\iint\limits_{D_1}f(x,y)\mathrm{d}x\mathrm{d}y,$$

其中 D_1 是区域 D 在第一象限的部分.

设 D_{11} 是由直线 $x=0$，$y=0$ 和 $x+y=1$ 围成的区域，即

$$D_{11}=\{(x,y)\mid 0\leqslant y\leqslant 1-x,0\leqslant x\leqslant 1\}.$$

显然，D_{11} 是 D_1 的子集，在 D_{11} 上 $f(x,y)=x^2$. 记 $D_{12}=D_1-D_{11}$，即

$$D_{12}=\left\{(\rho,\theta)\,\middle|\,\frac{1}{\sin\theta+\cos\theta}\leqslant\rho\leqslant\frac{2}{\sin\theta+\cos\theta},0\leqslant\theta\leqslant\frac{\pi}{2}\right\},$$

在 D_{12} 上 $f(x,y)=\dfrac{1}{\sqrt{x^2+y^2}}$，于是

$$\begin{aligned}I&=4\iint\limits_{D_1}f(x,y)\mathrm{d}x\mathrm{d}y\\&=4\iint\limits_{D_{11}}x^2\mathrm{d}x\mathrm{d}y+4\iint\limits_{D_{12}}\frac{1}{\sqrt{x^2+y^2}}\mathrm{d}x\mathrm{d}y\\&=4\int_0^1\mathrm{d}x\int_0^{1-x}x^2\mathrm{d}y+4\int_0^{\pi/2}\mathrm{d}\theta\int_{\frac{1}{\sin\theta+\cos\theta}}^{\frac{2}{\sin\theta+\cos\theta}}\frac{1}{\rho}\cdot\rho\mathrm{d}\rho\\&=4\int_0^1x^2(1-x)\mathrm{d}x+4\int_0^{\pi/2}\frac{1}{\sin\theta+\cos\theta}\mathrm{d}\theta\\&=\frac{1}{3}+4\int_0^{\pi/2}\frac{1}{\sqrt{2}\cos\left(\theta-\frac{\pi}{4}\right)}\mathrm{d}\theta\\&\xlongequal{\text{令 }u=\theta-\frac{\pi}{4}}\frac{1}{3}+4\sqrt{2}\int_0^{\pi/4}\sec u\mathrm{d}u=\frac{1}{3}+4\sqrt{2}\ln(1+\sqrt{2}).\end{aligned}$$

6. 设 $D=\{(x,y)\mid x^2+y^2\leqslant\sqrt{2},x\geqslant 0,y\geqslant 0\}$，$[1+x^2+y^2]$ 表示不超过 $1+x^2+y^2$ 的最大整数. 计算二重积分 $I=\iint\limits_{D}xy[1+x^2+y^2]\mathrm{d}x\mathrm{d}y$.

解　
$$\begin{aligned}I&=\iint\limits_{D}xy[1+x^2+y^2]\mathrm{d}x\mathrm{d}y\\&=\int_0^{\pi/2}\mathrm{d}\theta\int_0^{2^{1/4}}\rho^2\sin\theta\cos\theta[1+\rho^2]\cdot\rho\mathrm{d}\rho\\&=\left(\int_0^{2^{1/4}}\rho^2[1+\rho^2]\cdot\rho\mathrm{d}\rho\right)\cdot\left(\int_0^{\pi/2}\sin\theta\cos\theta\mathrm{d}\theta\right)\\&\xlongequal{\text{令 }u=\rho^2}\frac{1}{4}\int_0^{\sqrt{2}}u[1+u]\mathrm{d}u=\frac{1}{4}\int_0^1u\mathrm{d}u+\frac{1}{4}\int_1^{\sqrt{2}}2u\mathrm{d}u=\frac{3}{8}.\end{aligned}$$

7. 计算二重积分 $I=\iint\limits_{D}y\sqrt{x^2+y^2}\mathrm{d}x\mathrm{d}y$，其中 D 是由 $x^2+y^2=a^2$，$x^2+y^2=ax$ 与 y 轴围成的区域在第一象限的部分.

解　圆 $x^2+y^2=ax$ 的极坐标方程为 $\rho=a\cos\theta$，则

$$D=\left\{(\rho,\theta)\middle|a\cos\theta\leqslant\rho\leqslant a,0\leqslant\theta\leqslant\frac{\pi}{2}\right\},$$

于是

$$I=\iint_D y\sqrt{x^2+y^2}\,\mathrm{d}x\mathrm{d}y=\int_0^{\pi/2}\mathrm{d}\theta\int_{a\cos\theta}^{a}\rho^3\sin\theta\mathrm{d}\rho$$
$$=\frac{a^4}{4}\int_0^{\pi/2}\sin\theta(1-\cos^4\theta)\mathrm{d}\theta=\frac{a^4}{5}.$$

8. 计算$\int_0^{\pi/6}\mathrm{d}y\int_y^{\pi/6}\frac{\cos x}{x}\mathrm{d}x$.

解 此累次积分对应的二重积分的积分区域 D 由直线 $x=\frac{\pi}{6}$，$y=0$ 和 $y=x$ 围成，即

$$D=\left\{(x,y)\middle|0\leqslant y\leqslant x,0\leqslant x\leqslant\frac{\pi}{6}\right\}.$$

于是

$$\int_0^{\pi/6}\mathrm{d}y\int_y^{\pi/6}\frac{\cos x}{x}\mathrm{d}x=\iint_D\frac{\cos x}{x}\mathrm{d}x\mathrm{d}y=\int_0^{\pi/6}\mathrm{d}x\int_0^x\frac{\cos x}{x}\mathrm{d}y$$
$$=\int_0^{\pi/6}\cos x\mathrm{d}x=\frac{1}{2}.$$

9. 设函数 $f(x,y)$ 在矩形区域 $D:0\leqslant x\leqslant1,0\leqslant y\leqslant1$ 上连续，且满足

$$xy\left[\iint_D f(x,y)\mathrm{d}x\mathrm{d}y\right]^2=f(x,y)-1,$$

求 $f(x,y)$.

解 设$\iint_D f(x,y)\mathrm{d}x\mathrm{d}y=A$，则 $A^2xy=f(x,y)-1$，等式两端在区域 D 上分别积分，得

$$\iint_D A^2xy\mathrm{d}x\mathrm{d}y=\iint_D[f(x,y)-1]\mathrm{d}x\mathrm{d}y,$$

即 $A^2\int_0^1\mathrm{d}x\int_0^1 xy\mathrm{d}y=A-1$，于是

$$\frac{1}{4}A^2-A+1=0,$$

解得 $A=2$，故 $f(x,y)=4xy+1$.

10. 求由曲面 $z=x^2+y^2$ 与 $z=x+y$ 围成的立体的体积.

解 两曲面的交线$\begin{cases}z=x^2+y^2\\z=x+y\end{cases}$在 xOy 面上的投影曲线为$\begin{cases}x^2+y^2=x+y\\z=0\end{cases}$，于是所围立体 Ω 在 xOy 面上的投影区域为 $D=\{(x,y)\mid x^2+y^2=x+y\}$，因此积分区域可以表示为 $\Omega=\{(x,y,z)\mid x^2+y^2\leqslant z\leqslant x+y,(x,y)\in D\}$，故所求立体的体积为

$$V=\iiint_\Omega\mathrm{d}V=\iint_D\mathrm{d}x\mathrm{d}y\int_{x^2+y^2}^{x+y}\mathrm{d}z=\iint_D(x+y-x^2-y^2)\mathrm{d}x\mathrm{d}y.$$

积分区域 $D=\left\{(x,y)\middle|\left(x-\frac{1}{2}\right)^2+\left(y-\frac{1}{2}\right)^2\leqslant\frac{1}{2}\right\}$. 令 $X=x-\frac{1}{2}$，$Y=y-\frac{1}{2}$，则 $\mathrm{d}x\mathrm{d}y=\mathrm{d}X\mathrm{d}Y$，$D_1:X^2+Y^2\leqslant\frac{1}{2}$，于是

$$\begin{aligned}V &= \iint_D (x+y-x^2-y^2)\mathrm{d}x\mathrm{d}y \\ &= \iint_{D_1}\left[X+\frac{1}{2}+Y+\frac{1}{2}-\left(X+\frac{1}{2}\right)^2-\left(Y+\frac{1}{2}\right)^2\right]\mathrm{d}X\mathrm{d}Y \\ &= \iint_{D_1}\left(\frac{1}{2}-X^2-Y^2\right)\mathrm{d}X\mathrm{d}Y = \frac{\pi}{4}-\iint_{D_1}(X^2+Y^2)\mathrm{d}X\mathrm{d}Y \\ &= \frac{\pi}{4}-\int_0^{2\pi}\mathrm{d}\theta\int_0^{\sqrt{2}/2}\rho^3\mathrm{d}\rho = \frac{\pi}{8}.\end{aligned}$$

11. 计算二重积分 $I=\iint_D \sin x^2\cos y^2\mathrm{d}x\mathrm{d}y$，其中 $D=\{(x,y)\mid x^2+y^2\leqslant 1\}$.

解　由轮换性可得

$$\iint_D \sin x^2\cos y^2\mathrm{d}x\mathrm{d}y=\iint_D \sin y^2\cos x^2\mathrm{d}x\mathrm{d}y,$$

于是

$$\begin{aligned}I &= \iint_D \sin x^2\cos y^2\mathrm{d}x\mathrm{d}y=\frac{1}{2}\iint_D(\sin x^2\cos y^2+\sin y^2\cos x^2)\mathrm{d}x\mathrm{d}y \\ &= \frac{1}{2}\iint_D\sin(x^2+y^2)\mathrm{d}x\mathrm{d}y=\frac{1}{2}\int_0^{2\pi}\mathrm{d}\theta\int_0^1\rho\sin\rho^2\mathrm{d}\rho=\frac{\pi}{2}(1-\cos 1).\end{aligned}$$

12. 计算二重积分 $I=\iint_D x\ln(y+\sqrt{1+y^2})\mathrm{d}x\mathrm{d}y$，其中 D 是由 $y=4-x^2$，$y=-3x$，$x=1$ 围成的闭区域.

解　直线 $x=1$ 与曲线 $y=4-x^2$ 的交点为 $(1,3)$，连接点 $(0,0)$ 与点 $(1,3)$ 得到直线 $y=3x$. 直线 $y=3x$ 将区域 D 分成两部分：D_1 是由 $y=4-x^2$，$y=-3x$，$y=3x$ 围成的闭区域；D_2 是由 $x=1$，$y=-3x$，$y=3x$ 围成的闭区域.

区域 D_1 关于 y 轴对称，$x\ln(y+\sqrt{1+y^2})$ 关于 x 是奇函数，所以

$$\iint_{D_1}x\ln(y+\sqrt{1+y^2})\mathrm{d}x\mathrm{d}y=0.$$

因为

$$\begin{aligned}x\ln[-y+\sqrt{1+(-y)^2}] &= x\ln(\sqrt{1+y^2}-y) \\ &= x\ln\frac{(\sqrt{1+y^2}-y)(\sqrt{1+y^2}+y)}{(\sqrt{1+y^2}+y)} \\ &= x\ln\frac{1}{(\sqrt{1+y^2}+y)}=-x\ln(\sqrt{1+y^2}+y),\end{aligned}$$

所以 $x\ln(y+\sqrt{1+y^2})$ 关于 y 是奇函数，又因为区域 D_2 关于 x 轴对称，所以

$$\iint_{D_2}x\ln(y+\sqrt{1+y^2})\mathrm{d}x\mathrm{d}y=0.$$

因此

$$I=\iint_D x\ln(y+\sqrt{1+y^2})\,dxdy$$
$$=\iint_{D_1} x\ln(y+\sqrt{1+y^2})\,dxdy+\iint_{D_2} x\ln(y+\sqrt{1+y^2})\,dxdy=0.$$

13. 计算二重积分 $I=\iint_D x[1+yf(x^2+y^2)]\,dxdy$,其中 D 是由 $y=x^3, y=1, x=-1$ 围成的闭区域,$f(u)$ 为连续函数.

解 作曲线 $y=-x^3$,它将区域 D 分成两部分:D_1 是由 $y=-x^3, y=x^3, y=1$ 围成的闭区域;D_2 是由 $x=-1, y=-x^3, y=x^3$ 围成的闭区域.

区域 D_1 关于 y 轴对称,区域 D_2 关于 x 轴对称,$xyf(x^2+y^2)$ 关于 x 和 y 都是奇函数,所以
$$\iint_{D_1} xyf(x^2+y^2)\,dxdy=\iint_{D_2} xyf(x^2+y^2)\,dxdy=0.$$
积分区域 D 可以表示为 $D=\{(x,y)\mid x^3\leqslant y\leqslant 1, -1\leqslant x\leqslant 1\}$,于是
$$I=\iint_D x[1+yf(x^2+y^2)]\,dxdy$$
$$=\iint_D x\,dxdy+\iint_D xyf(x^2+y^2)\,dxdy$$
$$=\iint_D x\,dxdy+\iint_{D_1} xyf(x^2+y^2)\,dxdy+\iint_{D_2} xyf(x^2+y^2)\,dxdy$$
$$=\int_{-1}^{1}dx\int_{x^3}^{1}x\,dy+0+0=\int_{-1}^{1}x(1-x^3)\,dx=-\frac{2}{5}.$$

14. 设积分区域 $D=\{(x,y)\mid \sqrt{x}+\sqrt{y}\leqslant 1\}$,计算 $I=\iint_D \sqrt[3]{\sqrt{x}+\sqrt{y}}\,d\sigma$.

解 积分区域 D 可以表示为 $D=\{(x,y)\mid 0\leqslant y\leqslant (1-\sqrt{x})^2, 0\leqslant x\leqslant 1\}$,于是
$$I=\int_0^1 dx\int_0^{(1-\sqrt{x})^2}\sqrt[3]{\sqrt{x}+\sqrt{y}}\,dy,$$
令 $\sqrt{x}+\sqrt{y}=t$,则 $dy=2(t-\sqrt{x})dt$,于是
$$I=\int_0^1 dx\int_{\sqrt{x}}^{1}\sqrt[3]{t}\cdot 2(t-\sqrt{x})\,dt$$
$$=2\int_0^1\left(\frac{3}{7}-\frac{3}{7}x^{7/6}-\frac{3}{4}x^{1/2}+\frac{3}{4}x^{7/6}\right)dx=\frac{2}{13}.$$

15. 计算 $I=\iint_D (1+x)\sqrt{1-\cos^2 y}\,dxdy$,其中 D 是由直线 $y=x+3, y=\frac{x}{2}-\frac{5}{2}, y=\frac{\pi}{2}$ 及 $y=-\frac{\pi}{2}$ 围成的区域.

解 积分区域 D 可以表示为 $D=\left\{(x,y)\,\middle|\, y-3\leqslant x\leqslant 2y+5, -\frac{\pi}{2}\leqslant y\leqslant\frac{\pi}{2}\right\}$,于是
$$I=\int_{-\pi/2}^{\pi/2}dy\int_{y-3}^{2y+5}(1+x)\sqrt{1-\cos^2 y}\,dx$$
$$=\int_{-\pi/2}^{\pi/2}\left(\frac{3}{2}y^2+14y+16\right)\sqrt{1-\cos^2 y}\,dy,$$
利用积分区域的对称性和被积函数的奇偶性,得

$$I=\int_0^{\pi/2}(3y^2+32)\sin y\mathrm{d}y=3\pi+26.$$

16. 设积分区域 $D=\{(x,y)\mid x^2+y^2\leqslant\sqrt{2}x,0\leqslant y\leqslant x\}$，计算 $I=\iint\limits_D\left|\sqrt{x^2+y^2}-1\right|\mathrm{d}x\mathrm{d}y$.

解　积分区域 D 可以表示为 $D=\left\{(\rho,\theta)\,\middle|\,0\leqslant\rho\leqslant\sqrt{2}\cos\theta,0\leqslant\theta\leqslant\frac{\pi}{4}\right\}$，于是用 $x^2+y^2=1$ 将 D 分成 D_1 与 D_2，则

$$\begin{aligned}I&=\iint\limits_D\left|\sqrt{x^2+y^2}-1\right|\mathrm{d}x\mathrm{d}y=\int_0^{\pi/4}\mathrm{d}\theta\int_0^{\sqrt{2}\cos\theta}|\rho-1|\rho\mathrm{d}\rho\\&=\int_0^{\pi/4}\mathrm{d}\theta\int_0^1(1-\rho)\rho\mathrm{d}\rho+\int_0^{\pi/4}\mathrm{d}\theta\int_1^{\sqrt{2}\cos\theta}(\rho-1)\rho\mathrm{d}\rho\\&=2\int_0^{\pi/4}\mathrm{d}\theta\int_0^1(1-\rho)\rho\mathrm{d}\rho+\int_0^{\pi/4}\mathrm{d}\theta\int_0^{\sqrt{2}\cos\theta}(\rho-1)\rho\mathrm{d}\rho\\&=\frac{\pi}{12}+\int_0^{\pi/4}\left(\frac{2\sqrt{2}}{3}\cos^3\theta-\cos^2\theta\right)\mathrm{d}\theta=\frac{11}{36}-\frac{\pi}{24}.\end{aligned}$$

17. 设函数 $f(x,y)$ 在单位圆域 $x^2+y^2\leqslant1$ 上具有一阶连续偏导数，且在圆域的边界上取值为零，证明：$\lim\limits_{\varepsilon\to0^+}\frac{-1}{2\pi}\iint\limits_D\frac{xf_x+yf_y}{x^2+y^2}\mathrm{d}x\mathrm{d}y=f(0,0)$，其中 $D:\varepsilon^2\leqslant x^2+y^2\leqslant1$.

证明　令 $x=\rho\cos\theta,y=\rho\sin\theta$，则

$$\frac{\partial f}{\partial\rho}=\frac{\partial f}{\partial x}\cdot\frac{\partial x}{\partial\rho}+\frac{\partial f}{\partial y}\cdot\frac{\partial y}{\partial\rho}=\frac{\partial f}{\partial x}\cdot\cos\theta+\frac{\partial f}{\partial y}\cdot\sin\theta=\frac{1}{\rho}\left(x\frac{\partial f}{\partial x}+y\frac{\partial f}{\partial y}\right),$$

于是

$$\begin{aligned}\lim_{\varepsilon\to0^+}\frac{-1}{2\pi}\iint\limits_D\frac{xf_x+yf_y}{x^2+y^2}\mathrm{d}x\mathrm{d}y&=\lim_{\varepsilon\to0^+}\frac{-1}{2\pi}\int_0^{2\pi}\mathrm{d}\theta\int_\varepsilon^1\frac{1}{\rho^2}\cdot\rho\frac{\partial f}{\partial\rho}\cdot\rho\mathrm{d}\rho\\&=\lim_{\varepsilon\to0^+}\frac{-1}{2\pi}\int_0^{2\pi}\mathrm{d}\theta\int_\varepsilon^1\frac{\partial f(\rho\cos\theta,\rho\sin\theta)}{\partial\rho}\mathrm{d}\rho\\&=\lim_{\varepsilon\to0^+}\frac{-1}{2\pi}\int_0^{2\pi}f(\rho\cos\theta,\rho\sin\theta)\big|_\varepsilon^1\mathrm{d}\theta\\&=\lim_{\varepsilon\to0^+}\frac{-1}{2\pi}\left[\int_0^{2\pi}f(\cos\theta,\sin\theta)\mathrm{d}\theta-\int_0^{2\pi}f(\varepsilon\cos\theta,\varepsilon\sin\theta)\mathrm{d}\theta\right].\end{aligned}$$

因为 $f(x,y)$ 在单位圆域 $x^2+y^2\leqslant1$ 的边界上取值为零，即 $f(\cos\theta,\sin\theta)=0$，再利用积分中值定理，得

$$\begin{aligned}\lim_{\varepsilon\to0^+}\frac{-1}{2\pi}\iint\limits_D\frac{xf_x+yf_y}{x^2+y^2}\mathrm{d}x\mathrm{d}y&=\lim_{\varepsilon\to0^+}\frac{1}{2\pi}\int_0^{2\pi}f(\varepsilon\cos\theta,\varepsilon\sin\theta)\mathrm{d}\theta\\&=\lim_{\varepsilon\to0^+}\frac{1}{2\pi}\cdot2\pi f(\varepsilon\cos\xi,\varepsilon\sin\xi)=f(0,0).\end{aligned}$$

18. 计算 $\iint\limits_D y\left[1+xe^{\frac{1}{2}(x^2+y^2)}\right]\mathrm{d}x\mathrm{d}y$，其中 D 是由 $y=x,y=-1,x=1$ 围成的区域.

解　积分区域 $D=D_1\cup D_2$，其中 D_1 是由 $y=x,y=-x,x=1$ 围成的区域；D_2 是由 $y=x,y=-x,y=-1$ 围成的区域，即

$$D_2=\{(x,y)\mid y\leqslant x\leqslant-y,-1\leqslant y\leqslant0\}.$$

区域 D_1 关于 x 轴对称，区域 D_2 关于 y 轴对称，于是

$$\iint\limits_D y[1+x\mathrm{e}^{\frac{1}{2}(x^2+y^2)}]\mathrm{d}x\mathrm{d}y=\iint\limits_{D_1} y[1+x\mathrm{e}^{\frac{1}{2}(x^2+y^2)}]\mathrm{d}x\mathrm{d}y+\iint\limits_{D_2} y[1+x\mathrm{e}^{\frac{1}{2}(x^2+y^2)}]\mathrm{d}x\mathrm{d}y$$

$$=0+\iint\limits_{D_2} y\mathrm{d}x\mathrm{d}y+\iint\limits_{D_2} yx\mathrm{e}^{\frac{1}{2}(x^2+y^2)}\mathrm{d}x\mathrm{d}y$$

$$=\iint\limits_{D_2} y\mathrm{d}x\mathrm{d}y=\int_{-1}^{0}\mathrm{d}y\int_{y}^{-y}y\mathrm{d}x=-\frac{2}{3}.$$

19. 证明：$\iint\limits_D(\mathrm{e}^{\sin y}+\mathrm{e}^{-\sin x})\mathrm{d}x\mathrm{d}y\geqslant 2\pi^2$，其中 $D=\{(x,y)\,|\,0\leqslant x\leqslant\pi,0\leqslant y\leqslant\pi\}$.

证明 积分区域 D 关于直线 $y=x$ 对称，由轮换性得 $\iint\limits_D\mathrm{e}^{\sin y}\mathrm{d}x\mathrm{d}y=\iint\limits_D\mathrm{e}^{\sin x}\mathrm{d}x\mathrm{d}y$，于是

$$\iint\limits_D(\mathrm{e}^{\sin y}+\mathrm{e}^{-\sin x})\mathrm{d}x\mathrm{d}y=\iint\limits_D\mathrm{e}^{\sin y}\mathrm{d}x\mathrm{d}y+\iint\limits_D\mathrm{e}^{-\sin x}\mathrm{d}x\mathrm{d}y=\iint\limits_D\mathrm{e}^{\sin x}\mathrm{d}x\mathrm{d}y+\iint\limits_D\mathrm{e}^{-\sin x}\mathrm{d}x\mathrm{d}y$$

$$=\iint\limits_D(\mathrm{e}^{\sin x}+\mathrm{e}^{-\sin x})\mathrm{d}x\mathrm{d}y\geqslant\iint\limits_D 2\sqrt{\mathrm{e}^{\sin x}\cdot\mathrm{e}^{-\sin x}}\,\mathrm{d}x\mathrm{d}y=2\pi^2.$$

20. 设 $D=\{(x,y)\,|\,0\leqslant y\leqslant\pi,0\leqslant x\leqslant\pi\}$，计算 $I=\iint\limits_D|\cos(x+y)|\mathrm{d}x\mathrm{d}y$.

解 $I=\iint\limits_D|\cos(x+y)|\mathrm{d}x\mathrm{d}y=\int_0^{\pi}\mathrm{d}x\int_0^{\pi}|\cos(x+y)|\mathrm{d}y$

$$=\int_0^{\pi}\mathrm{d}x\int_0^{\pi}|\cos(x+y)|\mathrm{d}(y+x)\xlongequal{\text{令 }u=x+y}\int_0^{\pi}\mathrm{d}x\int_x^{\pi+x}|\cos u|\mathrm{d}u,$$

注意到 $|\cos u|$ 是周期为 π 的周期函数，于是

$$I=\int_0^{\pi}\mathrm{d}x\int_x^{\pi+x}|\cos u|\mathrm{d}u=\int_0^{\pi}\mathrm{d}x\int_0^{\pi}|\cos u|\mathrm{d}u=\int_0^{\pi}2\mathrm{d}x=2\pi.$$

21. 计算 $I=\int_{-\sqrt{2}}^{0}\mathrm{d}x\int_{-x}^{\sqrt{4-x^2}}(x^2+y^2)\mathrm{d}y+\int_0^2\mathrm{d}x\int_{\sqrt{2x-x^2}}^{\sqrt{4-x^2}}(x^2+y^2)\mathrm{d}y$.

解 设两个累次积分的积分区域分别为 D_1 和 D_2，则 D_1 为由直线 $y=-x,x=0$ 和圆 $x^2+y^2=4$ 围成的区域，即

$$D_1=\left\{(\rho,\theta)\,\middle|\,0\leqslant\rho\leqslant 2,\frac{\pi}{2}\leqslant\theta\leqslant\frac{3}{4}\pi\right\};$$

D_2 为由直线 $x=0$、圆 $x^2+y^2=4$ 和 $(x-1)^2+y^2=1$ 围成的区域，即

$$D_2=\left\{(\rho,\theta)\,\middle|\,2\cos\theta\leqslant\rho\leqslant 2,0\leqslant\theta\leqslant\frac{\pi}{2}\right\},$$

于是

$$I=\int_0^{\pi/2}\mathrm{d}\theta\int_{2\cos\theta}^{2}\rho^2\cdot\rho\mathrm{d}\rho+\int_{\pi/2}^{3\pi/4}\mathrm{d}\theta\int_0^2\rho^2\cdot\rho\mathrm{d}\rho$$

$$=4\int_0^{\pi/2}(1-\cos^4\theta)\mathrm{d}\theta+\frac{\pi}{4}\cdot\frac{1}{4}\cdot 2^4=\frac{9\pi}{4}.$$

22. 计算 $\iint\limits_D\frac{y}{x+y}\mathrm{e}^{(x+y)^2}\mathrm{d}x\mathrm{d}y$，其中 D 为由 x 轴、y 轴和直线 $x+y=1$ 围成的闭区域.

解 令 $u=x+y,v=y$，则 $x=u-v,y=v$，于是

$$J=\frac{\partial(x,y)}{\partial(u,v)}=\begin{vmatrix}\frac{\partial x}{\partial u} & \frac{\partial x}{\partial v}\\ \frac{\partial y}{\partial u} & \frac{\partial y}{\partial v}\end{vmatrix}=\begin{vmatrix}1 & -1\\ 0 & 1\end{vmatrix}=1,$$

直线 $x=0$ 对应 $u=v$，直线 $y=0$ 对应 $v=0$，直线 $x+y=1$ 对应 $u=1$，即积分区域 D 在 uOv 面上对应的区域 D_1 由直线 $u=1,v=0,u=v$ 围成，从而 $D_1=\{(u,v)\mid 0\leqslant v\leqslant u,0\leqslant u\leqslant 1\}$. 故

$$\iint_D\frac{y}{x+y}\mathrm{e}^{(x+y)^2}\mathrm{d}x\mathrm{d}y=\iint_{D_1}\frac{v}{u}\mathrm{e}^{u^2}\cdot|J|\,\mathrm{d}u\mathrm{d}v=\int_0^1\mathrm{d}u\int_0^u\frac{v}{u}\mathrm{e}^{u^2}\mathrm{d}v$$
$$=\int_0^1\frac{u}{2}\mathrm{e}^{u^2}\mathrm{d}u=\frac{1}{4}(\mathrm{e}-1).$$

23. 计算三重积分 $I=\iiint_\Omega y\cos(x+z)\mathrm{d}V$，其中 Ω 是由抛物柱面 $y=\sqrt{x}$ 和平面 $y=0,z=0$，$x+z=\frac{\pi}{2}$ 围成的区域.

解　平面 $x+z=\frac{\pi}{2}$ 与 $z=0$ 的交线为 $x=\frac{\pi}{2}$，于是积分区域 Ω 在 xOy 面上的投影区域为直线 $y=0,x=\frac{\pi}{2}$ 和抛物线 $y=\sqrt{x}$ 围成的闭区域，即

$$D=\left\{(x,y)\,\middle|\,0\leqslant y\leqslant\sqrt{x},0\leqslant x\leqslant\frac{\pi}{2}\right\},$$

因此积分区域 Ω 可以表示为

$$\Omega=\left\{(x,y,z)\,\middle|\,0\leqslant z\leqslant\frac{\pi}{2}-x,(x,y)\in D\right\},$$

故

$$\begin{aligned}I&=\iiint_\Omega y\cos(x+z)\mathrm{d}V\\&=\iint_D\mathrm{d}x\mathrm{d}y\int_0^{\pi/2-x}y\cos(x+z)\mathrm{d}z=\iint_D y(1-\sin x)\mathrm{d}x\mathrm{d}y\\&=\int_0^{\pi/2}\mathrm{d}x\int_0^{\sqrt{x}}y(1-\sin x)\mathrm{d}y=\frac{1}{2}\int_0^{\pi/2}x(1-\sin x)\mathrm{d}x\\&=\frac{\pi^2-8}{16}.\end{aligned}$$

24. 计算三重积分 $I=\iiint_\Omega z^2\mathrm{d}V$，其中 Ω 是 $x^2+y^2+z^2\leqslant R^2$ 和 $x^2+y^2+z^2\leqslant 2Rz$ 的公共部分.

解　两曲面的交线为 $\begin{cases}x^2+y^2+z^2=R^2\\x^2+y^2+z^2=2Rz\end{cases}$，其在 xOy 面上的投影曲线为

$$\begin{cases}x^2+y^2=\frac{3}{4}R^2\\ z=\frac{R}{2}\end{cases},$$

于是积分区域 Ω 在 xOy 面上的投影区域为

$$D=\left\{(x,y)\,\middle|\,x^2+y^2\leqslant\frac{3}{4}R^2\right\},$$

因此积分区域 Ω 可以表示为

$$\Omega=\{(x,y,z)\mid R-\sqrt{R^2-x^2-y^2}\leqslant z\leqslant\sqrt{R^2-x^2-y^2},(x,y)\in D\},$$

故

$$\begin{aligned}I&=\iiint\limits_{\Omega}z^2\mathrm{d}V=\iint\limits_{D}\mathrm{d}x\mathrm{d}y\int_{R-\sqrt{R^2-x^2-y^2}}^{\sqrt{R^2-x^2-y^2}}z^2\mathrm{d}z\\&=\frac{1}{3}\iint\limits_{D}[(\sqrt{R^2-x^2-y^2})^3-(R-\sqrt{R^2-x^2-y^2})^3]\mathrm{d}x\mathrm{d}y\\&=\frac{1}{3}\int_0^{2\pi}\mathrm{d}\theta\int_0^{\sqrt{3}R/2}[(\sqrt{R^2-\rho^2})^3-(R-\sqrt{R^2-\rho^2})^3]\cdot\rho\mathrm{d}\rho,\end{aligned}$$

令 $u=\sqrt{R^2-\rho^2}$,则 $u\mathrm{d}u=-\rho\mathrm{d}\rho$,于是

$$\begin{aligned}I&=\frac{1}{3}\int_0^{2\pi}\mathrm{d}\theta\int_0^{\sqrt{3}R/2}[(\sqrt{R^2-\rho^2})^3-(R-\sqrt{R^2-\rho^2})^3]\cdot\rho\mathrm{d}\rho\\&=\frac{1}{3}\int_0^{2\pi}\mathrm{d}\theta\int_{R/2}^{R}[u^3-(R-u)^3]\cdot u\mathrm{d}u\\&=\frac{1}{3}\int_0^{2\pi}\frac{59}{320}R^5\mathrm{d}\theta=\frac{59}{480}\pi R^5.\end{aligned}$$

25. 设函数 $f(u)$ 连续,$F(t)=\iiint\limits_{\Omega}[z^2+f(x^2+y^2)]\mathrm{d}V$,其中

$$\Omega=\{(x,y,z)\mid 0\leqslant z\leqslant H,x^2+y^2\leqslant t^2\},$$

试求 $\frac{\mathrm{d}F}{\mathrm{d}t}$ 和 $\lim\limits_{t\to0}\frac{F(t)}{t^2}$.

解 设 $D_t=\{(x,y)\mid x^2+y^2\leqslant t^2\}$,则

$$\begin{aligned}F(t)&=\iiint\limits_{\Omega}[z^2+f(x^2+y^2)]\mathrm{d}V=\iint\limits_{D_t}\mathrm{d}x\mathrm{d}y\int_0^H[z^2+f(x^2+y^2)]\mathrm{d}z\\&=\iint\limits_{D_t}\left[\frac{1}{3}H^3+f(x^2+y^2)H\right]\mathrm{d}x\mathrm{d}y=\frac{1}{3}\pi H^3t^2+H\int_0^{2\pi}\mathrm{d}\theta\int_0^{|t|}f(\rho^2)\cdot\rho\mathrm{d}\rho\\&=\frac{1}{3}\pi H^3t^2+\pi H\int_0^{t^2}f(u)\mathrm{d}u,\end{aligned}$$

因此

$$\frac{\mathrm{d}F}{\mathrm{d}t}=\frac{2}{3}\pi H^3t+2\pi Hf(t^2)t,$$

$$\begin{aligned}\lim_{t\to0}\frac{F(t)}{t^2}&=\lim_{t\to0}\left[\frac{1}{3}\pi H^3+\frac{\pi H\int_0^{t^2}f(u)\mathrm{d}u}{t^2}\right]\\&=\frac{1}{3}\pi H^3+\pi H\lim_{t\to0}\frac{f(t^2)\cdot2t}{2t}\\&=\frac{1}{3}\pi H^3+\pi H\lim_{t\to0}f(t^2)\end{aligned}$$

$$= \frac{1}{3}\pi H^3 + \pi H f(0).$$

26. 求曲面 $z = 1 + x^2 + y^2$ 在点 $M(1, -1, 3)$ 处的切平面与曲面 $z = x^2 + y^2$ 所围成的立体的体积 V.

解　设 $F(x, y, z) = 1 + x^2 + y^2 - z$，则曲面 $z = 1 + x^2 + y^2$ 在点 $M(1, -1, 3)$ 处的法向量为

$$\boldsymbol{n} = (F_x, F_y, F_z)|_M = (2x, 2y, -1)|_M = (2, -2, -1),$$

于是切平面方程为

$$2(x-1) - 2(y+1) - (z-3) = 0,$$

即

$$z = 2x - 2y - 1.$$

两曲面的交线 $\begin{cases} z = x^2 + y^2 \\ z = 2x - 2y - 1 \end{cases}$ 在 xOy 面上的投影曲线为 $\begin{cases} (x-1)^2 + (y+1)^2 = 1 \\ z = 0 \end{cases}$，于是所围立体 Ω 在 xOy 面上的投影区域为 $D = \{(x, y) \mid (x-1)^2 + (y+1)^2 \leqslant 1\}$，因此积分区域 Ω 可以表示为 $\Omega = \{(x, y, z) \mid x^2 + y^2 \leqslant z \leqslant 2x - 2y - 1, (x, y) \in D\}$，故所求立体体积为

$$V = \iiint_\Omega \mathrm{d}V = \iint_D \mathrm{d}x\mathrm{d}y \int_{x^2+y^2}^{2x-2y-1} \mathrm{d}z$$

$$= \iint_D (2x - 2y - 1 - x^2 - y^2)\mathrm{d}x\mathrm{d}y.$$

令 $X = x - 1, Y = y + 1$，则 $\mathrm{d}x\mathrm{d}y = \mathrm{d}X\mathrm{d}Y, D_1: X^2 + Y^2 \leqslant 1$，于是

$$V = \iint_D (2x - 2y - 1 - x^2 - y^2)\mathrm{d}x\mathrm{d}y$$

$$= \iint_{D_1} [2X - 2Y + 3 - (X+1)^2 - (Y-1)^2]\mathrm{d}X\mathrm{d}Y$$

$$= \iint_{D_1} (1 - X^2 - Y^2)\mathrm{d}X\mathrm{d}Y = \pi - \iint_{D_1} (X^2 + Y^2)\mathrm{d}X\mathrm{d}Y$$

$$= \pi - \int_0^{2\pi} \mathrm{d}\theta \int_0^1 \rho^3 \mathrm{d}\rho = \frac{\pi}{2}.$$

27. 求曲面 $(x^2 + y^2 + z^2)^2 = a^3 z (a > 0)$ 围成的立体的体积 V.

解　曲面 $(x^2 + y^2 + z^2)^2 = a^3 z$ 是 yOz 面上的曲线 $(y^2 + z^2)^2 = a^3 z$ 绕 z 轴旋转一周得到的旋转曲面，因此极角 $\theta \in [0, 2\pi]$. 曲线 $(y^2 + z^2)^2 = a^3 z$ 上的点 (y, z) 均满足 $z \geqslant 0$，位于 xOy 面上方；$(0, a)$ 和 $(0, 0)$ 是曲线上的点，过点 $(0, 0)$ 的曲线的切线为 $z = 0$，因此极角 $\varphi \in \left[0, \frac{\pi}{2}\right]$. 曲面 $(x^2 + y^2 + z^2)^2 = a^3 z$ 的球面坐标方程为 $r^4 = a^3 r\cos\varphi$ 或 $r = a\sqrt[3]{\cos\varphi}$，因此积分区域可以表示为

$$\Omega = \left\{(r, \varphi, \theta) \,\middle|\, 0 \leqslant r \leqslant a\sqrt[3]{\cos\varphi}, 0 \leqslant \varphi \leqslant \frac{\pi}{2}, 0 \leqslant \theta \leqslant 2\pi\right\}.$$

于是所求立体体积为

$$V = \iiint_\Omega \mathrm{d}V = \int_0^{2\pi} \mathrm{d}\theta \int_0^{\pi/2} \mathrm{d}\varphi \int_0^{a\sqrt[3]{\cos\varphi}} r^2 \sin\varphi \mathrm{d}r$$

$$= \frac{1}{3}\int_0^{2\pi} d\theta \int_0^{\pi/2} a^3 \cos\varphi \sin\varphi d\varphi = \frac{\pi}{3}a^3.$$

28. 计算 $I = \iiint\limits_{\Omega} \frac{z}{\sqrt{x^2+y^2}} dV$,其中 Ω 是由 yOz 面上的区域

$$D: y^2 + z^2 \leqslant 5, z \geqslant y-1, y \geqslant 0, z \geqslant 0$$

绕 z 轴旋转一周所得的空间区域.

解 曲线 $y^2+z^2=5$ 与直线 $z=y-1$ 在第一象限的交点为(2,1),于是平面 $z=1$ 将立体 Ω 分为两部分:

$\Omega_1 = \{(x,y,z) \mid (x,y) \in D_{z1}, 0 \leqslant z \leqslant 1\}$,其中 $D_{z1} = \{(x,y) \mid x^2+y^2 \leqslant (z+1)^2\}$,

$\Omega_2 = \{(x,y,z) \mid (x,y) \in D_{z2}, 1 \leqslant z \leqslant \sqrt{5}\}$,其中 $D_{z2} = \{(x,y) \mid x^2+y^2 \leqslant 5-z^2\}$,

于是

$$\begin{aligned} I &= \int_0^1 dz \iint\limits_{D_{z1}} \frac{z}{\sqrt{x^2+y^2}} dxdy + \int_1^{\sqrt{5}} dz \iint\limits_{D_{z2}} \frac{z}{\sqrt{x^2+y^2}} dxdy \\ &= \int_0^1 dz \int_0^{2\pi} d\theta \int_0^{z+1} \frac{z}{\rho} \cdot \rho d\rho + \int_1^{\sqrt{5}} dz \int_0^{2\pi} d\theta \int_0^{\sqrt{5-z^2}} \frac{z}{\rho} \cdot \rho d\rho \\ &= 2\pi \int_0^1 z(z+1) dz + 2\pi \int_1^{\sqrt{5}} z\sqrt{5-z^2} dz \\ &= \frac{5}{3}\pi + \frac{16}{3}\pi = 7\pi. \end{aligned}$$

29. 设函数 $f(x)$ 在[0,1]上连续,试证:$\int_0^1 dx \int_0^x dy \int_0^y f(x)f(y)f(z)dz = \frac{1}{3!}\left[\int_0^1 f(t)dt\right]^3$.

证明 由 $f(x)$ 在[0,1]上连续知,$f(x)$ 存在原函数,设 $F'(x) = f(x)$,则

$$\begin{aligned} \int_0^1 dx \int_0^x dy \int_0^y f(x)f(y)f(z)dz &= \int_0^1 dx \int_0^x dy \int_0^y f(x)f(y)dF(z) \\ &= \int_0^1 dx \int_0^x f(x)f(y)F(z)\Big|_0^y dy \\ &= \int_0^1 dx \int_0^x f(x)f(y)[F(y)-F(0)]dy \\ &= \int_0^1 dx \int_0^x f(x)[F(y)-F(0)]d[F(y)-F(0)] \\ &= \int_0^1 f(x) \cdot \frac{[F(y)-F(0)]^2}{2}\Bigg|_0^x dx \\ &= \frac{1}{2}\int_0^1 f(x) \cdot [F(x)-F(0)]^2 dx \\ &= \frac{1}{2}\int_0^1 [F(x)-F(0)]^2 d[F(x)-F(0)] \\ &= \frac{1}{6}[F(x)-F(0)]^3\Big|_0^1 \\ &= \frac{1}{3!}[F(1)-F(0)]^3 \\ &= \frac{1}{3!}\left[\int_0^1 f(t)dt\right]^3. \end{aligned}$$

30. 证明:曲面 $(z-a)\varphi(x) + (z-b)\varphi(y) = 0$, $x^2+y^2=c^2$ 和平面 $z=0$ 所围成的立体

Ω 的体积为 $V=\frac{1}{2}\pi(a+b)c^2$，其中 $\varphi(u)$ 为任意正的连续函数，a、b、c 均为正常数.

证明　注意到 $\varphi(u)$ 为正的连续函数，由 $(z-a)\varphi(x)+(z-b)\varphi(y)=0$ 可以解得

$$z=\frac{a\varphi(x)+b\varphi(y)}{\varphi(x)+\varphi(y)}>0,$$

因此 Ω 可以表示为

$$\Omega=\left\{(x,y,z)\middle|(x,y)\in D,0\leqslant z\leqslant\frac{a\varphi(x)+b\varphi(y)}{\varphi(x)+\varphi(y)}\right\},$$

其中 $D=\{(x,y)\mid x^2+y^2\leqslant c^2\}$，利用轮换性，得

$$\begin{aligned}V&=\iiint_{\Omega}\mathrm{d}V=\iint_{D}\frac{a\varphi(x)+b\varphi(y)}{\varphi(x)+\varphi(y)}\mathrm{d}x\mathrm{d}y\\&=\frac{1}{2}\iint_{D}\left[\frac{a\varphi(x)+b\varphi(y)}{\varphi(x)+\varphi(y)}+\frac{a\varphi(y)+b\varphi(x)}{\varphi(x)+\varphi(y)}\right]\mathrm{d}x\mathrm{d}y\\&=\frac{1}{2}(a+b)\iint_{D}\mathrm{d}x\mathrm{d}y=\frac{1}{2}\pi(a+b)c^2.\end{aligned}$$

31. 计算下列第一类曲线积分：

(1) $I=\int_L x|y|\mathrm{d}s$，其中 $L:\frac{x^2}{a^2}+\frac{y^2}{b^2}=1(a>b>0,x>0)$；

(2) $I=\oint_L\frac{\sqrt[3]{|xy|}}{x^{2/3}+y^{2/3}}\mathrm{d}s$，其中 $L:x^{2/3}+y^{2/3}=1$.

解　(1) L 的参数方程为 $x=a\cos t,y=b\sin t,t\in\left[-\frac{\pi}{2},\frac{\pi}{2}\right]$，于是

$$\begin{aligned}I&=\int_L x|y|\mathrm{d}s\\&=\int_{-\pi/2}^{\pi/2}a\cos t\mid b\sin t\mid\sqrt{(-a\sin t)^2+(b\cos t)^2}\,\mathrm{d}t\\&=2ab\int_0^{\pi/2}\cos t\sin t\sqrt{a^2\sin^2t+b^2\cos^2t}\,\mathrm{d}t\\&=ab\int_0^{\pi/2}\sqrt{a^2\sin^2t+b^2\cos^2t}\,\mathrm{d}(\sin^2t)\\&\xlongequal{令 u=\sin^2t}ab\int_0^1\sqrt{a^2u+b^2(1-u)}\,\mathrm{d}u=ab\int_0^1\sqrt{b^2+(a^2-b^2)u}\,\mathrm{d}u\\&=\frac{2ab}{3(a^2-b^2)}(a^3-b^3).\end{aligned}$$

(2) L 的参数方程为 $x=\cos^3t,y=\sin^3t,t\in[0,2\pi]$，弧长微元为

$$\begin{aligned}\mathrm{d}s&=\sqrt{[x'(t)]^2+[y'(t)]^2}\,\mathrm{d}t\\&=\sqrt{[-3\cos^2t\sin t]^2+[3\sin^2t\cos t]^2}\,\mathrm{d}t\\&=3\mid\sin t\cos t\mid\mathrm{d}t,\end{aligned}$$

于是

$$\begin{aligned}I&=\oint_L\frac{\sqrt[3]{|xy|}}{x^{2/3}+y^{2/3}}\mathrm{d}s\\&=\oint_L\sqrt[3]{|xy|}\,\mathrm{d}s=\int_0^{2\pi}|\sin t\cos t|\cdot3|\sin t\cos t|\,\mathrm{d}t\end{aligned}$$

$$= \frac{3}{4}\int_0^{2\pi}\sin^2 2t\mathrm{d}t = \frac{3}{4}\pi.$$

32. 求椭圆周 $x=a\cos t, y=b\sin t, a>b>0, 0\leqslant t\leqslant 2\pi$ 的质量，已知曲线在点 $P(x,y)$ 处的线密度为 $\rho(x,y)=|y|$.

解　由于积分曲线关于 x 轴、y 轴都对称，密度函数 $\rho(x,y)=|y|$ 关于变量 y 和 x 都是偶函数，因此椭圆周的质量是第一象限部分的质量的 4 倍.

设 $L_1: x=a\cos t, y=b\sin t, 0\leqslant t\leqslant \frac{\pi}{2}$，则椭圆周的质量为

$$m = 4\int_{L_1} y\mathrm{d}s = 4\int_0^{\pi/2} b\sin t\sqrt{(-a\sin t)^2+(b\cos t)^2}\,\mathrm{d}t$$

$$= -4b\int_0^{\pi/2}\sqrt{a^2\sin^2 t+b^2\cos^2 t}\,\mathrm{d}(\cos t)$$

$$\xlongequal{\text{令 } u=\cos t} 4b\int_0^1\sqrt{a^2(1-u^2)+b^2u^2}\,\mathrm{d}u = 4ab\int_0^1\sqrt{1-\left(\frac{a^2-b^2}{a^2}\right)u^2}\,\mathrm{d}u$$

$$= \frac{2ab}{\sqrt{\frac{a^2-b^2}{a^2}}}\left(\arcsin\sqrt{\frac{a^2-b^2}{a^2}}+\sqrt{\frac{a^2-b^2}{a^2}}\cdot\frac{b}{a}\right)$$

$$= \frac{2a^2b}{\sqrt{a^2-b^2}}\left(\arcsin\sqrt{\frac{a^2-b^2}{a^2}}+\frac{b\sqrt{a^2-b^2}}{a^2}\right).$$

33. 计算积分 $I=\oint_\Gamma(z+y^2)\mathrm{d}s$，其中 Γ 是球面 $x^2+y^2+z^2=R^2$ 与平面 $x+y+z=0$ 的交线.

解　方法一　由轮换性可得

$$\oint_\Gamma x\mathrm{d}s=\oint_\Gamma y\mathrm{d}s=\oint_\Gamma z\mathrm{d}s,$$

$$\oint_\Gamma x^2\mathrm{d}s=\oint_\Gamma y^2\mathrm{d}s=\oint_\Gamma z^2\mathrm{d}s,$$

于是

$$I=\oint_\Gamma(z+y^2)\mathrm{d}s$$

$$=\frac{1}{3}\oint_\Gamma[(x+y+z)+(x^2+y^2+z^2)]\mathrm{d}s$$

$$=\frac{1}{3}\oint_\Gamma R^2\mathrm{d}s=\frac{2}{3}\pi R^3.$$

方法二　将平面方程 $z=-x-y$ 代入球面方程，得 $x^2+y^2+(-x-y)^2=R^2$，即

$$\left(x+\frac{y}{2}\right)^2+\frac{3}{4}y^2=\frac{R^2}{2},$$

令 $x+\frac{y}{2}=\frac{R}{\sqrt{2}}\cos t, y=\frac{2R}{\sqrt{6}}\sin t$，得曲线 Γ 的参数方程为

$$x=\frac{R}{\sqrt{2}}\cos t-\frac{R}{\sqrt{6}}\sin t,\quad y=\frac{2R}{\sqrt{6}}\sin t,\quad z=-\frac{R}{\sqrt{2}}\cos t-\frac{R}{\sqrt{6}}\sin t,\quad t\in[0,2\pi],$$

弧长微元为

$$\begin{aligned}
\mathrm{d}s &= \sqrt{[x'(t)]^2+[y'(t)]^2+[z'(t)]^2}\,\mathrm{d}t \\
&= R\sqrt{\left(-\frac{1}{\sqrt{2}}\sin t-\frac{1}{\sqrt{6}}\cos t\right)^2+\left(\frac{2}{\sqrt{6}}\cos t\right)^2+\left(\frac{1}{\sqrt{2}}\sin t-\frac{1}{\sqrt{6}}\cos t\right)^2}\,\mathrm{d}t \\
&= R\,\mathrm{d}t,
\end{aligned}$$

于是

$$\begin{aligned}
I &= \oint_{\Gamma}(z+y^2)\,\mathrm{d}s \\
&= \int_0^{2\pi}\left(-\frac{R}{\sqrt{2}}\cos t-\frac{R}{\sqrt{6}}\sin t+\frac{2R^2}{3}\sin^2 t\right)R\,\mathrm{d}t \\
&= \frac{2}{3}\pi R^3.
\end{aligned}$$

34. 计算曲面积分 $I=\oiint\limits_{\Sigma}[(x+y)^2+z^2+2yz]\mathrm{d}S$，其中 Σ 是球面 $x^2+y^2+z^2=2x+2z$.

解　利用球面方程，得

$$\begin{aligned}
I &= \oiint\limits_{\Sigma}[(x+y)^2+z^2+2yz]\mathrm{d}S \\
&= \oiint\limits_{\Sigma}(x^2+y^2+z^2+2xy+2yz)\mathrm{d}S \\
&= 2\oiint\limits_{\Sigma}(x+z)\mathrm{d}S+2\oiint\limits_{\Sigma}(x+z)y\,\mathrm{d}S.
\end{aligned}$$

球面方程为 $(x-1)^2+y^2+(z-1)^2=2$，球面关于 zOx 面对称，$(x+z)y$ 关于 y 是奇函数，$x+z$ 关于 y 是偶函数，因此

$$2\oiint\limits_{\Sigma}(x+z)y\,\mathrm{d}S=0,\quad 2\oiint\limits_{\Sigma}(x+z)\mathrm{d}S=4\iint\limits_{\Sigma_1}(x+z)\mathrm{d}S,$$

其中 Σ_1 是半球面 $x^2+y^2+z^2=2x+2z, y\geqslant 0$.

Σ_1 在 zOx 面上的投影区域为 $D:(x-1)^2+(z-1)^2\leqslant 2$，面积微元为

$$\mathrm{d}S=\sqrt{1+y_x^2+y_z^2}\,\mathrm{d}z\mathrm{d}x=\sqrt{1+\left(\frac{1-x}{y}\right)^2+\left(\frac{1-z}{y}\right)^2}\,\mathrm{d}z\mathrm{d}x=\frac{\sqrt{2}}{y}\mathrm{d}z\mathrm{d}x,$$

于是

$$\begin{aligned}
I &= 2\oiint\limits_{\Sigma}(x+z)\mathrm{d}S+2\oiint\limits_{\Sigma}(x+z)y\,\mathrm{d}S \\
&= 4\iint\limits_{\Sigma_1}(x+z)\mathrm{d}S=4\iint\limits_{D}(x+z)\frac{\sqrt{2}}{y}\mathrm{d}z\mathrm{d}x \\
&= 4\sqrt{2}\iint\limits_{D}\frac{x+z}{\sqrt{2-(x-1)^2-(z-1)^2}}\mathrm{d}z\mathrm{d}x,
\end{aligned}$$

令 $X=x-1, Z=z-1$，则 $\mathrm{d}z\mathrm{d}x=\mathrm{d}Z\mathrm{d}X, D_1: X^2+Z^2\leqslant 2$，利用积分区域的对称性和被积函数的奇偶性，得

$$I=4\sqrt{2}\iint\limits_{D}\frac{x+z}{\sqrt{2-(x-1)^2-(z-1)^2}}\mathrm{d}z\mathrm{d}x$$

$$= 4\sqrt{2}\iint_{D_1}\frac{X+Z+2}{\sqrt{2-X^2-Z^2}}\mathrm{d}Z\mathrm{d}X$$

$$= 8\sqrt{2}\iint_{D_1}\frac{1}{\sqrt{2-X^2-Z^2}}\mathrm{d}Z\mathrm{d}X$$

$$= 8\sqrt{2}\int_0^{2\pi}\mathrm{d}\theta\int_0^{\sqrt{2}}\frac{\rho}{\sqrt{2-\rho^2}}\mathrm{d}\rho = 32\pi.$$

35. 计算曲面积分 $I=\iint\limits_{\Sigma}|xyz|\,\mathrm{d}S$,其中 Σ 是曲面 $z=x^2+y^2$ 介于平面 $z=0$ 和 $z=1$ 之间的部分.

解 设 Σ_1 是曲面 Σ 在第一卦限的部分. 曲面 Σ 关于 zOx 面、yOz 面都对称,$|xyz|$ 关于 y、x 都是偶函数,利用积分区域的对称性和被积函数的奇偶性,得

$$I=\iint_{\Sigma}|xyz|\,\mathrm{d}S=4\iint_{\Sigma_1}xyz\,\mathrm{d}S,$$

Σ_1 在 xOy 面上的投影区域为 $D:x^2+y^2\leqslant 1, x\geqslant 0, y\geqslant 0$,面积微元为

$$\mathrm{d}S=\sqrt{1+z_x^2+z_y^2}\,\mathrm{d}x\mathrm{d}y=\sqrt{1+4x^2+4y^2}\,\mathrm{d}x\mathrm{d}y,$$

于是

$$I=4\iint_{\Sigma_1}xyz\,\mathrm{d}S=4\iint_{D}xy(x^2+y^2)\sqrt{1+z_x^2+z_y^2}\,\mathrm{d}x\mathrm{d}y$$

$$=4\iint_{D}xy(x^2+y^2)\sqrt{1+4x^2+4y^2}\,\mathrm{d}x\mathrm{d}y$$

$$=4\int_0^{\pi/2}\mathrm{d}\theta\int_0^1\rho^4\sin\theta\cos\theta\sqrt{1+4\rho^2}\cdot\rho\mathrm{d}\rho$$

$$=\frac{125\sqrt{5}-1}{420}.$$

36. 设 P 为椭球面 $S:x^2+y^2+z^2-yz=1$ 上的动点,若 S 在点 P 处的切平面与 xOy 面垂直,求点 P 的轨迹 C,并计算曲面积分 $I=\iint\limits_{\Sigma}\frac{(x+\sqrt{3})\,|y-2z|}{\sqrt{4+y^2+z^2-4yz}}\mathrm{d}S$,其中 Σ 是椭球面 S 位于曲线 C 上方的部分.

解 椭球面 S 在点 $P(x,y,z)$ 处的法向量为 $\boldsymbol{n}=(2x,2y-z,2z-y)$,点 P 处的切平面与 xOy 面垂直,于是 $\boldsymbol{n}\cdot\boldsymbol{k}=(2x,2y-z,2z-y)\cdot(0,0,1)=2z-y=0$,因此曲线 C 的方程为

$$\begin{cases}x^2+y^2+z^2-yz=1\\2z-y=0\end{cases},\text{即}\begin{cases}x^2+\dfrac{3}{4}y^2=1\\2z-y=0\end{cases}.$$

曲面 Σ 在 xOy 面上的投影区域为 $D:x^2+\frac{3}{4}y^2\leqslant 1$,记曲面 Σ 的方程为 $z=z(x,y)$,$(x,y)\in D$,面积微元为

$$\mathrm{d}S=\sqrt{1+z_x^2+z_y^2}\,\mathrm{d}x\mathrm{d}y$$

$$=\sqrt{1+\left(-\frac{2x}{2z-y}\right)^2+\left(-\frac{2y-z}{2z-y}\right)^2}\,\mathrm{d}x\mathrm{d}y$$

$$= \sqrt{\frac{4x^2+5y^2+5z^2-8yz}{(2z-y)^2}}\mathrm{d}x\mathrm{d}y$$

$$= \frac{\sqrt{4+y^2+z^2-4yz}}{|2z-y|}\mathrm{d}x\mathrm{d}y,$$

于是

$$\begin{aligned} I &= \iint_{\Sigma} \frac{(x+\sqrt{3})|y-2z|}{\sqrt{4+y^2+z^2-4yz}}\mathrm{d}S \\ &= \iint_{D} \frac{(x+\sqrt{3})|y-2z|}{\sqrt{4+y^2+z^2-4yz}} \cdot \frac{\sqrt{4+y^2+z^2-4yz}}{|2z-y|}\mathrm{d}x\mathrm{d}y \\ &= \iint_{D}(x+\sqrt{3})\mathrm{d}x\mathrm{d}y = \sqrt{3}\iint_{D}\mathrm{d}x\mathrm{d}y \\ &= \sqrt{3}\cdot\pi\cdot 1\cdot\frac{2}{\sqrt{3}} = 2\pi. \end{aligned}$$

37. 设曲面 S 是圆锥面 $z=\sqrt{x^2+y^2}$ 被柱面 $z^2=2x$ 割下的有限部分，其上任意一点处的密度为 $\rho(x,y,z)=9\sqrt{x^2+y^2+z^2}$，记圆锥面与柱面的交线为 C. 求：

(1) C 在 xOy 面上的投影曲线的方程；

(2) 曲面 S 的质量 m.

解　(1) C：$\begin{cases} z=\sqrt{x^2+y^2} \\ z^2=2x \end{cases}$，消去 z，得 C 在 xOy 面上的投影曲线为 $\begin{cases} x^2+y^2=2x \\ z=0 \end{cases}$.

(2) 曲面 S 在 xOy 面上的投影区域为 D：$x^2+y^2\leqslant 2x$，则

$$D=\left\{(\rho,\theta)\,\middle|\, 0\leqslant\rho\leqslant 2\cos\theta, -\frac{\pi}{2}\leqslant\theta\leqslant\frac{\pi}{2}\right\},$$

于是

$$\begin{aligned} m &= \iint_{S}\rho(x,y,z)\mathrm{d}S \\ &= \iint_{D} 9\sqrt{x^2+y^2+z^2}\cdot\sqrt{1+z_x^2+z_y^2}\,\mathrm{d}x\mathrm{d}y \\ &= \iint_{D} 9\sqrt{2x^2+2y^2}\cdot\sqrt{1+\frac{x^2}{x^2+y^2}+\frac{y^2}{x^2+y^2}}\,\mathrm{d}x\mathrm{d}y \\ &= 9\sqrt{2}\iint_{D}\sqrt{2x^2+2y^2}\,\mathrm{d}x\mathrm{d}y = 18\int_{-\frac{\pi}{2}}^{\frac{\pi}{2}}\mathrm{d}\theta\int_{0}^{2\cos\theta}\rho\cdot\rho\mathrm{d}\rho = 64. \end{aligned}$$

第10章 多元向量函数的积分学

知识点总结

一、第二类曲线积分的概念与性质

1. 概念

设 L 为 xOy 面内从点 A 到点 B 的有向光滑曲线弧，向量函数

$$\boldsymbol{F}(x,y)=P(x,y)\boldsymbol{i}+Q(x,y)\boldsymbol{j}$$

在 L 上有界. 把 L 分成 n 个小弧段 $\overset{\frown}{M_{k-1}M_k}(k=1,2,\cdots,n)$，$(\xi_k,\eta_k)$ 为 $\overset{\frown}{M_{k-1}M_k}$ 上任意取定的点. 作数量积并求和：

$$\sum_{k=1}^{n}\boldsymbol{F}(\xi_k,\eta_k)\cdot\overrightarrow{M_{k-1}M_k}=\sum_{k=1}^{n}[P(\xi_k,\eta_k)\Delta x_k+Q(\xi_k,\eta_k)\Delta y_k],$$

若当各小弧段长度的最大值 $\lambda\to 0$ 时，极限

$$\lim_{\lambda\to 0}\sum_{k=1}^{n}[P(\xi_k,\eta_k)\Delta x_k+Q(\xi_k,\eta_k)\Delta y_k]=I,$$

则称该极限值 I 为向量函数 $\boldsymbol{F}(x,y)$ 在有向曲线弧 L 上的第二类曲线积分（或对坐标的曲线积分），记作

$$\int_L\boldsymbol{F}\cdot\mathrm{d}\boldsymbol{r}\quad 或 \quad\int_L P(x,y)\mathrm{d}x+Q(x,y)\mathrm{d}y,$$

其中 $\mathrm{d}\boldsymbol{r}=\mathrm{d}x\boldsymbol{i}+\mathrm{d}y\boldsymbol{j}$ 为弧长微元向量（或有向曲线微元），其大小，即模 $|\mathrm{d}\boldsymbol{r}|=\mathrm{d}s$（弧微分）.

类似地，可以定义向量函数 $\boldsymbol{F}=P(x,y,z)\boldsymbol{i}+Q(x,y,z)\boldsymbol{j}+R(x,y,z)\boldsymbol{k}$ 在空间有向曲线弧 Γ 上的第二类曲线积分，即

$$\int_\Gamma\boldsymbol{F}\cdot\mathrm{d}\boldsymbol{r}=\int_\Gamma P(x,y,z)\mathrm{d}x+Q(x,y,z)\mathrm{d}y+R(x,y,x)\mathrm{d}z,$$

其中有向曲线微元 $\mathrm{d}\boldsymbol{r}=\mathrm{d}x\boldsymbol{i}+\mathrm{d}y\boldsymbol{j}+\mathrm{d}z\boldsymbol{k}$.

2. 性质

性质1 设 α、β 均为常数，则

$$\int_L[\alpha\boldsymbol{F}_1(x,y)+\beta\boldsymbol{F}_2(x,y)]\cdot\mathrm{d}\boldsymbol{r}=\alpha\int_L\boldsymbol{F}_1(x,y)\cdot\mathrm{d}\boldsymbol{r}+\beta\int_L\boldsymbol{F}_2(x,y)\cdot\mathrm{d}\boldsymbol{r}.$$

性质2 若有向光滑曲线弧 L 可分成两段光滑的有向曲线弧 L_1 和 L_2，则

$$\int_L\boldsymbol{F}(x,y)\cdot\mathrm{d}\boldsymbol{r}=\int_{L_1}\boldsymbol{F}(x,y)\cdot\mathrm{d}\boldsymbol{r}+\int_{L_2}\boldsymbol{F}(x,y)\cdot\mathrm{d}\boldsymbol{r}.$$

性质 3　设 L 是有向光滑曲线弧，L^- 是 L 的反向曲线弧，则

$$\int_{L^-} \boldsymbol{F}(x,y)\cdot \mathrm{d}\boldsymbol{r} = -\int_L \boldsymbol{F}(x,y)\cdot \mathrm{d}\boldsymbol{r}.$$

二、第二类曲线积分的计算

定理　设 $P(x,y)$、$Q(x,y)$ 在有向曲线弧 L 上有定义且连续，L 的参数方程为

$$\begin{cases} x = \varphi(t) \\ y = \psi(t) \end{cases},$$

当参数 t 单调地由 α 变到 β 时，点 $M(x,y)$ 从 L 的起点 A 沿 L 运动到终点 B，$\varphi(t)$、$\psi(t)$ 在以 α 与 β 为端点的闭区间上具有一阶连续导数，且 $\varphi'^2(t)+\psi'^2(t)\neq 0$，则曲线积分 $\int_L P(x,y)\mathrm{d}x + Q(x,y)\mathrm{d}y$ 存在，且

$$\int_L P(x,y)\mathrm{d}x + Q(x,y)\mathrm{d}y = \int_\alpha^\beta \{P[\varphi(t),\psi(t)]\varphi'(t) + Q[\varphi(t),\psi(t)]\psi'(t)\}\mathrm{d}t.$$

同理，空间曲线弧 Γ 的参数方程为

$$\begin{cases} x = \varphi(t) \\ y = \psi(t), \\ z = \omega(t) \end{cases}$$

则

$$\begin{aligned} &\int_\Gamma P(x,y,z)\mathrm{d}x + Q(x,y,z)\mathrm{d}y + R(x,y,z)\mathrm{d}z \\ = &\int_\alpha^\beta \{P[\varphi(t),\psi(t),\omega(t)]\varphi'(t) + Q[\varphi(t),\psi(t),\omega(t)]\psi'(t) + R[\varphi(t),\psi(t),\omega(t)]\omega'(t)\}\mathrm{d}t, \end{aligned}$$

其中下限 α 对应于 Γ 的起点，上限 β 对应于 Γ 的终点.

三、两类曲线积分之间的关系

第一类曲线积分和第二类曲线积分之间的关系为

$$\int_L P\mathrm{d}x + Q\mathrm{d}y = \int_L (P\cos\alpha + Q\cos\beta)\mathrm{d}s,$$

其中 $\alpha=\alpha(x,y)$，$\beta=\beta(x,y)$ 为有向曲线弧 L 在点 (x,y) 处的切向量的方向角.

类似地，对于空间曲线弧 Γ 上的两类曲线积分，有如下关系：

$$\int_\Gamma P\mathrm{d}x + Q\mathrm{d}y + R\mathrm{d}z = \int_\Gamma (P\cos\alpha + Q\cos\beta + R\cos\gamma)\mathrm{d}s,$$

其中 $\alpha=\alpha(x,y,z)$，$\beta=\beta(x,y,z)$，$\gamma=\gamma(x,y,z)$ 为有向曲线弧 Γ 在点 (x,y,z) 处的切向量的方向角.

四、第二类曲面积分的概念与性质

1. 概念

设 Σ 为光滑的有向曲面，向量函数

$$\boldsymbol{F} = P(x,y,z)\boldsymbol{i} + Q(x,y,z)\boldsymbol{j} + R(x,y,z)\boldsymbol{k},\quad (x,y,z)\in D$$

在Σ上有界. 把Σ任意分成n片小曲面ΔS_i,在ΔS_i上任取一点(ξ_i,η_i,ζ_i),如果当各小片曲面直径的最大值$\lambda\to 0$时,极限

$$\begin{aligned}&\lim_{\lambda\to 0}\sum_{i=1}^{n}[P(\xi_i,\eta_i,\zeta_i)\cos\alpha_i+Q(\xi_i,\eta_i,\zeta_i)\cos\beta_i+R(\xi_i,\eta_i,\zeta_i)\cos\gamma_i]\Delta S_i\\&=\lim_{\lambda\to 0}\sum_{i=1}^{n}[P(\xi_i,\eta_i,\zeta_i)(\Delta S_i)_{yz}+Q(\xi_i,\eta_i,\zeta_i)(\Delta S_i)_{zx}+R(\xi_i,\eta_i,\zeta_i)(\Delta S_i)_{xy}]\end{aligned}$$

总存在,则称此极限值为向量函数$\boldsymbol{F}$在有向曲面Σ上的曲面积分,又称为第二类曲面积分(或对坐标的曲面积分). 记作

$$\iint_{\Sigma}\boldsymbol{F}\cdot \mathrm{d}\boldsymbol{S}\quad 或\quad \iint_{\Sigma}P\,\mathrm{d}y\mathrm{d}z+Q\mathrm{d}z\mathrm{d}x+R\mathrm{d}x\mathrm{d}y,$$

其中$\mathrm{d}\boldsymbol{S}=(\cos\alpha,\cos\beta,\cos\gamma)\mathrm{d}S=(\mathrm{d}y\mathrm{d}z,\mathrm{d}z\mathrm{d}x,\mathrm{d}x\mathrm{d}y)$为有向曲面元,$\boldsymbol{F}$为被积函数,$\Sigma$为积分曲面,$(\cos\alpha,\cos\beta,\cos\gamma)$为曲面$\Sigma$在任意一点$(x,y,z)$处与曲面同侧的单位法向量.

2. 性质

性质 1 设α、β均为常数,则

$$\iint_{\Sigma}[\alpha\boldsymbol{F}_1(x,y,z)+\beta\boldsymbol{F}_2(x,y,z)]\cdot \mathrm{d}\boldsymbol{S}=\alpha\iint_{\Sigma}\boldsymbol{F}_1(x,y,z)\cdot \mathrm{d}\boldsymbol{S}+\beta\iint_{\Sigma}\boldsymbol{F}_2(x,y,z)\cdot \mathrm{d}\boldsymbol{S}.$$

性质 2 如果将有向曲面Σ分成Σ_1和Σ_2,则

$$\iint_{\Sigma}\boldsymbol{F}(x,y,z)\cdot \mathrm{d}\boldsymbol{S}=\iint_{\Sigma_1}\boldsymbol{F}(x,y,z)\cdot \mathrm{d}\boldsymbol{S}+\iint_{\Sigma_2}\boldsymbol{F}(x,y,z)\cdot \mathrm{d}\boldsymbol{S}.$$

性质 3 设Σ是有向曲面,Σ^-表示与Σ取相反侧的有向曲面,则

$$\iint_{\Sigma^-}\boldsymbol{F}(x,y,z)\cdot \mathrm{d}\boldsymbol{S}=-\iint_{\Sigma}\boldsymbol{F}(x,y,z)\cdot \mathrm{d}\boldsymbol{S}.$$

五、两类曲面积分之间的关系

第一类曲面积分和第二类曲面积分之间的关系为

$$\begin{aligned}\iint_{\Sigma}\boldsymbol{F}\cdot \mathrm{d}\boldsymbol{S}&=\iint_{\Sigma}P\,\mathrm{d}y\mathrm{d}z+Q\mathrm{d}z\mathrm{d}x+R\mathrm{d}x\mathrm{d}y\\&=\iint_{\Sigma}\boldsymbol{F}\cdot \boldsymbol{n}\mathrm{d}S=\iint_{\Sigma}(P\cos\alpha+Q\cos\beta+R\cos\gamma)\mathrm{d}S.\end{aligned}$$

六、第二类曲面积分的计算

1. 投影法

(1) 设积分曲面Σ由方程$z=z(x,y)$给出,Σ在xOy面上的投影区域为D_{xy},则有

$$\iint_{\Sigma}R(x,y,z)\mathrm{d}x\mathrm{d}y=\iint_{\Sigma}R(x,y,z)\cos\gamma\mathrm{d}S=\pm\iint_{D_{xy}}R[x,y,z(x,y)]\mathrm{d}x\mathrm{d}y.$$

如果积分曲面Σ是由方程$z=z(x,y)$给出的曲面的上侧,即$\cos\gamma>0$,则上式右端的符号应取正号;反之,如果Σ取下侧,即$\cos\gamma<0$,则上式右端的符号应取负号.

(2) 设积分曲面Σ由方程$x=x(y,z)$给出,Σ在yOz面上的投影区域为D_{yz},则有

$$\iint\limits_{\Sigma} P(x,y,z)\mathrm{d}y\mathrm{d}z = \pm \iint\limits_{D_{yz}} P[x(y,z),y,z]\mathrm{d}y\mathrm{d}z.$$

如果积分曲面 Σ 是由方程 $x=x(y,z)$ 给出的曲面的前侧，即 $\cos\alpha>0$，则上式右端的符号应取正号；反之，如果 Σ 取后侧，即 $\cos\alpha<0$，则上式右端的符号应取负号.

(3) 设积分曲面 Σ 由方程 $y=y(z,x)$ 给出，Σ 在 zOx 面上的投影区域为 D_{zx}，则有

$$\iint\limits_{\Sigma} Q(x,y,z)\mathrm{d}z\mathrm{d}x = \pm \iint\limits_{D_{zx}} Q[x,y(z,x),z]\mathrm{d}z\mathrm{d}x.$$

如果积分曲面 Σ 是由方程 $y=y(z,x)$ 给出的曲面的右侧，即 $\cos\beta>0$，则上式右端的符号应取正号；反之，如果 Σ 取左侧，即 $\cos\beta<0$，则上式右端的符号应取负号.

2. 统一坐标法

(1) 当积分曲面 Σ 由方程 $z=z(x,y)$ 给出时，有

$$\begin{aligned}&\iint\limits_{\Sigma} P(x,y,z)\mathrm{d}y\mathrm{d}z + Q(x,y,z)\mathrm{d}z\mathrm{d}x + R(x,y,z)\mathrm{d}x\mathrm{d}y\\ =&\iint\limits_{\Sigma}[P(x,y,z)(-z_x)+Q(x,y,z)(-z_y)+R(x,y,z)]\mathrm{d}x\mathrm{d}y.\end{aligned}$$

(2) 当积分曲面 Σ 由方程 $x=x(y,z)$ 给出时，有

$$\begin{aligned}&\iint\limits_{\Sigma} P(x,y,z)\mathrm{d}y\mathrm{d}z + Q(x,y,z)\mathrm{d}z\mathrm{d}x + R(x,y,z)\mathrm{d}x\mathrm{d}y\\ =&\iint\limits_{\Sigma}[P(x,y,z)+Q(x,y,z)(-x_y)+R(x,y,z)(-x_z)]\mathrm{d}y\mathrm{d}z.\end{aligned}$$

(3) 当积分曲面 Σ 由方程 $y=y(z,x)$ 给出时，有

$$\begin{aligned}&\iint\limits_{\Sigma} P(x,y,z)\mathrm{d}y\mathrm{d}z + Q(x,y,z)\mathrm{d}z\mathrm{d}x + R(x,y,z)\mathrm{d}x\mathrm{d}y\\ =&\iint\limits_{\Sigma}[P(x,y,z)(-y_x)+Q(x,y,z)+R(x,y,z)(-y_z)]\mathrm{d}z\mathrm{d}x.\end{aligned}$$

七、第二类曲线积分与二重积分之间的关系

1. 格林公式

定理 1　设闭区域 D 由分段光滑的曲线 L 围成，若函数 $P(x,y)$ 及 $Q(x,y)$ 在 D 上具有一阶连续偏导数，则有格林公式：

$$\iint\limits_{D}\left(\frac{\partial Q}{\partial x}-\frac{\partial P}{\partial y}\right)\mathrm{d}x\mathrm{d}y = \oint_L P\mathrm{d}x + Q\mathrm{d}y,$$

其中 L 是 D 的取正向的边界曲线(反向时上式取负号).

为便于记忆，格林公式可写成行列式的形式：

$$\iint\limits_{D}\begin{vmatrix}\dfrac{\partial}{\partial x} & \dfrac{\partial}{\partial y}\\ P & Q\end{vmatrix}\mathrm{d}x\mathrm{d}y = \oint_L P\mathrm{d}x + Q\mathrm{d}y.$$

2. 平面曲线积分与路径无关的条件

定理 2　设 D 为平面单连通区域，函数 $P(x,y)$ 及 $Q(x,y)$ 在 D 内具有一阶连续偏导数，

则下列命题等价：

(1) 曲线积分$\oint_L P\mathrm{d}x+Q\mathrm{d}y$在$D$内与路径无关；

(2) 表达式$P\mathrm{d}x+Q\mathrm{d}y$为某二元函数$u(x,y)$的全微分；

(3) $\dfrac{\partial Q}{\partial x}=\dfrac{\partial P}{\partial y}$在$D$内恒成立；

(4) 对D内任一闭曲线L，$\oint_L P\mathrm{d}x+Q\mathrm{d}y=0$.

注：设函数$u(x,y)=\int_{x_0}^{x}P(x,y_0)\mathrm{d}x+\int_{y_0}^{y}Q(x,y)\mathrm{d}y+C$为$P(x,y)\mathrm{d}x+Q(x,y)\mathrm{d}y$的原函数，则

$$\int_{(x_1,y_1)}^{(x_2,y_2)}P\mathrm{d}x+Q\mathrm{d}y=u(x_2,y_2)-u(x_1,y_1).$$

上式称为曲线积分的牛顿-莱布尼茨公式.

3. 高斯公式

定理3　设空间闭区域Ω由分片光滑的闭曲面Σ围成，函数$P(x,y,z)$、$Q(x,y,z)$、$R(x,y,z)$在Ω上有一阶连续偏导数，则有高斯公式：

$$\oint\!\!\!\oint_{\Sigma}P\mathrm{d}y\mathrm{d}z+Q\mathrm{d}z\mathrm{d}x+R\mathrm{d}x\mathrm{d}y=\iiint_{\Omega}\left(\frac{\partial P}{\partial x}+\frac{\partial Q}{\partial y}+\frac{\partial R}{\partial z}\right)\mathrm{d}V,$$

其中闭曲面Σ取外侧(取内侧时上式取负号).

4. 斯托克斯公式

定理4　设Γ为分段光滑的空间有向闭曲线，Σ是以Γ为边界的分片光滑的有向曲面，Γ的正向与Σ的侧符合右手规则，函数$P(x,y,z)$、$Q(x,y,z)$、$R(x,y,z)$在包含Σ在内的某空间区域内具有一阶连续偏导数，则有斯托克斯公式：

$$\iint_{\Sigma}\left(\frac{\partial R}{\partial y}-\frac{\partial Q}{\partial z}\right)\mathrm{d}y\mathrm{d}z+\left(\frac{\partial P}{\partial z}-\frac{\partial R}{\partial x}\right)\mathrm{d}z\mathrm{d}x+\left(\frac{\partial Q}{\partial x}-\frac{\partial P}{\partial y}\right)\mathrm{d}x\mathrm{d}y=\oint_{\Gamma}P\mathrm{d}x+Q\mathrm{d}y+R\mathrm{d}z.$$

为便于记忆，斯托克斯公式常写成如下形式：

$$\iint_{\Sigma}\begin{vmatrix}\mathrm{d}y\mathrm{d}z & \mathrm{d}z\mathrm{d}x & \mathrm{d}x\mathrm{d}y\\ \dfrac{\partial}{\partial x} & \dfrac{\partial}{\partial y} & \dfrac{\partial}{\partial z}\\ P & Q & R\end{vmatrix}=\oint_{\Gamma}P\mathrm{d}x+Q\mathrm{d}y+R\mathrm{d}z.$$

利用两类曲面积分之间的关系，斯托克斯公式也可写成

$$\iint_{\Sigma}\begin{vmatrix}\cos\alpha & \cos\beta & \cos\gamma\\ \dfrac{\partial}{\partial x} & \dfrac{\partial}{\partial y} & \dfrac{\partial}{\partial z}\\ P & Q & R\end{vmatrix}\mathrm{d}S=\oint_{\Gamma}P\mathrm{d}x+Q\mathrm{d}y+R\mathrm{d}z.$$

基 础 题

1. 计算$I=\int_L(x^2-y)\mathrm{d}x+(y^2+x)\mathrm{d}y$的值，其中$L$分别为：

(1) 从点 $A(0,1)$ 到点 $C(1,2)$ 的直线;

(2) 从点 $A(0,1)$ 到点 $B(1,1)$,再从点 $B(1,1)$ 到点 $C(1,2)$ 的折线;

(3) 从点 $A(0,1)$ 沿抛物线 $y=x^2+1$ 到点 $C(1,2)$.

解　(1) 从点 $A(0,1)$ 到点 $C(1,2)$ 的直线方程为 $y=x+1$,对应于 L 的方向,x 从 0 变到 1,于是

$$\begin{aligned}I&=\int_L(x^2-y)\mathrm{d}x+(y^2+x)\mathrm{d}y\\&=\int_0^1[(x^2-x-1)+(x+1)^2+x]\mathrm{d}x\\&=\int_0^1(2x^2+2x)\mathrm{d}x=\frac{5}{3}.\end{aligned}$$

(2) 从点 $A(0,1)$ 到点 $B(1,1)$ 的直线方程为 $y=1$,x 从 0 变到 1,且 $\mathrm{d}y=0$;从点 $B(1,1)$ 到点 $C(1,2)$ 的直线方程为 $x=1$,y 从 1 变到 2,且 $\mathrm{d}x=0$,于是

$$\begin{aligned}I&=\int_L(x^2-y)\mathrm{d}x+(y^2+x)\mathrm{d}y\\&=\int_{AB}(x^2-y)\mathrm{d}x+(y^2+x)\mathrm{d}y+\int_{BC}(x^2-y)\mathrm{d}x+(y^2+x)\mathrm{d}y\\&=\int_0^1(x^2-1)\mathrm{d}x+\int_1^2(y^2+1)\mathrm{d}y\\&=-\frac{2}{3}+\frac{10}{3}=\frac{8}{3}.\end{aligned}$$

(3) 将原积分化为对 x 的定积分,$L:y=x^2+1$,x 从 0 变到 1,且 $\mathrm{d}y=2x\mathrm{d}x$,于是

$$\begin{aligned}I&=\int_L(x^2-y)\mathrm{d}x+(y^2+x)\mathrm{d}y\\&=\int_0^1\{[x^2-(x^2+1)]+[(x^2+1)^2+x]\cdot 2x\}\mathrm{d}x\\&=\int_0^1(2x^5+4x^3+2x^2+2x-1)\mathrm{d}x=2.\end{aligned}$$

注:虽然被积函数相同,起点和终点也相同,但沿不同的积分路径得到的积分结果并不相等.

2. 计算 $I=\oint_L y\mathrm{d}x+\sin x\mathrm{d}y$,其中 L 为 $y=\sin x(0\leqslant x\leqslant\pi)$ 与 x 轴所围的闭曲线,按顺时针方向.

解　$L=L_1+L_2$,$L_1:y=\sin x,x:0\to\pi$;$L_2:y=0,x:\pi\to 0$,则

$$\begin{aligned}I&=\oint_L y\mathrm{d}x+\sin x\mathrm{d}y\\&=\int_{L_1}y\mathrm{d}x+\sin x\mathrm{d}y+\int_{L_2}y\mathrm{d}x+\sin x\mathrm{d}y\\&=\int_0^\pi\sin x\mathrm{d}x+\sin x\mathrm{d}(\sin x)+0=\int_0^\pi(\sin x+\sin x\cos x)\mathrm{d}x\\&=\left(-\cos x+\frac{1}{2}\sin^2x\right)\Big|_0^\pi=2.\end{aligned}$$

3. 计算 $I=\int_L y\mathrm{d}x+x\mathrm{d}y$,其中 L 为圆周 $x=R\cos t,y=R\sin t$ 上对应于 t 从 0 到 $\frac{\pi}{2}$ 的一

段弧.

解 将参数方程代入积分表达式,得

$$\begin{aligned} I &= \int_L y\mathrm{d}x + x\mathrm{d}y \\ &= \int_0^{\frac{\pi}{2}} R\sin t\mathrm{d}(R\cos t) + R\cos t\mathrm{d}(R\sin t) \\ &= \int_0^{\frac{\pi}{2}} (-R^2\sin^2 t + R^2\cos^2 t)\mathrm{d}t \\ &= R^2\left(\frac{1}{2}\cdot\frac{\pi}{2} - \frac{1}{2}\cdot\frac{\pi}{2}\right) = 0. \end{aligned}$$

4. 计算 $I = \oint_L \frac{(x+y)\mathrm{d}x - (x-y)\mathrm{d}y}{x^2+y^2}$,其中 L 为圆 $x^2+y^2=a^2$,按逆时针方向绕行.

解 将 L 的方程代入积分表达式的分母,得

$$I = \oint_L \frac{(x+y)\mathrm{d}x - (x-y)\mathrm{d}y}{x^2+y^2} = \frac{1}{a^2}\oint_L (x+y)\mathrm{d}x - (x-y)\mathrm{d}y,$$

由格林公式得

$$I = \frac{1}{a^2}\iint_D (-2)\mathrm{d}x\mathrm{d}y = \frac{-2}{a^2}\cdot \pi a^2 = -2\pi.$$

5. 计算 $I = \int_\Gamma x^2\mathrm{d}x + z\mathrm{d}y - y\mathrm{d}z$,其中 Γ 为曲线 $x = k\theta, y = a\cos\theta, z = a\sin\theta$ 上对应于 θ 从 0 到 π 的一段弧.

解 将 Γ 的方程代入积分表达式,得

$$\begin{aligned} I &= \int_\Gamma x^2\mathrm{d}x + z\mathrm{d}y - y\mathrm{d}z \\ &= \int_0^\pi k^2\theta^2\mathrm{d}(k\theta) + a\sin\theta\mathrm{d}(a\cos\theta) - a\cos\theta\mathrm{d}(a\sin\theta) \\ &= \int_0^\pi (k^3\theta^2 - a^2\sin^2\theta - a^2\cos^2\theta)\mathrm{d}\theta \\ &= \int_0^\pi (k^3\theta^2 - a^2)\mathrm{d}\theta = \left(\frac{1}{3}k^3\theta^3 - a^2\theta\right)\Big|_0^\pi \\ &= \frac{1}{3}k^3\pi^3 - a^2\pi. \end{aligned}$$

6. 计算 $I = \int_\Gamma x\mathrm{d}x + z\mathrm{d}y + (x+y-1)\mathrm{d}z$,其中 Γ 是从点 $A(1,1,1)$ 到点 $B(2,3,4)$ 的直线段.

解 Γ 的方程为 $\frac{x-1}{1} = \frac{y-1}{2} = \frac{z-1}{3} = t$,化为参数方程:

$$\begin{cases} x = t+1 \\ y = 2t+1, \quad t: 0 \to 1, \\ z = 3t+1 \end{cases}$$

代入积分表达式,得

$$I = \int_\Gamma x\mathrm{d}x + z\mathrm{d}y + (x+y-1)\mathrm{d}z$$

$$= \int_0^1 (t+1)\mathrm{d}(t+1) + (3t+1)\mathrm{d}(2t+1) + (t+1+2t+1-1)\mathrm{d}(3t+1)$$

$$= \int_0^1 (16t+6)\mathrm{d}t = (8t^2+6t)\Big|_0^1 = 14.$$

7. 在过点 $O(0,0)$ 和点 $A(\pi,0)$ 的曲线族 $y = a\sin x (a>0)$ 中,求一条曲线 L,使得该曲线从点 O 到点 A 的积分 $\int_L (1+y^2)\mathrm{d}x + (2x+y)\mathrm{d}y$ 的值最小.

解　将曲线族 $y = a\sin x(a>0)$ 代入积分表达式,得

$$I(a) = \int_L (1+y^2)\mathrm{d}x + (2x+y)\mathrm{d}y$$

$$= \int_0^\pi (1+a^2\sin^2 x)\mathrm{d}x + (2x + a\sin x)\mathrm{d}(a\sin x)$$

$$= \int_0^\pi (1+a^2\sin^2 x + 2ax\cos x + a^2\sin x\cos x)\mathrm{d}x$$

$$= \pi + 2a^2\int_0^{\frac{\pi}{2}} \sin^2 x\mathrm{d}x + 2a(x\sin x + \cos x)\Big|_0^\pi + \frac{a^2}{2}\sin^2 x\Big|_0^\pi$$

$$= \pi + 2a^2 \cdot \frac{1}{2} \cdot \frac{\pi}{2} - 4a = \pi + \frac{\pi a^2}{2} - 4a,$$

$I'(a) = \pi a - 4$,令 $I'(a) = 0$,得 $a = \frac{4}{\pi}$,$I''(a) = \pi > 0$. 故 $a = \frac{4}{\pi}$ 时,$I(a) = \int_L (1+y^2)\mathrm{d}x + (2x+y)\mathrm{d}y = \pi + \frac{\pi a^2}{2} - 4a$ 最小,最小值为 $I\left(\frac{4}{\pi}\right) = \pi - \frac{8}{\pi}$,即 $y = a\sin x = \frac{4}{\pi}\sin x$.

8. 计算下列曲线积分:

(1) $\int_L (2a-y)\mathrm{d}x + x\mathrm{d}y$,其中 L 为摆线 $x = a(t-\sin t)$, $y = a(1-\cos t)$ 上对应 t 从 0 到 2π 的一段弧;

(2) $\int_\Gamma (y^2-z^2)\mathrm{d}x + 2yz\mathrm{d}y - x^2\mathrm{d}z$,其中 Γ 为曲线 $x=t$, $y=t^2$, $z=t^3$ 上由 $t_1=0$ 到 $t_2=1$ 的一段弧;

(3) $\int_\Gamma (y-z)\mathrm{d}x + (z-x)\mathrm{d}y + (x-y)\mathrm{d}z$,其中 Γ 为圆柱面 $x^2+y^2=1$ 与平面 $x+z=1$ 的交线,从 z 轴正向看 Γ 为顺时针方向;

(4) $\int_\Gamma xyz\mathrm{d}z$,其中 Γ 为用平面 $y=z$ 截球面 $x^2+y^2+z^2=1$ 所得的截痕,从 z 轴正向看 Γ 为逆时针方向.

解　(1)

$$\int_L (2a-y)\mathrm{d}x + x\mathrm{d}y = \int_0^{2\pi} \{[2a - a(1-\cos t)] \cdot a(1-\cos t) + a(t-\sin t) \cdot a\sin t\}\mathrm{d}t$$

$$= a^2\int_0^{2\pi} t\sin t\mathrm{d}t = a^2(-t\cos t + \sin t)\Big|_0^{2\pi}$$

$$= -2\pi a^2.$$

(2)
$$\int_\Gamma (y^2-z^2)\mathrm{d}x + 2yz\mathrm{d}y - x^2\mathrm{d}z = \int_0^1 [(t^4 - t^6) + 2t^5 \cdot 2t - t^2 \cdot 3t^2]\mathrm{d}t$$

$$= \int_0^1 (-2t^4 + 3t^6)\mathrm{d}t = \left(-\frac{2}{5}t^5 + \frac{3}{7}t^7\right)\Big|_0^1$$

$$= \frac{3}{7} - \frac{2}{5} = \frac{1}{35}.$$

(3) 若令 $x=\cos t, y=\sin t$,则 $x^2+y^2=\cos^2 t+\sin^2 t=1$. 由 $x+z=1$,得 $z=1-\cos t$,因此曲线 Γ 的参数方程为

$$x=\cos t,\quad y=\sin t,\quad z=1-\cos t,$$

由 Γ 的方向易知,t 从 2π 变到 0,于是

$$\begin{aligned}&\int_\Gamma (y-z)\mathrm{d}x+(z-x)\mathrm{d}y+(x-y)\mathrm{d}z\\=&\int_{2\pi}^{0}\{[\sin t-(1-\cos t)](-\sin t)+[(1-\cos t)-\cos t]\cos t+[\cos t-\sin t]\sin t\}\mathrm{d}t\\=&\int_{2\pi}^{0}(\sin t+\cos t-2)\mathrm{d}t=4\pi.\end{aligned}$$

(4) 曲线 Γ 的方程为 $\begin{cases}x^2+y^2+z^2=1\\ y=z\end{cases}$,其参数方程为

$$x=\cos t,\quad y=\frac{1}{\sqrt{2}}\sin t,\quad z=\frac{1}{\sqrt{2}}\sin t,$$

因为从 z 轴正向看 Γ 为逆时针方向,所以 t 从 0 变到 2π,于是

$$\begin{aligned}\int_\Gamma xyz\mathrm{d}z&=\int_0^{2\pi}\cos t\cdot\frac{1}{\sqrt{2}}\sin t\cdot\frac{1}{\sqrt{2}}\sin t\cdot\frac{1}{\sqrt{2}}\cos t\mathrm{d}t\\&=\frac{1}{2\sqrt{2}}\int_0^{2\pi}\cos^2 t\sin^2 t\mathrm{d}t\\&=\frac{1}{8\sqrt{2}}\int_0^{2\pi}\sin^2 2t\mathrm{d}t=\frac{1}{16\sqrt{2}}\int_0^{2\pi}(1-\cos 4t)\mathrm{d}t\\&=\frac{1}{16\sqrt{2}}\left(t-\frac{1}{4}\sin 4t\right)\Big|_0^{2\pi}=\frac{\sqrt{2}\pi}{16}.\end{aligned}$$

9. 计算 $\int_{\widehat{AB}}x\mathrm{d}y$,其中曲线 $\widehat{AB}$ 是半径为 r 的圆在第一象限的部分.

解 如图 10-1 所示,引入辅助线 $\overline{OA}$、$\overline{BO}$,令 $L=\overline{OA}+\widehat{AB}+\overline{BO}$. 根据格林公式,设 $P=0, Q=x$,则有

$$-\iint_D \mathrm{d}x\mathrm{d}y=\oint_L x\mathrm{d}y=\int_{\overline{OA}}x\mathrm{d}y+\int_{\widehat{AB}}x\mathrm{d}y+\int_{\overline{BO}}x\mathrm{d}y,$$

因为 $$\int_{\overline{OA}}x\mathrm{d}y=0,\quad \int_{\overline{BO}}x\mathrm{d}y=0,$$

所以 $$\int_{\widehat{AB}}x\mathrm{d}y=-\iint_D\mathrm{d}x\mathrm{d}y=-\frac{1}{4}\pi r^2.$$

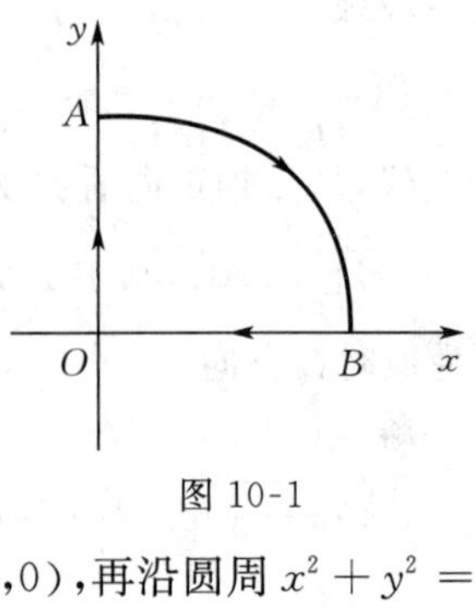

图 10-1

10. 已知 L 是第一象限中从点(0,0)沿圆周 $x^2+y^2=2x$ 到点(2,0),再沿圆周 $x^2+y^2=4$ 到点(0,2)的曲线弧,计算曲线积分 $\int_L 3x^2y\mathrm{d}x+(x^3+x-2y)\mathrm{d}y$.

解 设圆 $x^2+y^2=2x$ 为 C_1,圆 $x^2+y^2=4$ 为 C_2,补线利用格林公式即可. 设所补直线 L_1 为 $x=0(y:0\to 2)$,利用格林公式,得

$$\begin{aligned}&\int_L 3x^2y\mathrm{d}x+(x^3+x-2y)\mathrm{d}y\\=&\int_{L+L_1^-}3x^2y\mathrm{d}x+(x^3+x-2y)\mathrm{d}y-\int_{L_1^-}3x^2y\mathrm{d}x+(x^3+x-2y)\mathrm{d}y\quad (L=C_1+C_2)\end{aligned}$$

$$=\iint_D(3x^2+1-3x^2)\mathrm{d}x\mathrm{d}y-\int_2^0-2y\mathrm{d}y=\iint_D\mathrm{d}x\mathrm{d}y-4$$

$$=\frac{1}{4}S_{C_2}-\frac{1}{2}S_{C_1}-4=\frac{\pi}{2}-4,$$

其中 S_{C_1}、S_{C_2} 分别为圆 C_1 和圆 C_2 的面积.

11. 求$\oint_L(y-\mathrm{e}^x)\mathrm{d}x+(3x+\mathrm{e}^y)\mathrm{d}y$,其中 $L:x^2+y^2=\sqrt{x^2+y^2}-x$,逆时针方向.

解　曲线的极坐标方程为 $\rho=1-\cos\theta$,为心形线,由格林公式得

$$\oint_L(y-\mathrm{e}^x)\mathrm{d}x+(3x+\mathrm{e}^y)\mathrm{d}y=\iint_D\left(\frac{\partial Q}{\partial x}-\frac{\partial P}{\partial y}\right)\mathrm{d}x\mathrm{d}y=2\iint_D\mathrm{d}x\mathrm{d}y=2\int_0^{2\pi}\mathrm{d}\theta\int_0^{1-\cos\theta}\rho\mathrm{d}\rho$$

$$=\int_0^{2\pi}(1-\cos\theta)^2\mathrm{d}\theta=16\int_0^{\frac{\pi}{2}}\sin^4t\mathrm{d}t=3\pi.$$

12. 求质点 M 受力 $\boldsymbol{F}(x,y)=(y+3x)\boldsymbol{i}+(2y-x)\boldsymbol{j}$ 作用沿路径 L 所做的功 W,其中 L 分别为:

(1) L 从点 $A(2,3)$ 沿直线到点 $B(1,1)$;

(2) L 是椭圆 $4x^2+y^2=4$,顺时针方向.

解　(1) 直线 AB 的方程为 $y=2x-1$,x 从 2 变到 1,于是

$$W=\int_{AB}(y+3x)\mathrm{d}x+(2y-x)\mathrm{d}y$$

$$=\int_2^1\{[(2x-1)+3x]+2[2(2x-1)-x]\}\mathrm{d}x$$

$$=\int_2^1(11x-5)\mathrm{d}x=-\frac{23}{2}.$$

(2) 椭圆的参数方程为 $x=\cos t,y=2\sin t(t:2\pi\to 0)$,于是

$$W=\oint_L(y+3x)\mathrm{d}x+(2y-x)\mathrm{d}y$$

$$=\int_{2\pi}^0[(2\sin t+3\cos t)(-\sin t)+(4\sin t-\cos t)(2\cos t)]\mathrm{d}t$$

$$=\int_{2\pi}^0(5\sin t\cdot\cos t-2)\mathrm{d}t=4\pi.$$

13. 计算 $I=\oint_L(yx^3+\mathrm{e}^y)\mathrm{d}x+(xy^3+x\mathrm{e}^y-2y)\mathrm{d}y$,其中 L 为正向圆周曲线 $x^2+y^2=a^2$.

解　由题可知,$P=yx^3+\mathrm{e}^y$,$Q=xy^3+x\mathrm{e}^y-2y$,由格林公式得

$$I=\oint_L(yx^3+\mathrm{e}^y)\mathrm{d}x+(xy^3+x\mathrm{e}^y-2y)\mathrm{d}y$$

$$=\iint_D\left(\frac{\partial Q}{\partial x}-\frac{\partial P}{\partial y}\right)\mathrm{d}x\mathrm{d}y$$

$$=\iint_D(y^3+\mathrm{e}^y-x^3-\mathrm{e}^y)\mathrm{d}x\mathrm{d}y$$

$$=\iint_D(y^3-x^3)\mathrm{d}x\mathrm{d}y,$$

因为积分区域 D 关于坐标轴对称,由二重积分的对称性得 $I=\iint_D(y^3-x^3)\mathrm{d}x\mathrm{d}y=0$.

14. 计算 $I=\oint_L(x^2-xy^3)\mathrm{d}x+(y^2-2xy)\mathrm{d}y$,其中 L 为顶点是(0,0)、(2,0)、(2,2) 和(0,2) 的正方形区域的正向边界.

解　由题可知,$P=x^2-xy^3,Q=y^2-2xy$,由格林公式得

$$\begin{aligned}I&=\oint_L(x^2-xy^3)\mathrm{d}x+(y^2-2xy)\mathrm{d}y\\&=\iint_D\left(\frac{\partial Q}{\partial x}-\frac{\partial P}{\partial y}\right)\mathrm{d}x\mathrm{d}y=\iint_D(-2y+3xy^2)\mathrm{d}x\mathrm{d}y\\&=\int_0^2\mathrm{d}x\int_0^2(-2y+3xy^2)\mathrm{d}y=\int_0^2(-y^2+xy^3)\Big|_0^2\mathrm{d}x\\&=\int_0^2(-4+8x)\mathrm{d}x=8.\end{aligned}$$

15. 计算 $I=\oint_L\mathrm{e}^{y^2}\mathrm{d}x+x\mathrm{d}y$,其中 L 为逆时针方向的圆周 $x^2+y^2=8x$.

解　由题可知,$P=\mathrm{e}^{y^2},Q=x$,由格林公式得

$$\begin{aligned}I&=\oint_L\mathrm{e}^{y^2}\mathrm{d}x+x\mathrm{d}y=\iint_D\left(\frac{\partial Q}{\partial x}-\frac{\partial P}{\partial y}\right)\mathrm{d}x\mathrm{d}y\\&=\iint_D(1-2y\mathrm{e}^{y^2})\mathrm{d}x\mathrm{d}y\\&=\iint_D\mathrm{d}x\mathrm{d}y-\iint_D2y\mathrm{e}^{y^2}\mathrm{d}x\mathrm{d}y.\end{aligned}$$

积分区域 D 关于 x 轴对称,被积函数 $2y\mathrm{e}^{y^2}$ 关于 y 是奇函数,由二重积分的对称性得,$\iint_D2y\mathrm{e}^{y^2}\mathrm{d}x\mathrm{d}y=0$,所以

$$I=\iint_D\mathrm{d}x\mathrm{d}y=16\pi.$$

16. 计算 $I=\int_L(x^2-y)\mathrm{d}x-(x+\sin^2y)\mathrm{d}y$,其中 L 为第一象限内圆周 $y=\sqrt{2x-x^2}$ 上从点(0,0) 到点(1,1) 的一段弧.

解　由题可知,$P=x^2-y,Q=-x-\sin^2y,\dfrac{\partial Q}{\partial x}=\dfrac{\partial P}{\partial y}=-1$,则积分与路径无关,可利用折线路径计算,取 $L_1:y=0,x:0\to1$ 与 $L_2:x=1,y:0\to1$,则

$$\begin{aligned}I&=\int_L(x^2-y)\mathrm{d}x-(x+\sin^2y)\mathrm{d}y\\&=\int_{L_1}(x^2-y)\mathrm{d}x-(x+\sin^2y)\mathrm{d}y+\int_{L_2}(x^2-y)\mathrm{d}x-(x+\sin^2y)\mathrm{d}y,\end{aligned}$$

将 L_1、L_2 的方程代入积分表达式,得

$$\begin{aligned}&\int_{L_1}(x^2-y)\mathrm{d}x-(x+\sin^2y)\mathrm{d}y+\int_{L_2}(x^2-y)\mathrm{d}x-(x+\sin^2y)\mathrm{d}y\\=&\int_0^1x^2\mathrm{d}x-\int_0^1(1+\sin^2y)\mathrm{d}y\\=&\frac{1}{3}-1-\int_0^1\frac{1-\cos2y}{2}\mathrm{d}y\end{aligned}$$

$$=-\frac{2}{3}-\frac{1}{2}+\frac{1}{4}\sin 2y\Big|_0^1=\frac{1}{4}\sin 2-\frac{7}{6}.$$

17. 计算 $I=\int_{(0,0)}^{(1,2)}(x^4+4xy^3)\mathrm{d}x+(6x^2y^2-5y^4)\mathrm{d}y$.

解　由题可知，$P=x^4+4xy^3$，$Q=6x^2y^2-5y^4$，$\frac{\partial Q}{\partial x}=\frac{\partial P}{\partial y}=12xy^2$，则积分与路径无关，可利用折线路径计算，取 $L_1:y=0,x:0\to 1$ 与 $L_2:x=1,y:0\to 2$，则

$$\begin{aligned}I&=\int_{(0,0)}^{(1,2)}(x^4+4xy^3)\mathrm{d}x+(6x^2y^2-5y^4)\mathrm{d}y\\&=\int_{L_1}(x^4+4xy^3)\mathrm{d}x+(6x^2y^2-5y^4)\mathrm{d}y+\int_{L_2}(x^4+4xy^3)\mathrm{d}x+(6x^2y^2-5y^4)\mathrm{d}y\\&=\int_0^1x^4\mathrm{d}x+\int_0^2(6y^2-5y^4)\mathrm{d}y\\&=\frac{1}{5}x^5\Big|_0^1+(2y^3-y^5)\Big|_0^2=-\frac{79}{5}.\end{aligned}$$

18. 试验证 $2xy\mathrm{d}x+x^2\mathrm{d}y$ 在整个 xOy 面内是某个函数的全微分，并求出这样的函数.

证明　由题可知，$P=2xy$，$Q=x^2$，$\frac{\partial Q}{\partial x}=\frac{\partial P}{\partial y}=2x$，故存在 $u=u(x,y)$，使得

$$\mathrm{d}u=2xy\mathrm{d}x+x^2\mathrm{d}y.$$

上式两端同时取第二类曲线积分，得 $\int_{(0,0)}^{(x,y)}\mathrm{d}u=\int_{(0,0)}^{(x,y)}2xy\mathrm{d}x+x^2\mathrm{d}y$，由于积分与路径无关，因此可利用折线路径计算，取 $L_1:y=0,x:0\to x$ 与 $L_2:x=x,y:0\to y$，则

$$\begin{aligned}u=u(x,y)&=\int_{L_1}2xy\mathrm{d}x+x^2\mathrm{d}y+\int_{L_2}2xy\mathrm{d}x+x^2\mathrm{d}y+C\\&=0+\int_0^yx^2\mathrm{d}y+C=x^2y+C.\end{aligned}$$

19. 设 $I=\int_{(x_0,y_0)}^{(x,y)}xy^\lambda\mathrm{d}x+x^\lambda y\mathrm{d}y$，求 λ 及 I 的值.

解　由题可知，

$$\frac{\partial P}{\partial y}=\frac{\partial}{\partial y}(xy^\lambda)=\lambda xy^{\lambda-1},\quad \frac{\partial Q}{\partial x}=\frac{\partial}{\partial x}(x^\lambda y)=\lambda x^{\lambda-1}y.$$

要使积分与路径无关，则有 $\frac{\partial P}{\partial y}=\frac{\partial Q}{\partial x}$，得 $\lambda=2$，于是

$$\begin{aligned}I&=\int_{(x_0,y_0)}^{(x,y)}xy^2\mathrm{d}x+x^2y\mathrm{d}y=\int_{x_0}^{x}xy_0^2\mathrm{d}x+\int_{y_0}^{y}x^2y\mathrm{d}y\\&=\frac{x^2y_0^2}{2}\Big|_{x_0}^{x}+\frac{x^2y^2}{2}\Big|_{y_0}^{y}\\&=\frac{1}{2}x^2y^2-\frac{1}{2}x_0^2y_0^2.\end{aligned}$$

20. 证明 $\frac{x\mathrm{d}x+y\mathrm{d}y}{x^2+y^2}$ 在整个 xOy 面除去 y 的负半轴及原点的开区域 G 内是某个二元函数的全微分，并求出一个这样的二元函数.

证明　由题可知，$P=\frac{x}{x^2+y^2}$，$Q=\frac{y}{x^2+y^2}$，则

$$\frac{\partial P}{\partial y}=\frac{\partial}{\partial y}\left(\frac{x}{x^2+y^2}\right)=\frac{-2xy}{(x^2+y^2)^2},\quad \frac{\partial Q}{\partial x}=\frac{\partial}{\partial x}\left(\frac{y}{x^2+y^2}\right)=\frac{-2xy}{(x^2+y^2)^2},$$

即$\frac{\partial P}{\partial y}=\frac{\partial Q}{\partial x}$,故$\frac{x\mathrm{d}x+y\mathrm{d}y}{x^2+y^2}$在整个 xOy 面除去 y 的负半轴及原点的开区域 G 内是某个二元函数的全微分,该函数为

$$\begin{aligned}u(x,y)&=\int_{(1,0)}^{(x,y)}\frac{x\mathrm{d}x+y\mathrm{d}y}{x^2+y^2}\\&=\int_1^x\frac{x\mathrm{d}x}{x^2}+\int_0^y\frac{y\mathrm{d}y}{x^2+y^2}\\&=\frac{1}{2}\ln x^2+\frac{1}{2}\ln(x^2+y^2)\Big|_0^y\\&=\frac{1}{2}\ln(x^2+y^2).\end{aligned}$$

21.计算曲面积分 $I=\iint\limits_{\Sigma}x^2y^2\mathrm{d}x\mathrm{d}y$,其中 Σ 是球面 $x^2+y^2+z^2=1$ 下半部分的上侧.

解　$\Sigma:z=-\sqrt{1-x^2-y^2}$,上侧,则由投影法得

$$I=\iint\limits_{\Sigma}x^2y^2\mathrm{d}x\mathrm{d}y=\iint\limits_{D_{xy}}x^2y^2\mathrm{d}x\mathrm{d}y,$$

由二重积分的对称性得

$$\begin{aligned}I&=\iint\limits_{D_{xy}}x^2y^2\mathrm{d}x\mathrm{d}y\\&=4\int_0^{\frac{\pi}{2}}\mathrm{d}\theta\int_0^1\rho^2\cos^2\theta\cdot\rho^2\sin^2\theta\cdot\rho\mathrm{d}\rho\\&=4\int_0^{\frac{\pi}{2}}\cos^2\theta\sin^2\theta\mathrm{d}\theta\cdot\int_0^1\rho^5\mathrm{d}\rho\\&=4\cdot\frac{1}{6}\int_0^{\frac{\pi}{2}}(1-\sin^2\theta)\sin^2\theta\mathrm{d}\theta\\&=\frac{2}{3}\left(\int_0^{\frac{\pi}{2}}\sin^2\theta\mathrm{d}\theta-\int_0^{\frac{\pi}{2}}\sin^4\theta\mathrm{d}\theta\right)\\&=\frac{2}{3}\left(\frac{1}{2}\cdot\frac{\pi}{2}-\frac{3}{4}\cdot\frac{1}{2}\cdot\frac{\pi}{2}\right)=\frac{\pi}{24}.\end{aligned}$$

22.计算曲面积分 $I=\iint\limits_{\Sigma}z\mathrm{d}x\mathrm{d}y+x\mathrm{d}y\mathrm{d}z+y\mathrm{d}z\mathrm{d}x$,其中 Σ 是柱面 $x^2+y^2=1$ 被平面 $z=0$ 及 $z=3$ 所截得的在第一卦限部分的前侧.

解　$\Sigma:x=\sqrt{1-y^2}$,前侧,利用统一坐标法,得

$$\begin{aligned}I&=\iint\limits_{\Sigma}z\mathrm{d}x\mathrm{d}y+x\mathrm{d}y\mathrm{d}z+y\mathrm{d}z\mathrm{d}x\\&=\iint\limits_{\Sigma}[z(-x_z)+x+y(-x_y)]\mathrm{d}y\mathrm{d}z\\&=\iint\limits_{\Sigma}\left[0+x+y\left(-\frac{1}{2}\cdot\frac{-2y}{\sqrt{1-y^2}}\right)\right]\mathrm{d}y\mathrm{d}z\end{aligned}$$

$$= \iint_{\Sigma} \left(x + \frac{y^2}{\sqrt{1-y^2}} \right) \mathrm{d}y\mathrm{d}z,$$

由投影法得

$$I = \iint_{\Sigma} \left(x + \frac{y^2}{\sqrt{1-y^2}} \right) \mathrm{d}y\mathrm{d}z$$

$$= \iint_{D_{yz}} \left(\sqrt{1-y^2} + \frac{y^2}{\sqrt{1-y^2}} \right) \mathrm{d}y\mathrm{d}z$$

$$= \iint_{D_{yz}} \frac{1}{\sqrt{1-y^2}} \mathrm{d}y\mathrm{d}z = \int_0^1 \mathrm{d}y \int_0^3 \frac{1}{\sqrt{1-y^2}} \mathrm{d}z$$

$$= 3\int_0^1 \frac{1}{\sqrt{1-y^2}} \mathrm{d}y = 3\arcsin y \Big|_0^1 = \frac{3}{2}\pi.$$

23. 计算曲面积分

$$I = \iint_{\Sigma} [f(x,y,z) + x]\mathrm{d}y\mathrm{d}z + [2f(x,y,z) + y]\mathrm{d}z\mathrm{d}x + [f(x,y,z) + z]\mathrm{d}x\mathrm{d}y,$$

其中 $f(x,y,z)$ 为连续函数，Σ 是 $x - y + z = 1$ 在第四卦限部分的上侧.

解　$\Sigma: z = 1 - x + y$，上侧，利用统一坐标法，得

$$I = \iint_{\Sigma} [f(x,y,z) + x]\mathrm{d}y\mathrm{d}z + [2f(x,y,z) + y]\mathrm{d}z\mathrm{d}x + [f(x,y,z) + z]\mathrm{d}x\mathrm{d}y$$

$$= \iint_{\Sigma} \{[f(x,y,z) + x](-z_x) + [2f(x,y,z) + y](-z_y) + [f(x,y,z) + z]\}\mathrm{d}x\mathrm{d}y$$

$$= \iint_{\Sigma} [f(x,y,z) + x - 2f(x,y,z) - y + f(x,y,z) + z]\mathrm{d}x\mathrm{d}y$$

$$= \iint_{\Sigma} (x - y + z)\mathrm{d}x\mathrm{d}y,$$

由投影法得

$$I = \iint_{\Sigma} (x - y + z)\mathrm{d}x\mathrm{d}y = \iint_{D_{xy}} (x - y + 1 - x + y)\mathrm{d}x\mathrm{d}y$$

$$= \iint_{D_{xy}} \mathrm{d}x\mathrm{d}y = \frac{1}{2}.$$

24. 计算曲面积分 $I = \iint_{\Sigma} xz\mathrm{d}y\mathrm{d}z + x^2 y\mathrm{d}z\mathrm{d}x + y^2 z\mathrm{d}x\mathrm{d}y$，其中 Σ 为抛物面 $z = x^2 + y^2 (x \geqslant 0, y \geqslant 0, z \leqslant 1)$ 的上侧.

解　$\Sigma: z = x^2 + y^2 (x \geqslant 0, y \geqslant 0, z \leqslant 1)$，上侧，利用统一坐标法，得

$$I = \iint_{\Sigma} xz\mathrm{d}y\mathrm{d}z + x^2 y\mathrm{d}z\mathrm{d}x + y^2 z\mathrm{d}x\mathrm{d}y$$

$$= \iint_{\Sigma} [xz(-z_x) + x^2 y(-z_y) + y^2 z]\mathrm{d}x\mathrm{d}y$$

$$= \iint_{\Sigma} [xz(-2x) + x^2 y(-2y) + y^2 z]\mathrm{d}x\mathrm{d}y$$

$$= \iint_{\Sigma} (-2x^2 z - 2x^2 y^2 + y^2 z)\mathrm{d}x\mathrm{d}y,$$

由投影法得　$I = \iint_{\Sigma} (-2x^2 z - 2x^2 y^2 + y^2 z)\mathrm{d}x\mathrm{d}y$

$$= \iint\limits_{D_{xy}} [-2x^2(x^2+y^2) - 2x^2y^2 + y^2(x^2+y^2)]\mathrm{d}x\mathrm{d}y$$

$$= \iint\limits_{D_{xy}} (-2x^4 - 3x^2y^2 + y^4)\mathrm{d}x\mathrm{d}y$$

$$= \int_0^{\frac{\pi}{2}} \mathrm{d}\theta \int_0^1 (-2\rho^4\cos^4\theta - 3\rho^4\cos^2\theta\sin^2\theta + \rho^4\sin^4\theta)\rho\mathrm{d}\rho$$

$$= -2\int_0^{\frac{\pi}{2}} \cos^4\theta\mathrm{d}\theta \int_0^1 \rho^5\mathrm{d}\rho - 3\int_0^{\frac{\pi}{2}} \cos^2\theta\sin^2\theta\mathrm{d}\theta \int_0^1 \rho^5\mathrm{d}\rho + 4\int_0^{\frac{\pi}{2}} \sin^4\theta\mathrm{d}\theta \int_0^1 \rho^5\mathrm{d}\rho$$

$$= -2\cdot\frac{3}{4}\cdot\frac{1}{2}\cdot\frac{\pi}{2}\cdot\frac{1}{6} - 3\cdot\frac{1}{4}\cdot\frac{1}{2}\cdot\frac{\pi}{2}\cdot\frac{1}{6} + 4\cdot\frac{3}{4}\cdot\frac{1}{2}\cdot\frac{\pi}{2}\cdot\frac{1}{6} = \frac{\pi}{32}.$$

25. 计算曲面积分 $I = \oiint\limits_{\Sigma} f(x)\mathrm{d}y\mathrm{d}z + g(y)\mathrm{d}z\mathrm{d}x + h(z)\mathrm{d}x\mathrm{d}y$，其中 $f(x)$、$g(y)$、$h(z)$ 为连续函数，Σ 为平行六面体 $0 \leqslant x \leqslant a, 0 \leqslant y \leqslant b, 0 \leqslant z \leqslant c$ 的外表面.

解 $f(x)$、$g(y)$、$h(z)$ 为连续函数，但不一定具有一阶连续导数，故不满足高斯公式的条件，只能分别用投影法求解，$\Sigma = \Sigma_1 + \Sigma_2 + \Sigma_3 + \Sigma_4 + \Sigma_5 + \Sigma_6$，其中，$\Sigma_1 : z = 0$，下侧；$\Sigma_2 : z = c$，上侧；$\Sigma_3 : y = 0$，左侧；$\Sigma_4 : y = b$，右侧；$\Sigma_5 : x = 0$，后侧；$\Sigma_6 : x = a$，前侧. 于是

$$I = \oiint\limits_{\Sigma} f(x)\mathrm{d}y\mathrm{d}z + g(y)\mathrm{d}z\mathrm{d}x + h(z)\mathrm{d}x\mathrm{d}y$$

$$= \iint\limits_{\Sigma_1} f(x)\mathrm{d}y\mathrm{d}z + g(y)\mathrm{d}z\mathrm{d}x + h(z)\mathrm{d}x\mathrm{d}y + \cdots + \iint\limits_{\Sigma_6} f(x)\mathrm{d}y\mathrm{d}z + g(y)\mathrm{d}z\mathrm{d}x + h(z)\mathrm{d}x\mathrm{d}y$$

$$= \iint\limits_{\Sigma_5} f(0)\mathrm{d}y\mathrm{d}z + \iint\limits_{\Sigma_6} f(a)\mathrm{d}y\mathrm{d}z + \iint\limits_{\Sigma_3} g(0)\mathrm{d}z\mathrm{d}x + \iint\limits_{\Sigma_4} g(b)\mathrm{d}z\mathrm{d}x + \iint\limits_{\Sigma_1} h(0)\mathrm{d}x\mathrm{d}y + \iint\limits_{\Sigma_2} h(c)\mathrm{d}x\mathrm{d}y$$

$$= -\iint\limits_{D_{yz}} f(0)\mathrm{d}y\mathrm{d}z + \iint\limits_{D_{yz}} f(a)\mathrm{d}y\mathrm{d}z - \iint\limits_{D_{zx}} g(0)\mathrm{d}z\mathrm{d}x + \iint\limits_{D_{zx}} g(b)\mathrm{d}z\mathrm{d}x - \iint\limits_{D_{xy}} h(0)\mathrm{d}x\mathrm{d}y + \iint\limits_{D_{xy}} h(c)\mathrm{d}x\mathrm{d}y$$

$$= [f(a) - f(0)]bc + [g(b) - g(0)]ac + [h(c) - h(0)]ab.$$

26. 计算曲面积分 $I = \oiint\limits_{\Sigma} x^3\mathrm{d}y\mathrm{d}z + y^3\mathrm{d}z\mathrm{d}x + z^3\mathrm{d}x\mathrm{d}y$，其中 Σ 为球面 $x^2 + y^2 + z^2 = a^2$ 的内侧.

解 由高斯公式得

$$I = \oiint\limits_{\Sigma} x^3\mathrm{d}y\mathrm{d}z + y^3\mathrm{d}z\mathrm{d}x + z^3\mathrm{d}x\mathrm{d}y$$

$$= -\iiint\limits_{\Omega} \left(\frac{\partial P}{\partial x} + \frac{\partial Q}{\partial y} + \frac{\partial R}{\partial z}\right)\mathrm{d}V$$

$$= -\iiint\limits_{\Omega} (3x^2 + 3y^2 + 3z^2)\mathrm{d}V$$

$$= -3\int_0^{2\pi}\mathrm{d}\theta \int_0^{\pi} \sin\varphi\mathrm{d}\varphi \int_0^a r^2 \cdot r^2\mathrm{d}r$$

$$= -6\pi(-\cos\varphi)\Big|_0^{\pi} \cdot \frac{1}{5}r^5\Big|_0^a$$

$$= -\frac{12}{5}\pi a^5.$$

27. 计算曲面积分 $I=\oiint\limits_{\Sigma}x\,\mathrm{d}y\mathrm{d}z+y\,\mathrm{d}z\mathrm{d}x+z\,\mathrm{d}x\mathrm{d}y$，其中 Σ 为介于 $z=0$ 和 $z=3$ 之间的圆柱体 $x^2+y^2\leqslant 9$ 整个表面的外侧.

解　由高斯公式得

$$\begin{aligned}I&=\oiint\limits_{\Sigma}x\,\mathrm{d}y\mathrm{d}z+y\,\mathrm{d}z\mathrm{d}x+z\,\mathrm{d}x\mathrm{d}y\\&=\iiint\limits_{\Omega}\left(\frac{\partial P}{\partial x}+\frac{\partial Q}{\partial y}+\frac{\partial R}{\partial z}\right)\mathrm{d}V=\iiint\limits_{\Omega}(1+1+1)\mathrm{d}V\\&=3\iiint\limits_{\Omega}\mathrm{d}V=81\pi.\end{aligned}$$

28. 计算曲面积分 $I=\iint\limits_{\Sigma}(y^2-x)\mathrm{d}y\mathrm{d}z+(z^2-y)\mathrm{d}z\mathrm{d}x+(x^2-z)\mathrm{d}x\mathrm{d}y$，其中 Σ 为抛物面 $z=2-x^2-y^2$ 位于 $z\geqslant 0$ 部分的上侧.

解　$\Sigma: z=2-x^2-y^2, z\geqslant 0$，上侧，利用统一坐标法，得

$$\begin{aligned}I&=\iint\limits_{\Sigma}(y^2-x)\mathrm{d}y\mathrm{d}z+(z^2-y)\mathrm{d}z\mathrm{d}x+(x^2-z)\mathrm{d}x\mathrm{d}y\\&=\iint\limits_{\Sigma}[(y^2-x)(-z_x)+(z^2-y)(-z_y)+(x^2-z)]\mathrm{d}x\mathrm{d}y\\&=\iint\limits_{\Sigma}[(y^2-x)\cdot 2x+(z^2-y)\cdot 2y+(x^2-z)]\mathrm{d}x\mathrm{d}y\\&=\iint\limits_{\Sigma}(2xy^2-2x^2+2yz^2-2y^2+x^2-z)\mathrm{d}x\mathrm{d}y,\end{aligned}$$

由投影法得

$$\begin{aligned}I&=\iint\limits_{\Sigma}(2xy^2-2x^2+2yz^2-2y^2+x^2-z)\mathrm{d}x\mathrm{d}y\\&=\iint\limits_{D_{xy}}[2xy^2-2x^2+2y(2-x^2-y^2)^2-2y^2+x^2-2+x^2+y^2]\mathrm{d}x\mathrm{d}y\\&=\iint\limits_{D_{xy}}2xy^2\mathrm{d}x\mathrm{d}y+\iint\limits_{D_{xy}}2y(2-x^2-y^2)^2\mathrm{d}x\mathrm{d}y-\iint\limits_{D_{xy}}y^2\mathrm{d}x\mathrm{d}y-2\iint\limits_{D_{xy}}\mathrm{d}x\mathrm{d}y.\end{aligned}$$

由二重积分的对称性得

$$\iint\limits_{D_{xy}}2xy^2\mathrm{d}x\mathrm{d}y=0,\quad\iint\limits_{D_{xy}}2y(2-x^2-y^2)^2\mathrm{d}x\mathrm{d}y=0,$$

由二重积分的轮换性得

$$\iint\limits_{D_{xy}}y^2\mathrm{d}x\mathrm{d}y=\frac{1}{2}\iint\limits_{D_{xy}}(x^2+y^2)\mathrm{d}x\mathrm{d}y,$$

所以

$$\begin{aligned}I&=-\frac{1}{2}\iint\limits_{D_{xy}}(x^2+y^2)\mathrm{d}x\mathrm{d}y-2\cdot 2\pi\\&=-\frac{1}{2}\int_0^{2\pi}\mathrm{d}\theta\int_0^{\sqrt{2}}\rho^2\cdot\rho\mathrm{d}\rho-2\cdot 2\pi\\&=-\pi\cdot\frac{1}{4}\rho^4\Big|_0^{\sqrt{2}}-4\pi=-5\pi.\end{aligned}$$

29. 计算曲线积分 $I=\oint_{\Gamma}yz\,\mathrm{d}x+3zx\,\mathrm{d}y-xy\,\mathrm{d}z$，其中 Γ 为曲线 $x^2+y^2=4y, 3y-z+1=0$，

从 z 轴正向看,曲线 Γ 为逆时针方向.

解 由斯托克斯公式($\Sigma:3y-z+1=0$)得

$$I=\oint_{\Gamma}yz\mathrm{d}x+3zx\mathrm{d}y-xy\mathrm{d}z$$

$$=\iint_{\Sigma}\begin{vmatrix}\mathrm{d}y\mathrm{d}z & \mathrm{d}z\mathrm{d}x & \mathrm{d}x\mathrm{d}y\\ \dfrac{\partial}{\partial x} & \dfrac{\partial}{\partial y} & \dfrac{\partial}{\partial z}\\ yz & 3zx & -xy\end{vmatrix}=\iint_{\Sigma}(-x-3x)\mathrm{d}y\mathrm{d}z+(y+y)\mathrm{d}z\mathrm{d}x+(3z-z)\mathrm{d}x\mathrm{d}y$$

$$=\iint_{\Sigma}(-4x)\mathrm{d}y\mathrm{d}z+2y\mathrm{d}z\mathrm{d}x+2z\mathrm{d}x\mathrm{d}y,$$

利用统一坐标法($\Sigma:3y-z+1=0$,上侧),得

$$\begin{aligned}I&=\iint_{\Sigma}(-4x)\mathrm{d}y\mathrm{d}z+2y\mathrm{d}z\mathrm{d}x+2z\mathrm{d}x\mathrm{d}y\\&=\iint_{\Sigma}[(-4x)(-z_x)+2y(-z_y)+2z]\mathrm{d}x\mathrm{d}y\\&=\iint_{\Sigma}[(-4x)\cdot 0+2y\cdot(-3)+2z]\mathrm{d}x\mathrm{d}y\\&=\iint_{\Sigma}(-6y+2z)\mathrm{d}x\mathrm{d}y,\end{aligned}$$

由投影法得
$$\begin{aligned}I&=\iint_{\Sigma}(-6y+2z)\mathrm{d}x\mathrm{d}y=\iint_{D_{xy}}(-6y+6y+2)\mathrm{d}x\mathrm{d}y\\&=2\iint_{D_{xy}}\mathrm{d}x\mathrm{d}y=8\pi.\end{aligned}$$

30. 计算曲线积分 $I=\oint_{\Gamma}y\mathrm{d}x+z\mathrm{d}y+x\mathrm{d}z$,其中 Γ 为圆周 $x^2+y^2+z^2=2,x+y+z=0$,从 x 轴正向看,圆周 Γ 为逆时针方向.

解 由斯托克斯公式($\Sigma:x+y+z=0$)得

$$I=\oint_{\Gamma}y\mathrm{d}x+z\mathrm{d}y+x\mathrm{d}z$$

$$=\iint_{\Sigma}\begin{vmatrix}\mathrm{d}y\mathrm{d}z & \mathrm{d}z\mathrm{d}x & \mathrm{d}x\mathrm{d}y\\ \dfrac{\partial}{\partial x} & \dfrac{\partial}{\partial y} & \dfrac{\partial}{\partial z}\\ y & z & x\end{vmatrix}=\iint_{\Sigma}(-1)\mathrm{d}y\mathrm{d}z+(-1)\mathrm{d}z\mathrm{d}x+(-1)\mathrm{d}x\mathrm{d}y,$$

利用统一坐标法($\Sigma:x+y+z=0$,上侧),得

$$\begin{aligned}I&=\iint_{\Sigma}(-1)\mathrm{d}y\mathrm{d}z+(-1)\mathrm{d}z\mathrm{d}x+(-1)\mathrm{d}x\mathrm{d}y\\&=\iint_{\Sigma}[(-1)(-z_x)+(-1)(-z_y)+(-1)]\mathrm{d}x\mathrm{d}y\\&=\iint_{\Sigma}(-3)\mathrm{d}x\mathrm{d}y,\end{aligned}$$

由投影法得
$$I=\iint_{\Sigma}(-3)\mathrm{d}x\mathrm{d}y=\iint_{D_{xy}}(-3)\mathrm{d}x\mathrm{d}y=-2\sqrt{3}\pi.$$

31. 计算下列曲面积分：

(1) $\iint\limits_{\Sigma}(y^2-z)\mathrm{d}y\mathrm{d}z+(z^2-x)\mathrm{d}z\mathrm{d}x+(x^2-y)\mathrm{d}x\mathrm{d}y$，其中 Σ 为锥面 $z=\sqrt{x^2+y^2}\,(0\leqslant z\leqslant h)$ 的外侧；

(2) $\iint\limits_{\Sigma}x\mathrm{d}y\mathrm{d}z+y\mathrm{d}z\mathrm{d}x+z\mathrm{d}x\mathrm{d}y$，其中 Σ 为半球面 $z=\sqrt{R^2-x^2-y^2}$ 的上侧；

(3) $\iint\limits_{\Sigma}2(1-x^2)\mathrm{d}y\mathrm{d}z+8xy\mathrm{d}z\mathrm{d}x-4xz\mathrm{d}x\mathrm{d}y$，其中 Σ 为曲线 $x=\mathrm{e}^y\,(0\leqslant y\leqslant a)$ 绕 x 轴旋转而成的旋转曲面的外侧；

(4) $\oiint\limits_{\Sigma}(x-y)\mathrm{d}x\mathrm{d}y+(y-z)x\mathrm{d}y\mathrm{d}z$，其中 Σ 为柱面 $x^2+y^2=1$ 及平面 $z=0,z=3$ 所围成的空间闭区域 Ω 的整个边界曲面的外侧；

(5) $\iint\limits_{\Sigma}(z^2-y)\mathrm{d}z\mathrm{d}x+(x^2-z)\mathrm{d}x\mathrm{d}y$，其中 Σ 为旋转抛物面 $z=1-x^2-y^2$ 在 $0\leqslant z\leqslant 1$ 部分的外侧.

解　(1) 补平面 $\Sigma_1: z=h(x^2+y^2\leqslant h^2)$，取上侧，则由高斯公式得

$$\begin{aligned}&\iint\limits_{\Sigma}(y^2-z)\mathrm{d}y\mathrm{d}z+(z^2-x)\mathrm{d}z\mathrm{d}x+(x^2-y)\mathrm{d}x\mathrm{d}y\\&=\Big(\oiint\limits_{\Sigma+\Sigma_1}-\iint\limits_{\Sigma_1}\Big)(y^2-z)\mathrm{d}y\mathrm{d}z+(z^2-x)\mathrm{d}z\mathrm{d}x+(x^2-y)\mathrm{d}x\mathrm{d}y\\&=\iiint\limits_{\Omega}0\mathrm{d}V-\iint\limits_{x^2+y^2\leqslant h^2}(x^2-y)\mathrm{d}x\mathrm{d}y\\&=-\iint\limits_{x^2+y^2\leqslant h^2}x^2\mathrm{d}x\mathrm{d}y=-\int_0^{2\pi}\mathrm{d}\theta\int_0^h r^2\cos^2\theta\cdot r\mathrm{d}r\\&=-\frac{\pi}{4}h^4.\end{aligned}$$

(2) 补平面 $\Sigma_1: z=0(x^2+y^2\leqslant R^2)$，取下侧，则

$$\begin{aligned}\iint\limits_{\Sigma}x\mathrm{d}y\mathrm{d}z+y\mathrm{d}z\mathrm{d}x+z\mathrm{d}x\mathrm{d}y&=\oiint\limits_{\Sigma+\Sigma_1}x\mathrm{d}y\mathrm{d}z+y\mathrm{d}z\mathrm{d}x+z\mathrm{d}x\mathrm{d}y-\iint\limits_{\Sigma_1}x\mathrm{d}y\mathrm{d}z+y\mathrm{d}z\mathrm{d}x+z\mathrm{d}x\mathrm{d}y\\&=3\iiint\limits_{\Omega}\mathrm{d}V-0=3\cdot\frac{2}{3}\pi R^3=2\pi R^3.\end{aligned}$$

(3) 由于 Σ 不封闭，可补平面 $\Sigma_1: x=\mathrm{e}^a(y^2+z^2\leqslant a^2)$，取前侧，使 Σ 与 Σ_1 构成一封闭曲面，记其围成的闭区域为 Ω，则

$$P=2(1-x^2),\quad Q=8xy,\quad R=-4xz,$$

于是
$$\frac{\partial P}{\partial x}+\frac{\partial Q}{\partial y}+\frac{\partial R}{\partial z}=-4x+8x-4x=0,$$

应用高斯公式，有

$$\begin{aligned}\iint\limits_{\Sigma}2(1-x^2)\mathrm{d}y\mathrm{d}z+8xy\mathrm{d}z\mathrm{d}x-4xz\mathrm{d}x\mathrm{d}y&=\Big(\oiint\limits_{\Sigma+\Sigma_1}-\iint\limits_{\Sigma_1}\Big)2(1-x^2)\mathrm{d}y\mathrm{d}z+8xy\mathrm{d}z\mathrm{d}x-4xz\mathrm{d}x\mathrm{d}y\\&=\iiint\limits_{\Omega}0\mathrm{d}V-\iint\limits_{D_{yz}}2(1-\mathrm{e}^{2a})\mathrm{d}y\mathrm{d}z=2(\mathrm{e}^{2a}-1)\iint\limits_{D_{yz}}\mathrm{d}y\mathrm{d}z\end{aligned}$$

$$= 2(e^{2a}-1)\pi a^2,$$

其中 $D_{yz}: y^2+z^2 \leqslant a^2$.

(4) 由题可知,$P=(y-z)x, Q=0, R=x-y, \dfrac{\partial P}{\partial x}=y-z, \dfrac{\partial Q}{\partial y}=0, \dfrac{\partial R}{\partial z}=0$,利用高斯公式,得

$$\text{原式}=\iiint\limits_{\Omega}(y-z)\mathrm{d}x\mathrm{d}y\mathrm{d}z=\int_0^3\mathrm{d}z\iint\limits_{D_z: x^2+y^2\leqslant 1}(y-z)\mathrm{d}x\mathrm{d}y=\int_0^3(-z)\pi\mathrm{d}z=-\frac{9\pi}{2}.$$

(5) 补平面 $\Sigma_1: z=0$,取下侧,则平面 Σ_1 与曲面 Σ 围成空间有界闭区域 Ω,利用高斯公式,得

$$\begin{aligned}\iint\limits_{\Sigma}(z^2-y)\mathrm{d}z\mathrm{d}x+(x^2-z)\mathrm{d}x\mathrm{d}y&=\iint\limits_{\Sigma+\Sigma_1}(z^2-y)\mathrm{d}z\mathrm{d}x+(x^2-z)\mathrm{d}x\mathrm{d}y\\&\quad-\iint\limits_{\Sigma_1}(z^2-y)\mathrm{d}z\mathrm{d}x+(x^2-z)\mathrm{d}x\mathrm{d}y\\&=\iiint\limits_{\Omega}(-2)\mathrm{d}V-\iint\limits_{\Sigma_1}(x^2-z)\mathrm{d}x\mathrm{d}y\\&=-2\iint\limits_{D}\mathrm{d}x\mathrm{d}y\int_0^{1-x^2-y^2}\mathrm{d}z+\frac{1}{2}\iint\limits_{D}(x^2+y^2)\mathrm{d}\sigma\\&=\iint\limits_{D}\left[2(x^2+y^2-1)+\frac{1}{2}(x^2+y^2)\right]\mathrm{d}x\mathrm{d}y\\&=\frac{5}{2}\cdot 2\pi\cdot\frac{1}{4}\rho^4\Big|_0^1-2\pi=-\frac{3}{4}\pi.\end{aligned}$$

32. 求向量 $\boldsymbol{A}=(x,y,z)=x\boldsymbol{i}+y\boldsymbol{j}+z\boldsymbol{k}$ 通过区域 $\Omega: 0\leqslant x\leqslant 1, 0\leqslant y\leqslant 1, 0\leqslant z\leqslant 1$ 的边界曲面流向外侧的通量 Φ.

解 通量为

$$\Phi=\oiint\limits_{\Sigma}\boldsymbol{A}\cdot\mathrm{d}\boldsymbol{S}=\oiint\limits_{\Sigma}x\mathrm{d}y\mathrm{d}z+y\mathrm{d}z\mathrm{d}x+z\mathrm{d}x\mathrm{d}y=\iiint\limits_{\Omega}3\mathrm{d}V=3.$$

33. 已知点 $A(1,0,0)$ 与点 $B(1,1,1)$,Σ 是由直线 AB 绕 z 轴旋转一周而成的旋转曲面介于 $z=0$ 与 $z=1$ 之间的部分的外侧,$f(x)$ 在 $(-\infty,+\infty)$ 内有连续导数,计算:

$$I=\iint\limits_{\Sigma}[xf(xy)-2x]\mathrm{d}y\mathrm{d}z+[y^2-yf(xy)]\mathrm{d}z\mathrm{d}x+(z+1)^2\mathrm{d}x\mathrm{d}y.$$

解 直线 AB 的参数方程为 $\begin{cases}x=1\\y=t, 0\leqslant t\leqslant 1\\z=t\end{cases}$,则直线 AB 绕 z 轴旋转一周而成的旋转曲面的方程为 $\Sigma: x^2+y^2=1+t^2=1+z^2(0\leqslant z\leqslant 1)$,设 $\Sigma_1: z=0$(下侧),$\Sigma_2: z=1$(上侧),所以 $I=\iint\limits_{\Sigma}=\oiint\limits_{\Sigma+\Sigma_1+\Sigma_2}-\iint\limits_{\Sigma_1}-\iint\limits_{\Sigma_2}$,利用高斯公式,得

$$\begin{aligned}I&=2\iiint\limits_{\Omega}(y+z)\mathrm{d}V(\text{奇偶对称性})-\iint\limits_{\Sigma_1}(z+1)^2\mathrm{d}x\mathrm{d}y-\iint\limits_{\Sigma_2}(z+1)^2\mathrm{d}x\mathrm{d}y\\&=2\iiint\limits_{\Omega}z\mathrm{d}V(\text{截面法})-\iint\limits_{\Sigma_1}(z+1)^2\mathrm{d}x\mathrm{d}y-\iint\limits_{\Sigma_2}(z+1)^2\mathrm{d}x\mathrm{d}y\end{aligned}$$

$$= 2\int_0^1 z\mathrm{d}z \iint\limits_{x^2+y^2\leqslant 1+z^2} \mathrm{d}x\mathrm{d}y - \iint\limits_{\Sigma_1}(z+1)^2\mathrm{d}x\mathrm{d}y - \iint\limits_{\Sigma_2}(z+1)^2\mathrm{d}x\mathrm{d}y$$

$$= 2\pi\int_0^1 z(1+z^2)\mathrm{d}z - \iint\limits_{\Sigma_1}\mathrm{d}x\mathrm{d}y - \iint\limits_{\Sigma_2}4\mathrm{d}x\mathrm{d}y = \frac{3\pi}{2} - (-\pi) - 8\pi = -\frac{11\pi}{2}.$$

34. 计算$\iint\limits_{\Sigma} 5zx\,\mathrm{d}y\mathrm{d}z - 2zy\,\mathrm{d}z\mathrm{d}x + (1-z^2)\mathrm{d}x\mathrm{d}y$，其中$\Sigma$为曲线$\begin{cases} z = y \\ x = 0 \end{cases}(1\leqslant y\leqslant 2)$绕$z$轴旋转而成的曲面的下侧.

解　曲线$\begin{cases} z = y \\ x = 0 \end{cases}(1\leqslant y\leqslant 2)$绕$z$轴旋转而成的曲面$\Sigma$的方程为$z=\sqrt{x^2+y^2}\,(1\leqslant z\leqslant 2)$，为圆锥面. 令$\Sigma_1: z=1$，取下侧；$\Sigma_2: z=2$，取上侧. 利用高斯公式，得

$$\iint\limits_{\Sigma} 5zx\,\mathrm{d}y\mathrm{d}z - 2zy\,\mathrm{d}z\mathrm{d}x + (1-z^2)\mathrm{d}x\mathrm{d}y$$

$$= \left(\oiint\limits_{\Sigma+\Sigma_1+\Sigma_2} - \iint\limits_{\Sigma_1} - \iint\limits_{\Sigma_2}\right) 5zx\,\mathrm{d}y\mathrm{d}z - 2zy\,\mathrm{d}z\mathrm{d}x + (1-z^2)\mathrm{d}x\mathrm{d}y,$$

$$= \iiint\limits_{\Omega}(5z-2z-2z)\mathrm{d}V + 0 - \iint\limits_{D}(1-4)\mathrm{d}x\mathrm{d}y \quad (\text{其中 } D: x^2+y^2\leqslant 4)$$

$$= \iiint\limits_{\Omega} z\,\mathrm{d}V + 3\iint\limits_{D}\mathrm{d}x\mathrm{d}y$$

$$= \int_1^2 z\mathrm{d}z \iint\limits_{x^2+y^2\leqslant z^2} \mathrm{d}x\mathrm{d}y + 3\cdot\pi\cdot 2^2$$

$$= \pi\int_1^2 z^3\mathrm{d}z + 12\pi = \frac{63\pi}{4}.$$

综　合　题

1. 设函数$f(x)$有连续导数，$f(0)=0$，曲线L的极坐标方程为$r=1-\cos\theta\,(0\leqslant\theta\leqslant\pi)$，$L$的起点对应于$\theta=0$，终点对应于$\theta=\pi$，计算曲线积分：

$$I = \int_L [f(y)\mathrm{e}^x - \pi y]\mathrm{d}x + [f'(y)\mathrm{e}^x - \pi]\mathrm{d}y.$$

解　设点$O(0,0)$、$A(-2,0)$，L与$\overline{AO}$所围区域记作D. 令$P=f(y)\mathrm{e}^x-\pi y$，$Q=f'(y)\mathrm{e}^x-\pi$，由格林公式得

$$\oint_{L+\overline{AO}} P\mathrm{d}x + Q\mathrm{d}y = \iint\limits_{D}\left(\frac{\partial Q}{\partial x} - \frac{\partial P}{\partial y}\right)\mathrm{d}x\mathrm{d}y$$

$$= \iint\limits_{D}\pi\mathrm{d}x\mathrm{d}y = \int_0^{\pi}\mathrm{d}\theta\int_0^{1-\cos\theta}\pi\rho\mathrm{d}\rho$$

$$= \int_0^{\pi}\frac{\pi}{2}\rho^2\Big|_0^{1-\cos\theta}\mathrm{d}\theta = \frac{\pi}{2}\int_0^{\pi}(1-\cos\theta)^2\mathrm{d}\theta = \frac{3\pi^2}{4},$$

又有$\int_{\overline{AO}} P\mathrm{d}x + Q\mathrm{d}y = \int_{-2}^{0} P(x,0)\mathrm{d}x = \int_{-2}^{0} f(0)\mathrm{e}^x\mathrm{d}x = 0$，所以$I=\dfrac{3\pi^2}{4}$.

2. 设函数 $f(u)$ 连续,L 为 xOy 面上分段光滑的闭曲线,证明:$\oint_L f(x^2+y^2)(x\mathrm{d}x+y\mathrm{d}y)=0$.

证明 由于 $f(u)$ 连续,故 $f(u)$ 存在原函数,设 $F'(u)=f(u)$,则

$$\mathrm{d}F(x^2+y^2)=F'(x^2+y^2)(2x\mathrm{d}x+2y\mathrm{d}y)=f(x^2+y^2)(2x\mathrm{d}x+2y\mathrm{d}y),$$

从而积分 $\int_L f(x^2+y^2)(x\mathrm{d}x+y\mathrm{d}y)$ 与路径无关,故 $\oint_L f(x^2+y^2)(x\mathrm{d}x+y\mathrm{d}y)=0$.

3. 已知曲线 L 的方程为 $\begin{cases}z=\sqrt{2-x^2-y^2},\\ z=x,\end{cases}$ 起点为 $A(0,\sqrt{2},0)$,终点为 $B(0,-\sqrt{2},0)$,计算曲线积分 $I=\int_L(y+z)\mathrm{d}x+(z^2-x^2+y)\mathrm{d}y+(x^2+y^2)\mathrm{d}z$.

解 由题可知,曲线 L 的参数方程为 $\begin{cases}x=\cos\theta\\ y=\sqrt{2}\sin\theta,\theta:\dfrac{\pi}{2}\to-\dfrac{\pi}{2}\\ z=\cos\theta\end{cases}$,则

$$\begin{aligned}I&=\int_L(y+z)\mathrm{d}x+(z^2-x^2+y)\mathrm{d}y+(x^2+y^2)\mathrm{d}z\\&=\int_{\frac{\pi}{2}}^{-\frac{\pi}{2}}[-(\sqrt{2}\sin\theta+\cos\theta)\sin\theta+2\sin\theta\cos\theta-(1+\sin^2\theta)\sin\theta]\mathrm{d}\theta\\&=\int_{\frac{\pi}{2}}^{-\frac{\pi}{2}}[-\sqrt{2}\sin^2\theta+\sin\theta\cos\theta-(1+\sin^2\theta)\sin\theta]\mathrm{d}\theta\\&=2\sqrt{2}\int_0^{\frac{\pi}{2}}\sin^2\theta\mathrm{d}\theta=\frac{\sqrt{2}}{2}\pi.\end{aligned}$$

4. 设 L 是柱面方程 $x^2+y^2=1$ 与平面 $z=x+y$ 的交线,从 z 轴正向看 L 为逆时针方向,求曲线积分 $\oint_L xz\mathrm{d}x+x\mathrm{d}y+\frac{y^2}{2}\mathrm{d}z$.

解 曲线 L 的参数方程为 $\begin{cases}x=\cos t\\ y=\sin t\\ z=\cos t+\sin t\end{cases}$,其中 t 从 0 变到 2π,则

$$\begin{aligned}\oint_L xz\mathrm{d}x+x\mathrm{d}y+\frac{y^2}{2}\mathrm{d}z&=\int_0^{2\pi}\left[\cos t(\cos t+\sin t)(-\sin t)+\cos t\cos t+\frac{\sin^2 t}{2}(\cos t-\sin t)\right]\mathrm{d}t\\&=\int_0^{2\pi}\left(-\sin t\cos^2 t-\frac{\sin^2 t\cos t}{2}+\cos^2 t-\frac{\sin^3 t}{2}\right)\mathrm{d}t=\pi.\end{aligned}$$

5. 设函数 $\varphi(y)$ 具有连续导数,在围绕原点的任意分段光滑的简单闭曲线 L 上,曲线积分 $\oint_L\frac{\varphi(y)\mathrm{d}x+2xy\mathrm{d}y}{2x^2+y^4}$ 的值恒为同一常数.

(1) 证明:对右半平面 $x>0$ 内的任意分段光滑的简单闭曲线 C,有 $\oint_C\frac{\varphi(y)\mathrm{d}x+2xy\mathrm{d}y}{2x^2+y^4}=0$;

(2) 求函数 $\varphi(y)$ 的表达式.

证明 (1) 对于右半平面 $x>0$ 内的任意分段光滑简单闭曲线 C,在 C 上任意确定两个点 A、B,将曲线分成两段 l_1(取逆时针方向)与 l_2(取顺时针方向),作曲线 l_3,如图 10-2 所示. 由题可知,在围绕原点的任意分段光滑的简单闭曲线 L 上,曲线积分 $\oint_L\frac{\varphi(y)\mathrm{d}x+2xy\mathrm{d}y}{2x^2+y^4}$ 的值恒为同一常数,即

$$\oint_{l_1+l_3}\frac{\varphi(y)\mathrm{d}x+2xy\mathrm{d}y}{2x^2+y^4}=\oint_{l_2+l_3}\frac{\varphi(y)\mathrm{d}x+2xy\mathrm{d}y}{2x^2+y^4}=I,$$

得
$$\int_{l_1}\frac{\varphi(y)\mathrm{d}x+2xy\mathrm{d}y}{2x^2+y^4}=\int_{l_2}\frac{\varphi(y)\mathrm{d}x+2xy\mathrm{d}y}{2x^2+y^4},$$

即

$$\int_{l_1}\frac{\varphi(y)\mathrm{d}x+2xy\mathrm{d}y}{2x^2+y^4}+\int_{l_2^-}\frac{\varphi(y)\mathrm{d}x+2xy\mathrm{d}y}{2x^2+y^4}=0.$$

注意到 $C=l_1+l_2^-$，则$\oint_C\frac{\varphi(y)\mathrm{d}x+2xy\mathrm{d}y}{2x^2+y^4}=0$.

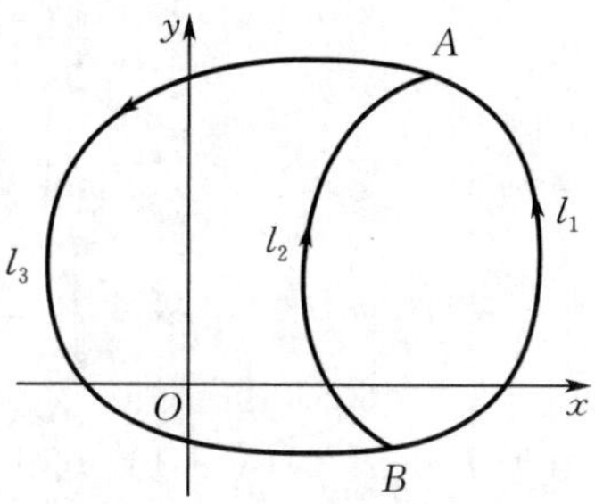

图 10-2

(2) 令 $P=\frac{\varphi(y)}{2x^2+y^4}$，$Q=\frac{2xy}{2x^2+y^4}$，由(1)知，积分与路径无关，故$\frac{\partial Q}{\partial x}=\frac{\partial P}{\partial y}$，即

$$\frac{-4x^2y+2y^5}{(2x^2+y^4)^2}=\frac{2x^2\varphi'(y)+\varphi'(y)y^4-4\varphi(y)y^3}{(2x^2+y^4)^2}\Rightarrow\begin{cases}\varphi'(y)=-2y\\ \varphi'(y)y^4-4\varphi(y)y^3=2y^5\end{cases},$$

由第一个式子得 $\varphi(y)=-y^2+C$，代入第二个式子，得 $2y^5-4Cy^3=2y^5\Rightarrow C=0$，所以 $\varphi(y)=-y^2$.

6. 设空间曲线 L 为$\begin{cases}x^2+y^2+z^2=1\\ x^2+y^2+z^2=2z\end{cases}$，从 z 轴正向看 L 为逆时针方向.

(1) 求空间曲线 L 在平面 $z=\frac{1}{2}$ 上的投影曲线方程；

(2) 计算 $I=\int_L|x-y|\mathrm{d}y+z\mathrm{d}z$.

解　(1) 空间曲线 L 在平面 $z=\frac{1}{2}$ 上的投影曲线方程为$\begin{cases}x^2+y^2=\frac{3}{4}\\ z=\frac{1}{2}\end{cases}$.

(2) $I=\int_L|x-y|\mathrm{d}y+z\mathrm{d}z$，其中 $L=L_1+L_2$，L_1 位于平面 $y=x$ 的上方，L_2 位于平面 $y=x$ 的下方(逆时针)，设点 $A\left(-\frac{\sqrt6}{4},-\frac{\sqrt6}{4},\frac12\right)$、$B\left(\frac{\sqrt6}{4},\frac{\sqrt6}{4},\frac12\right)$，则

$$\begin{aligned}I&=\int_{L_1}|x-y|\mathrm{d}y+\int_{L_2}|x-y|\mathrm{d}y+0\\&=\int_{L_1}(y-x)\mathrm{d}y+\int_{L_2}(x-y)\mathrm{d}y=\oint_{L_1+\overline{AB}}(y-x)\mathrm{d}y+\oint_{L_2+\overline{BA}}(x-y)\mathrm{d}y\\&=\iint_{D_1}(-1)\mathrm{d}x\mathrm{d}y+\iint_{D_2}\mathrm{d}x\mathrm{d}y=0.\end{aligned}$$

7. 设 L 为柱面 $x^2+(y-1)^2=1$ 与上半球面 $z=\sqrt{4-x^2-y^2}$ 的交线，从 z 轴正向看 L 为逆时针方向，计算$\oint_L y\mathrm{d}x+2z\mathrm{d}y$.

解　设 Σ：$z=\sqrt{4-x^2-y^2}\,[x^2+(y-1)^2\leqslant1]$，取上侧，由斯托克斯公式得

$$\oint_L y\mathrm{d}x+2z\mathrm{d}y=\iint_\Sigma\begin{vmatrix}\mathrm{d}y\mathrm{d}z&\mathrm{d}z\mathrm{d}x&\mathrm{d}x\mathrm{d}y\\ \frac{\partial}{\partial x}&\frac{\partial}{\partial y}&\frac{\partial}{\partial z}\\ y&2z&0\end{vmatrix}$$

$$=\iint_{\Sigma}(-2)\mathrm{d}y\mathrm{d}z-\mathrm{d}x\mathrm{d}y=\iint_{\Sigma}[(-2)(-z_x)-1]\mathrm{d}x\mathrm{d}y$$

$$=\iint_{\Sigma}\left(\frac{-2x}{\sqrt{4-x^2-y^2}}-1\right)\mathrm{d}x\mathrm{d}y=\iint_{D_{xy}}\left(\frac{-2x}{\sqrt{4-x^2-y^2}}-1\right)\mathrm{d}x\mathrm{d}y$$

$$=\iint_{D_{xy}}\frac{-2x}{\sqrt{4-x^2-y^2}}\mathrm{d}x\mathrm{d}y-\iint_{D_{xy}}\mathrm{d}x\mathrm{d}y,$$

由于 $D_{xy}:x^2+(y-1)^2\leqslant 1$ 关于 y 轴对称,被积函数 $\frac{-2x}{\sqrt{4-x^2-y^2}}$ 关于 x 为奇函数,故积分 $\iint_{D_{xy}}\frac{-2x}{\sqrt{4-x^2-y^2}}\mathrm{d}x\mathrm{d}y=0$,所以上式 $=-\iint_{D_{xy}}\mathrm{d}x\mathrm{d}y=-\pi$.

8. 已知曲线 L 的方程为 $\begin{cases}z=\sqrt{2-x^2-y^2}\\ z=x\end{cases}(x>0)$,起点为 $A(0,\sqrt{2},0)$,终点为 $B(0,-\sqrt{2},0)$,计算曲线积分 $I=\int_L(y+z)\mathrm{d}x+(z^2-x^2+y)\mathrm{d}y+x^2y^2\mathrm{d}z$.

解 方法一 设 $\Sigma:z=x$,取半圆面的下侧;补 $L_1:\begin{cases}x=0\\ z=0\end{cases}$,$y:-\sqrt{2}\to\sqrt{2}$,由斯托克斯公式得

$$I=\int_{L+L_1}(y+z)\mathrm{d}x+(z^2-x^2+y)\mathrm{d}y+x^2y^2\mathrm{d}z-\int_{L_1}(y+z)\mathrm{d}x+(z^2-x^2+y)\mathrm{d}y+x^2y^2\mathrm{d}z$$

$$=\iint_{\Sigma}\begin{vmatrix}\mathrm{d}y\mathrm{d}z & \mathrm{d}z\mathrm{d}x & \mathrm{d}x\mathrm{d}y\\ \dfrac{\partial}{\partial x} & \dfrac{\partial}{\partial y} & \dfrac{\partial}{\partial z}\\ y+z & z^2-x^2+y & x^2y^2\end{vmatrix}$$

$$=\iint_{\Sigma}(2x^2y-2z)\mathrm{d}y\mathrm{d}z+(1-2xy^2)\mathrm{d}z\mathrm{d}x+(-2x-1)\mathrm{d}x\mathrm{d}y-\int_{-\sqrt{2}}^{\sqrt{2}}y\mathrm{d}y$$

$$=\iint_{\Sigma}[(2x^2y-2z)(-1)+(-2x-1)]\mathrm{d}x\mathrm{d}y-0\quad(\text{统一坐标法})$$

$$=-\iint_{D}(2x-2x^2y-2x-1)\mathrm{d}x\mathrm{d}y$$

$$=\iint_{D}\mathrm{d}x\mathrm{d}y=\frac{\sqrt{2}}{2}\pi,$$

其中 D 为 $\Sigma:z=x$ 的边界曲线 L 与 L_1 围成的半圆面在 xOy 面上的投影区域,即 $D:2x^2+y^2\leqslant 2$,$x>0$.

方法二 曲线 L 的参数方程为 $\begin{cases}x=\cos t\\ y=\sqrt{2}\sin t\\ z=\cos t\end{cases}$,$t:\frac{\pi}{2}\to-\frac{\pi}{2}$,代入原式,得

$$I=\int_L(y+z)\mathrm{d}x+(z^2-x^2+y)\mathrm{d}y+x^2y^2\mathrm{d}z$$

$$=-\int_{-\frac{\pi}{2}}^{\frac{\pi}{2}}(\sqrt{2}\sin t+\cos t)\mathrm{d}(\cos t)+(\cos^2t-\cos^2t+\sqrt{2}\sin t)\mathrm{d}(\sqrt{2}\sin t)+(\cos^2t\cdot 2\sin^2t)\mathrm{d}(\cos t)$$

$$=-\int_{-\frac{\pi}{2}}^{\frac{\pi}{2}}(-\sqrt{2}\sin^2 t)\mathrm{d}t=2\sqrt{2}\cdot\frac{1}{2}\cdot\frac{\pi}{2}=\frac{\sqrt{2}\pi}{2}.$$

9. 计算$\iint\limits_{\Sigma}(x^2\cos\alpha+y^2\cos\beta+z^2\cos\gamma)\mathrm{d}S$,其中$\Sigma$为锥面$x^2+y^2=z^2(0\leqslant z\leqslant h)$,$\cos\alpha$、$\cos\beta$、$\cos\gamma$为此锥面外法向量的方向余弦.

解　补平面$\Sigma_1:z=h(x^2+y^2\leqslant h^2)$,取$\Sigma_1$的上侧,则$\Sigma+\Sigma_1$构成封闭曲面,设其所围空间区域为$\Omega$. 于是

$$\begin{aligned}\iint\limits_{\Sigma+\Sigma_1}(x^2\cos\alpha+y^2\cos\beta+z^2\cos\gamma)\mathrm{d}S&=2\iiint\limits_{\Omega}(x+y+z)\mathrm{d}V\\&=2\iint\limits_{D_{xy}}\mathrm{d}x\mathrm{d}y\int_{\sqrt{x^2+y^2}}^{h}(x+y+z)\mathrm{d}z\\&=2\iint\limits_{D_{xy}}\mathrm{d}x\mathrm{d}y\int_{\sqrt{x^2+y^2}}^{h}z\mathrm{d}z=\iint\limits_{D_{xy}}(h^2-x^2-y^2)\mathrm{d}x\mathrm{d}y\\&=\int_0^{2\pi}\mathrm{d}\theta\int_0^h(h^2-\rho^2)\rho\mathrm{d}\rho=\frac{1}{2}\pi h^4.\end{aligned}$$

而
$$\iint\limits_{\Sigma_1}(x^2\cos\alpha+y^2\cos\beta+z^2\cos\gamma)\mathrm{d}S=\iint\limits_{\Sigma_1}z^2\mathrm{d}x\mathrm{d}y=\iint\limits_{D_{xy}}h^2\mathrm{d}x\mathrm{d}y=\pi h^4,$$

故
$$\iint\limits_{\Sigma}(x^2\cos\alpha+y^2\cos\beta+z^2\cos\gamma)\mathrm{d}S=\frac{1}{2}\pi h^4-\pi h^4=-\frac{1}{2}\pi h^4.$$

10. 计算$I=\iint\limits_{\Sigma}2(1-xy)\mathrm{d}y\mathrm{d}z+(x+1)y\mathrm{d}z\mathrm{d}x-4yz^2\mathrm{d}x\mathrm{d}y$,其中$\Sigma$是弧段$\begin{cases}z=\sqrt{x-1}\\y=0\end{cases}$$(1\leqslant x\leqslant 3)$绕$x$轴旋转一周所得的旋转曲面,$\Sigma$上任意一点的法向量与$x$轴正向的夹角大于$\frac{\pi}{2}$.

解　补平面$\Sigma_1:x=3(y^2+z^2\leqslant 2)$,前侧,则

$$\begin{aligned}I=&\oiint\limits_{\Sigma+\Sigma_1}2(1-xy)\mathrm{d}y\mathrm{d}z+(x+1)y\mathrm{d}z\mathrm{d}x-4yz^2\mathrm{d}x\mathrm{d}y\\&-\iint\limits_{\Sigma_1}2(1-xy)\mathrm{d}y\mathrm{d}z+(x+1)y\mathrm{d}z\mathrm{d}x-4yz^2\mathrm{d}x\mathrm{d}y,\end{aligned}$$

由高斯公式得

$$\oiint\limits_{\Sigma+\Sigma_1}2(1-xy)\mathrm{d}y\mathrm{d}z+(x+1)y\mathrm{d}z\mathrm{d}x-4yz^2\mathrm{d}x\mathrm{d}y=\iiint\limits_{\Omega}(-2y+x+1-8yz)\mathrm{d}V,$$

由对称性得

$$\iiint\limits_{\Omega}(-2y-8yz)\mathrm{d}V=0,$$

则
$$\begin{aligned}\iiint\limits_{\Omega}(-2y+x+1-8yz)\mathrm{d}V&=\iiint\limits_{\Omega}(x+1)\mathrm{d}V=\int_1^3\mathrm{d}x\iint\limits_{y^2+z^2\leqslant x-1}(x+1)\mathrm{d}y\mathrm{d}z\\&=\pi\int_1^3(x+1)(x-1)\mathrm{d}x=\frac{20\pi}{3},\end{aligned}$$

$$\iint_{\Sigma_1} 2(1-xy)\mathrm{d}y\mathrm{d}z+(x+1)y\mathrm{d}z\mathrm{d}x-4yz^2\mathrm{d}x\mathrm{d}y=\iint_{y^2+z^2\leqslant 2} 2(1-3y)\mathrm{d}y\mathrm{d}z$$
$$=2\iint_{y^2+z^2\leqslant 2}\mathrm{d}y\mathrm{d}z=4\pi,$$

所以 $I=\dfrac{20\pi}{3}-4\pi=\dfrac{8\pi}{3}$.

11. 计算$\displaystyle\iint_{\Sigma}\frac{x\mathrm{d}y\mathrm{d}z+y\mathrm{d}z\mathrm{d}x+z\mathrm{d}x\mathrm{d}y}{\sqrt{(x^2+y^2+z^2)^3}}$,其中 Σ 为曲面 $1-\dfrac{z}{5}=\dfrac{(x-2)^2}{16}+\dfrac{(y-1)^2}{9}(z\geqslant 0)$ 的上侧.

解 由于 Σ 不封闭,可补平面 Σ_1 为 xOy 面上椭圆 $\dfrac{(x-2)^2}{16}+\dfrac{(y-1)^2}{9}\leqslant 1$ 的下侧,Ω 为 Σ、Σ_1 所围区域. 由于 Ω 包含原点(0,0,0),因此函数

$$P=\frac{x}{\sqrt{(x^2+y^2+z^2)^3}},\quad Q=\frac{y}{\sqrt{(x^2+y^2+z^2)^3}},\quad R=\frac{z}{\sqrt{(x^2+y^2+z^2)^3}}$$

在 Ω 上不连续,不能应用高斯公式. 再作半径为 ε(充分小)的上半球面 Σ_2:$x^2+y^2+z^2=\varepsilon^2$,并取下侧,记 $\overline{\Omega}=\{(x,y,z)\mid(x,y,z)\in\Omega,x^2+y^2+z^2\geqslant\varepsilon^2\}$,在 $\overline{\Omega}$ 上可应用高斯公式. 记 $\sqrt{x^2+y^2+z^2}=r$,则

$$P=\frac{x}{r^3},\quad Q=\frac{y}{r^3},\quad R=\frac{z}{r^3},$$

$$\frac{\partial P}{\partial x}=\frac{\partial}{\partial x}\left(\frac{x}{r^3}\right)=\frac{1}{r^3}-\frac{3x^2}{r^5},\quad \frac{\partial Q}{\partial y}=\frac{1}{r^3}-\frac{3y^2}{r^5},\quad \frac{\partial R}{\partial z}=\frac{1}{r^3}-\frac{3z^2}{r^5},$$
$$\frac{\partial P}{\partial x}+\frac{\partial Q}{\partial y}+\frac{\partial R}{\partial z}=\frac{3}{r^3}-\frac{3(x^2+y^2+z^2)}{r^5}=0,$$

所以

$$I=\iint_{\Sigma}\frac{x\mathrm{d}y\mathrm{d}z+y\mathrm{d}z\mathrm{d}x+z\mathrm{d}x\mathrm{d}y}{\sqrt{(x^2+y^2+z^2)^3}}$$
$$=\oiint_{\Sigma+\Sigma_1+\Sigma_2}\frac{x\mathrm{d}y\mathrm{d}z+y\mathrm{d}z\mathrm{d}x+z\mathrm{d}x\mathrm{d}y}{\sqrt{(x^2+y^2+z^2)^3}}-\iint_{\Sigma_1+\Sigma_2}\frac{x\mathrm{d}y\mathrm{d}z+y\mathrm{d}z\mathrm{d}x+z\mathrm{d}x\mathrm{d}y}{\sqrt{(x^2+y^2+z^2)^3}},$$

因为$\displaystyle\iiint_{\overline{\Omega}}\left(\frac{\partial P}{\partial x}+\frac{\partial Q}{\partial y}+\frac{\partial R}{\partial z}\right)\mathrm{d}V=0$,$\Sigma_1$ 在 zOx 面、yOz 面上的投影为零,所以

$$\iint_{\Sigma_1}\frac{x\mathrm{d}y\mathrm{d}z}{\sqrt{(x^2+y^2+z^2)^3}}=0,\quad \iint_{\Sigma_1}\frac{y\mathrm{d}z\mathrm{d}x}{\sqrt{(x^2+y^2+z^2)^3}}=0.$$

在 Σ_1 上,$z=0$,故$\displaystyle\iint_{\Sigma_1}\frac{x\mathrm{d}y\mathrm{d}z+y\mathrm{d}z\mathrm{d}x+z\mathrm{d}x\mathrm{d}y}{\sqrt{(x^2+y^2+z^2)^3}}=0$. 于是

$$I=-\iint_{\Sigma_2}x\mathrm{d}y\mathrm{d}z+y\mathrm{d}z\mathrm{d}x+z\mathrm{d}x\mathrm{d}y=\frac{1}{\varepsilon^3}\iint_{-\Sigma_2}x\mathrm{d}y\mathrm{d}z+y\mathrm{d}z\mathrm{d}x+z\mathrm{d}x\mathrm{d}y\quad(\text{这里}-\Sigma_2\text{取上侧})$$
$$=\frac{1}{\varepsilon^3}\oiint_{-\Sigma_2+A}x\mathrm{d}y\mathrm{d}z+y\mathrm{d}z\mathrm{d}x+z\mathrm{d}x\mathrm{d}y-\frac{1}{\varepsilon^3}\iint_{A}x\mathrm{d}y\mathrm{d}z+y\mathrm{d}z\mathrm{d}x+z\mathrm{d}x\mathrm{d}y=\frac{1}{\varepsilon^3}\iiint_{\Omega_1}3\mathrm{d}V$$
$$=\frac{3}{\varepsilon^3}\cdot\frac{2}{3}\pi\varepsilon^3=2\pi,$$

其中 Ω_1 是 xOy 面上的小半球体，A 是 xOy 面含在小球面内的部分，取下侧，并且 $\iint\limits_A x\,\mathrm{d}y\mathrm{d}z + y\mathrm{d}z\mathrm{d}x + z\mathrm{d}x\mathrm{d}y = 0$.

12. 设流速 $\boldsymbol{v} = (5x^3, y^2, 3z^2)$，求 $\boldsymbol{v}$ 从球面 $S: x^2 + y^2 + (z-1)^2 = 1$ 内部向外部的流量 Φ.

解　由高斯公式得

$$\begin{aligned}\Phi &= \oiint\limits_S 5x^3\mathrm{d}y\mathrm{d}z + y^2\mathrm{d}z\mathrm{d}x + 3z^2\mathrm{d}x\mathrm{d}y \\ &= \iiint\limits_\Omega (15x^2 + 2y + 6z)\mathrm{d}V \quad (\Omega\text{ 关于 } yOz \text{ 面、} zOx \text{ 面对称}) \\ &= \iiint\limits_\Omega (15x^2 + 6z)\mathrm{d}V,\end{aligned}$$

令 $Z = z - 1$，则

$$\begin{aligned}\text{上式} &= \iiint\limits_\Omega (15x^2 + 6z)\mathrm{d}V = \iiint\limits_\Omega 15x^2\mathrm{d}V + \iiint\limits_\Omega 6(Z+1)\mathrm{d}V \\ &= 5\iiint\limits_\Omega (x^2 + y^2 + Z^2)\mathrm{d}V + 0(\text{奇偶对称性}) + 6\iiint\limits_\Omega \mathrm{d}V \\ &= 5\int_0^{2\pi}\mathrm{d}\theta\int_0^\pi \sin\varphi\mathrm{d}\varphi\int_0^1 r^2 \cdot r^2\mathrm{d}r + 6\cdot\frac{4\pi}{3} = 12\pi.\end{aligned}$$

13. 计算 $I = \iint\limits_\Sigma xy\mathrm{d}y\mathrm{d}z + y^2\mathrm{d}z\mathrm{d}x + z^2\mathrm{d}x\mathrm{d}y$，其中 Σ 为上半球面 $(x-1)^2 + y^2 + z^2 = 1, z \geqslant 0$ 被锥面 $z^2 = x^2 + y^2$ 所截得的部分，Σ 的法线方向向上.

解　设 $\Sigma: z = \sqrt{1-(x-1)^2-y^2}$，取上侧，利用统一坐标法，得

$$\begin{aligned}I &= \iint\limits_\Sigma xy\mathrm{d}y\mathrm{d}z + y^2\mathrm{d}z\mathrm{d}x + z^2\mathrm{d}x\mathrm{d}y = \iint\limits_\Sigma [xy(-z_x) + y^2(-z_y) + z^2]\mathrm{d}x\mathrm{d}y \\ &= \iint\limits_\Sigma \left[xy\cdot\frac{x-1}{\sqrt{1-(x-1)^2-y^2}} + y^2\cdot\frac{y}{\sqrt{1-(x-1)^2-y^2}} + z^2\right]\mathrm{d}x\mathrm{d}y \\ &= \iint\limits_D \left[xy\cdot\frac{x-1}{\sqrt{1-(x-1)^2-y^2}} + y^2\cdot\frac{y}{\sqrt{1-(x-1)^2-y^2}} + 1-(x-1)^2-y^2\right]\mathrm{d}x\mathrm{d}y,\end{aligned}$$

其中投影区域 $D: x^2 + y^2 \leqslant x$，关于 x 轴对称，故由对称性得

$$\text{上式} = \iint\limits_D [1-(x-1)^2-y^2]\mathrm{d}x\mathrm{d}y = \frac{\pi}{4} - \iint\limits_D [(x-1)^2+y^2]\mathrm{d}x\mathrm{d}y,$$

令 $X = x - \frac{1}{2}, Y = y$，则

$$\begin{aligned}\text{上式} &= \frac{\pi}{4} - \iint\limits_D \left[\left(x-\frac{1}{2}\right)^2 - x + \frac{3}{4} + y^2\right]\mathrm{d}x\mathrm{d}y \\ &= \frac{\pi}{4} - \iint\limits_{D_1}\left(X^2 - X - \frac{1}{2} + \frac{3}{4} + Y^2\right)\mathrm{d}X\mathrm{d}Y \\ &= \frac{\pi}{4} - \iint\limits_{D_1}\left(X^2 - X + \frac{1}{4} + Y^2\right)\mathrm{d}X\mathrm{d}Y \quad \left(D_1: X^2 + Y^2 \leqslant \frac{1}{4}\right) \\ &= \frac{\pi}{4} - \int_0^{2\pi}\mathrm{d}\theta\int_0^{\frac{1}{2}}\rho\left(\rho^2 + \frac{1}{4}\right)\mathrm{d}\rho = \frac{5\pi}{32}.\end{aligned}$$

第11章 无穷级数

知识点总结

一、常数项级数

1. 定义

(1)(常数项)无穷级数：$\sum_{n=1}^{\infty} u_n = u_1 + u_2 + \cdots + u_n + \cdots, u_n \in \mathbb{R}$.

(2) 前 n 项部分和：$s_n = u_1 + u_2 + \cdots + u_n$.

(3) 收敛、级数的和、发散：若 $\lim_{n\to\infty} s_n = s$，则称级数 $\sum_{n=1}^{\infty} u_n$ 收敛，s 称为级数的和；若 $\lim_{n\to\infty} s_n$ 不存在，则称级数 $\sum_{n=1}^{\infty} u_n$ 发散.

(4) 余项：$r_n = s - s_n = u_{n+1} + u_{n+2} + \cdots + u_{n+k} + \cdots$.

(5) 正项级数：级数 $\sum_{n=1}^{\infty} u_n$ 中的每一项都是非负的($u_n \geqslant 0, n = 1,2,3,\cdots$).

注：正项级数 $\sum_{n=1}^{\infty} u_n$ 收敛的充分必要条件是其前 n 项部分和数列 $\{s_n\}$ 有界.

(6) 交错级数：级数中的各项是正、负交错的，即形如 $\sum_{n=1}^{\infty} (-1)^{n-1} u_n$ 或 $\sum_{n=1}^{\infty} (-1)^n u_n$ 的级数，其中 $u_n > 0, n = 1,2,3,\cdots$.

(7) 任意项级数：级数 $\sum_{n=1}^{\infty} u_n$ 中的每一项 $u_n(n = 1,2,3,\cdots)$ 为任意实数.

(8) 绝对值级数：$\sum_{n=1}^{\infty} |u_n|$.

(9) 绝对收敛：如果级数 $\sum_{n=1}^{\infty} |u_n|$ 收敛，则称级数 $\sum_{n=1}^{\infty} u_n$ 绝对收敛.

(10) 条件收敛：如果级数 $\sum_{n=1}^{\infty} |u_n|$ 发散，而级数 $\sum_{n=1}^{\infty} u_n$ 收敛，则称级数 $\sum_{n=1}^{\infty} u_n$ 条件收敛.

注：如果级数 $\sum_{n=1}^{\infty} |u_n|$ 收敛，则级数 $\sum_{n=1}^{\infty} u_n$ 也收敛.

2. 基本性质

(1) 级数的每一项同乘一个不为零的常数后，其敛散性不变.

(2) 收敛级数逐项相加(减)所构成的级数也收敛.

(3) 在一个级数中去掉、增加或改变有限项,级数的敛散性不变;在级数收敛时,级数的和可能发生改变.

(4) 对收敛级数中的项任意加括号之后所得到的新级数仍收敛,且和不变.

(5) 若级数$\sum\limits_{n=1}^{\infty} u_n$收敛,则$\lim\limits_{n\to\infty} u_n = 0$.

3. 审敛法

(1) 比较审敛法:设$\sum\limits_{n=1}^{\infty} u_n$和$\sum\limits_{n=1}^{\infty} v_n$均为正项级数,且$u_n \leqslant v_n (n = 1,2,3,\cdots)$.

① 若级数$\sum\limits_{n=1}^{\infty} v_n$收敛,则级数$\sum\limits_{n=1}^{\infty} u_n$也收敛;

② 若级数$\sum\limits_{n=1}^{\infty} u_n$发散,则级数$\sum\limits_{n=1}^{\infty} v_n$也发散.

(2) 比较审敛法的极限形式:设$\sum\limits_{n=1}^{\infty} u_n$、$\sum\limits_{n=1}^{\infty} v_n$均为正项级数,如果两级数的一般项$u_n$、$v_n$满足$\lim\limits_{n\to\infty} \dfrac{u_n}{v_n} = l$.

① 若$0 < l < +\infty$,则级数$\sum\limits_{n=1}^{\infty} u_n$与$\sum\limits_{n=1}^{\infty} v_n$同时收敛或同时发散;

② 若$l = 0$,且级数$\sum\limits_{n=1}^{\infty} v_n$收敛,则级数$\sum\limits_{n=1}^{\infty} u_n$必收敛;

③ 若$l = +\infty$,且级数$\sum\limits_{n=1}^{\infty} v_n$发散,则级数$\sum\limits_{n=1}^{\infty} u_n$必发散.

(3) 比值审敛法:若正项级数$\sum\limits_{n=1}^{\infty} u_n$满足$\lim\limits_{n\to\infty} \dfrac{u_{n+1}}{u_n} = \rho$,则

① 当$\rho < 1$时,级数$\sum\limits_{n=1}^{\infty} u_n$收敛;

② 当$\rho > 1$(或$\rho = +\infty$)时,级数$\sum\limits_{n=1}^{\infty} u_n$发散;

③ 当$\rho = 1$时,级数$\sum\limits_{n=1}^{\infty} u_n$可能收敛也可能发散.

(4) 根值审敛法:若正项级数$\sum\limits_{n=1}^{\infty} u_n$满足$\lim\limits_{n\to\infty} \sqrt[n]{u_n} = \rho$,则

① 当$\rho < 1$时,级数$\sum\limits_{n=1}^{\infty} u_n$收敛;

② 当$\rho > 1$(或$\rho = +\infty$)时,级数$\sum\limits_{n=1}^{\infty} u_n$发散;

③ 当$\rho = 1$时,级数$\sum\limits_{n=1}^{\infty} u_n$可能收敛也可能发散.

(5) 莱布尼茨判别法:如果交错级数$\sum\limits_{n=1}^{\infty} (-1)^{n-1} u_n$满足条件$u_n \geqslant u_{n+1}, n = 1,2,3,\cdots$,且

$\lim\limits_{n\to\infty} u_n = 0$,则交错级数$\sum\limits_{n=1}^{\infty}(-1)^{n-1}u_n$收敛,且其和$s \leqslant u_1$,其余项$r_n$的绝对值$|r_n| \leqslant u_{n+1}$.

二、幂级数

1. 定义

(1) 函数项级数:$\sum\limits_{n=1}^{\infty}u_n(x) = u_1(x) + u_2(x) + \cdots + u_n(x) + \cdots$.

(2) 前n项部分和:$s_n(x) = u_1(x) + u_2(x) + \cdots + u_n(x)$.

(3) 收敛点、发散点:若常数项级数$\sum\limits_{n=1}^{\infty}u_n(x_0)$收敛,则称函数项级数$\sum\limits_{n=1}^{\infty}u_n(x)$在点$x_0$处收敛,点$x_0$称为函数项级数$\sum\limits_{n=1}^{\infty}u_n(x)$的收敛点;若常数项级数$\sum\limits_{n=1}^{\infty}u_n(x_0)$发散,则称函数项级数$\sum\limits_{n=1}^{\infty}u_n(x)$在点$x_0$处发散,点$x_0$称为函数项级数$\sum\limits_{n=1}^{\infty}u_n(x)$的发散点.

(4) 收敛域、发散域:全体收敛点的集合称为级数的收敛域;全体发散点的集合称为级数的发散域.

(5) 和函数:设函数项级数$\sum\limits_{n=1}^{\infty}u_n(x)$的收敛域为$D$,则对$D$内任意一点$x$,对应的常数项级数$\sum\limits_{n=1}^{\infty}u_n(x)$收敛,其和自然依赖于$x$,即应为$x$的函数$s(x)$,称$s(x)$为函数项级数$\sum\limits_{n=1}^{\infty}u_n(x)$的和函数.

注:在收敛域上,$\lim\limits_{n\to\infty} s_n(x) = s(x)$.

(6) 余项:$r_n(x) = s(x) - s_n(x)$.

(7) 幂级数:$\sum\limits_{n=0}^{\infty}a_n x^n = a_0 + a_1 x + a_2 x^2 + \cdots + a_n x^n + \cdots$,其中常数$a_0, a_1, a_2, \cdots, a_n, \cdots$称为幂级数的系数.

(8) 泰勒级数:

$$\sum_{n=0}^{\infty}\frac{f^{(n)}(x_0)}{n!}(x-x_0)^n = f(x_0) + \frac{f'(x_0)}{1!}(x-x_0) + \frac{f''(x_0)}{2!}(x-x_0)^2 + \cdots + \frac{f^{(n)}(x_0)}{n!}(x-x_0)^n + \cdots.$$

(9) 麦克劳林级数:

$$\sum_{n=0}^{\infty}\frac{f^{(n)}(0)}{n!}x^n = f(0) + \frac{f'(0)}{1!}x + \frac{f''(0)}{2!}x^2 + \cdots + \frac{f^{(n)}(0)}{n!}x^n + \cdots.$$

注:函数$f(x)$的麦克劳林展开式是唯一的.

(10) 欧拉公式:$e^{ix} = \cos x + i\sin x$.

2. 阿贝尔定理

若幂级数$\sum\limits_{n=0}^{\infty}a_n x^n$在$x = x_0(x_0 \neq 0)$处收敛,则对于满足不等式$|x| < |x_0|$的一切$x$,级

数 $\sum_{n=0}^{\infty} a_n x^n$ 都绝对收敛；若幂级数 $\sum_{n=0}^{\infty} a_n x^n$ 在 $x = x_0$ 处发散，则对于满足不等式 $|x| > |x_0|$ 的一切 x，级数 $\sum_{n=0}^{\infty} a_n x^n$ 都发散.

3. 幂级数的运算性质

(1) 加法和减法运算：设幂级数 $\sum_{n=0}^{\infty} a_n x^n$ 及 $\sum_{n=0}^{\infty} b_n x^n$ 的收敛区间分别为 $(-R_1, R_1)$ 与 $(-R_2, R_2)$，则当 $|x| < R$ 时，

$$\sum_{n=0}^{\infty} a_n x^n \pm \sum_{n=0}^{\infty} b_n x^n = \sum_{n=0}^{\infty} (a_n \pm b_n) x^n,$$

其中 $R = \min\{R_1, R_2\}$.

(2) 乘法运算：设幂级数 $\sum_{n=0}^{\infty} a_n x^n$ 及 $\sum_{n=0}^{\infty} b_n x^n$ 的收敛区间分别为 $(-R_1, R_1)$ 与 $(-R_2, R_2)$，则当 $|x| < R$ 时，

$$\left(\sum_{n=0}^{\infty} a_n x^n\right) \cdot \left(\sum_{n=0}^{\infty} b_n x^n\right) = \sum_{n=0}^{\infty} c_n x^n,$$

其中 $R = \min\{R_1, R_2\}$，$c_n = a_0 b_n + a_1 b_{n-1} + \cdots + a_n b_0$.

(3) 连续性：幂级数 $\sum_{n=0}^{\infty} a_n x^n$ 的和函数 $s(x)$ 在收敛域 D 上连续.

(4) 可导性：幂级数 $\sum_{n=0}^{\infty} a_n x^n$ 的和函数 $s(x)$ 在收敛区间 $(-R, R)$ 内可导，且有逐项求导公式：

$$s'(x) = \left(\sum_{n=0}^{\infty} a_n x^n\right)' = \sum_{n=0}^{\infty} (a_n x^n)' = \sum_{n=1}^{\infty} n \cdot a_n x^{n-1}, \quad x \in (-R, R).$$

(5) 可积性：幂级数 $\sum_{n=0}^{\infty} a_n x^n$ 的和函数 $s(x)$ 在收敛区间 $(-R, R)$ 内可积，且有逐项积分公式：

$$\int_0^x s(t)\,\mathrm{d}t = \int_0^x \left(\sum_{n=0}^{\infty} a_n t^n\right) \mathrm{d}t = \sum_{n=0}^{\infty} \int_0^x a_n t^n \,\mathrm{d}t = \sum_{n=0}^{\infty} \frac{a_n}{n+1} x^{n+1}, \quad x \in (-R, R).$$

4. 收敛半径的求法

(1) 设幂级数 $\sum_{n=0}^{\infty} a_n x^n$ 的所有系数 $a_n \neq 0$，且 $\lim_{n \to \infty} \left| \frac{a_{n+1}}{a_n} \right| = \rho$.

① 当 $\rho \neq 0$ 时，该幂级数的收敛半径 $R = \frac{1}{\rho}$；

② 当 $\rho = 0$ 时，该幂级数的收敛半径 $R = +\infty$；

③ 当 $\rho = +\infty$ 时，该幂级数的收敛半径 $R = 0$.

(2) 若幂级数存在系数为 0 的项，则直接利用比值审敛法或根值审敛法来判断幂级数的敛散性，并求出收敛半径.

5. 函数展开成幂级数

(1) 定理：设幂级数 $\sum_{n=0}^{\infty} \frac{f^{(n)}(x_0)}{n!} (x - x_0)^n$ 的收敛半径为 R，且函数 $f(x)$ 在 $(-R, R)$ 内具

有任意阶导数,则泰勒级数收敛于 $f(x)$ 的充分必要条件为:在 $(-R,R)$ 内,

$$R_n(x)=\frac{f^{(n+1)}(\xi)}{(n+1)!}(x-x_0)^{n+1}\to 0\quad(n\to\infty).$$

(2) 直接展开法.

① 计算出 $f^{(n)}(0),n=0,1,2,\cdots$;

② 写出对应的麦克劳林级数:

$$f(0)+\frac{f'(0)}{1!}x+\frac{f''(0)}{2!}x^2+\cdots+\frac{f^{(n)}(0)}{n!}x^n+\cdots,$$

并求得其收敛区间 $(-R,R)$;

③ 验证当 $x\in(-R,R)$ 时,对应函数的拉格朗日余项

$$R_n(x)=\frac{f^{(n+1)}(\xi)}{(n+1)!}x^{n+1}\quad(\xi\text{ 在 }0\text{ 与 }x\text{ 之间})$$

在 $n\to\infty$ 时是否趋于零.若 $\lim\limits_{n\to\infty}R_n(x)=0$,则②中给出的级数就是该函数的麦克劳林级数;若 $\lim\limits_{n\to\infty}R_n(x)\neq 0$,则该函数无法展开成麦克劳林级数.

(3) 间接展开法:利用一些已知的函数的幂级数展开式,结合变量代换、幂级数的代数运算性质(主要指加减运算)或分析运算性质(主要指逐项求导和逐项积分)将所给函数展开成幂级数.

6. 常用幂级数

$\dfrac{1}{1-x}=1+x+x^2+\cdots+x^n+\cdots,x\in(-1,1)$;

$\dfrac{1}{1+x}=1-x+x^2-\cdots+(-1)^nx^n+\cdots,x\in(-1,1)$;

$(1+x)^\alpha=1+\alpha x+\dfrac{\alpha(\alpha-1)}{2!}x^2+\cdots+\dfrac{\alpha(\alpha-1)\cdots(\alpha-n+1)}{n!}x^n+\cdots,x\in(-1,1)$;

$\mathrm{e}^x=1+\dfrac{x}{1!}+\dfrac{x^2}{2!}+\cdots+\dfrac{x^n}{n!}+\cdots,x\in(-\infty,+\infty)$;

$\ln(1+x)=x-\dfrac{x^2}{2}+\dfrac{x^3}{3}-\cdots+(-1)^n\dfrac{x^{n+1}}{n+1}+\cdots,x\in(-1,1]$;

$\sin x=\dfrac{x}{1!}-\dfrac{x^3}{3!}+\dfrac{x^5}{5!}-\cdots+(-1)^n\dfrac{x^{2n+1}}{(2n+1)!}+\cdots,x\in(-\infty,+\infty)$;

$\cos x=1-\dfrac{x^2}{2!}+\dfrac{x^4}{4!}-\cdots+(-1)^n\dfrac{x^{2n}}{(2n)!}+\cdots,x\in(-\infty,+\infty)$.

三、傅里叶级数

1. 三角函数系

(1) 定义:函数系 $1,\cos x,\sin x,\cos 2x,\sin 2x,\cdots,\cos nx,\sin nx,\cdots$.

(2) 性质:三角函数系中任意两个不同函数的乘积在区间 $[-\pi,\pi]$ 上的积分为零;三角函数系中任何一个函数(常数1除外)的平方在区间 $[-\pi,\pi]$ 上的积分都等于 π.

2. 傅里叶级数

(1) 以 2π 为周期的周期函数 $f(x)$ 的傅里叶级数为

$$\frac{a_0}{2}+\sum_{n=1}^{\infty}(a_n\cos nx+b_n\sin nx),$$

其中

$$a_0=\frac{1}{\pi}\int_{-\pi}^{\pi}f(x)\mathrm{d}x,\quad a_n=\frac{1}{\pi}\int_{-\pi}^{\pi}f(x)\cos nx\mathrm{d}x,$$

$$b_n=\frac{1}{\pi}\int_{-\pi}^{\pi}f(x)\sin nx\mathrm{d}x\quad(n=1,2,3,\cdots).$$

(2) 狄利克雷充分条件(收敛定理):设函数 $f(x)$ 是以 2π 为周期的周期函数,在区间$[-\pi,\pi]$上连续或只有有限个第一类间断点,且只有有限个极值点,则 $f(x)$ 的傅里叶级数收敛,并且

① 当 x 是 $f(x)$ 的连续点时,级数收敛于 $f(x)$;

② 当 x 是 $f(x)$ 的间断点时,级数收敛于$\frac{1}{2}[f(x-0)+f(x+0)]$.

3. 正弦级数与余弦级数

设 $f(x)$ 是以 2π 为周期的奇函数,则 $a_n=0,b_n=\frac{2}{\pi}\int_0^{\pi}f(x)\sin nx\mathrm{d}x(n=1,2,3,\cdots)$,其傅里叶级数为正弦级数$\sum\limits_{n=1}^{\infty}b_n\sin nx$.

设 $f(x)$ 是以 2π 为周期的偶函数,则 $a_n=\frac{2}{\pi}\int_0^{\pi}f(x)\cos nx\mathrm{d}x,b_n=0(n=0,1,2,\cdots)$,其傅里叶级数为余弦级数$\frac{a_0}{2}+\sum\limits_{n=1}^{\infty}a_n\cos nx$.

4. 一般周期函数的傅里叶级数

周期为 $2l$ 的周期函数 $f(x)$ 满足收敛定理的条件,则它的傅里叶级数展开式为

$$f(x)=\frac{a_0}{2}+\sum_{n=1}^{\infty}\left(a_n\cos\frac{n\pi x}{l}+b_n\sin\frac{n\pi x}{l}\right),$$

其中

$$a_n=\frac{1}{l}\int_{-l}^{l}f(x)\cos\frac{n\pi x}{l}\mathrm{d}x,\quad n=0,1,2,\cdots,$$

$$b_n=\frac{1}{l}\int_{-l}^{l}f(x)\sin\frac{n\pi x}{l}\mathrm{d}x,\quad n=1,2,3,\cdots.$$

基 础 题

1. 判定下列级数的敛散性:

(1) $\sum\limits_{n=1}^{\infty}\frac{2n+1}{(n+1)^2(n+2)^2}$;

(2) $\sum\limits_{n=1}^{\infty}\sqrt{n+1}\left(1-\cos\frac{\pi}{n}\right)$;

(3) $\sum\limits_{n=1}^{\infty}\left(1-\frac{1}{n}\right)^{n^2}$;

(4) $\sum\limits_{n=1}^{\infty}(-1)^{n-1}\frac{n}{n^2+1}$;

(5) $\sum\limits_{n=1}^{\infty}(-1)^n\frac{n^{n+1}}{(n+1)!}$;

(6) $\sum\limits_{n=1}^{\infty}\frac{n}{(n+1)!}$;

(7) $\frac{1}{\sqrt{2}-1}-\frac{1}{\sqrt{2}+1}+\frac{1}{\sqrt{3}-1}-\frac{1}{\sqrt{3}+1}+\cdots+\frac{1}{\sqrt{n}-1}-\frac{1}{\sqrt{n}+1}+\cdots$.

解 (1) 由于

$$\frac{2n+1}{(n+1)^2\,(n+2)^2}<\frac{2n+2}{(n+1)^2\,(n+2)^2}<\frac{2}{(n+1)^3}<\frac{2}{n^3},$$

且$\sum_{n=1}^{\infty}\frac{1}{n^3}$是收敛的,因此由比较审敛法知,原级数收敛.

(2) 由于

$$\lim_{n\to\infty}\frac{u_n}{\frac{1}{n^{\frac{3}{2}}}}=\lim_{n\to\infty}\left[n^{\frac{3}{2}}\sqrt{n+1}\left(1-\cos\frac{\pi}{n}\right)\right]=\lim_{n\to\infty}\left[n^2\sqrt{\frac{n+1}{n}}\cdot\frac{1}{2}\left(\frac{\pi}{n}\right)^2\right]=\frac{1}{2}\pi^2,$$

且$\sum_{n=1}^{\infty}\frac{1}{n^{\frac{3}{2}}}$收敛,因此由比较审敛法的极限形式知,原级数收敛.

(3) 原级数的一般项中含有 n 次方,可利用根值审敛法.由于

$$\lim_{n\to\infty}\sqrt[n]{u_n}=\lim_{n\to\infty}\sqrt[n]{\left(1-\frac{1}{n}\right)^{n^2}}=\lim_{n\to\infty}\left(1-\frac{1}{n}\right)^n=\frac{1}{\mathrm{e}}<1,$$

因此由根值审敛法知,原级数收敛.

(4) 由于

$$\frac{|u_{n+1}|}{|u_n|}=\frac{n+1}{(n+1)^2+1}\cdot\frac{n^2+1}{n}=\frac{n^3+n^2+n+1}{n^3+2n^2+2n}\leqslant 1,$$

因此 $|u_{n+1}|\leqslant|u_n|\ (n=1,2,3,\cdots)$,且

$$\lim_{n\to\infty}|u_n|=\lim_{n\to\infty}\frac{n}{n^2+1}=0,$$

由莱布尼茨判别法知,交错级数$\sum_{n=1}^{\infty}(-1)^{n-1}\frac{n}{n^2+1}$收敛.另一方面,

$$|u_n|=\frac{n}{n^2+1}\geqslant\frac{n}{n^2+n^2}=\frac{1}{2n},$$

而$\sum_{n=1}^{\infty}\frac{1}{2n}$发散,故绝对值级数$\sum_{n=1}^{\infty}|u_n|=\sum_{n=1}^{\infty}\frac{n}{n^2+1}$发散.于是级数$\sum_{n=1}^{\infty}(-1)^{n-1}\frac{n}{n^2+1}$条件收敛.

(5) 令 $u_n=(-1)^n\frac{n^{n+1}}{(n+1)!}$,则

$$\lim_{n\to\infty}\frac{|u_{n+1}|}{|u_n|}=\lim_{n\to\infty}\left\{\frac{(n+1)^{n+2}}{[(n+1)+1]!}\cdot\frac{(n+1)!}{n^{n+1}}\right\}=\lim_{n\to\infty}\left[\left(\frac{n+1}{n}\right)^n\cdot\frac{(n+1)^2}{n(n+2)}\right]$$

$$=\lim_{n\to\infty}\left(1+\frac{1}{n}\right)^n=\mathrm{e}>1,$$

由比值审敛法知,级数$\sum_{n=1}^{\infty}\frac{n^{n+1}}{(n+1)!}$发散,故原级数发散.

(6) **方法一** 由于

$$u_n=\frac{n}{(n+1)!}=\frac{n+1}{(n+1)!}-\frac{1}{(n+1)!}=\frac{1}{n!}-\frac{1}{(n+1)!},$$

可得前 n 项部分和为

$$s_n=\sum_{k=1}^{n}u_k=\left(1-\frac{1}{2!}\right)+\left(\frac{1}{2!}-\frac{1}{3!}\right)+\cdots+\left[\frac{1}{n!}-\frac{1}{(n+1)!}\right]=1-\frac{1}{(n+1)!},$$

因此

$$\lim_{n\to\infty}s_n=1,$$

故原级数收敛,且其和为1.

方法二 由于 $u_n=\dfrac{n}{(n+1)!}$,级数为正项级数,因此

$$\lim_{n\to\infty}\frac{u_{n+1}}{u_n}=\lim_{n\to\infty}\left[\frac{n+1}{(n+2)!}\cdot\frac{(n+1)!}{n}\right]=\lim_{n\to\infty}\frac{n+1}{n(n+2)}=0<1,$$

故由比值审敛法知,原级数收敛.

(7) 考虑每两项加括号后所成的级数

$$\sum_{n=2}^{\infty}\left(\frac{1}{\sqrt{n}-1}-\frac{1}{\sqrt{n}+1}\right)=\sum_{n=2}^{\infty}\frac{2}{n-1},$$

由于调和级数 $\displaystyle\sum_{n=2}^{\infty}\frac{1}{n-1}$ 发散,可知级数 $\displaystyle\sum_{n=2}^{\infty}\frac{2}{n-1}$ 发散,故原级数发散.

2. 求下列级数的收敛域:

(1) $\displaystyle\sum_{n=1}^{\infty}\frac{x^n}{n!}$; (2) $\displaystyle\sum_{n=1}^{\infty}\frac{x^{2n-1}}{2^n}$; (3) $\displaystyle\sum_{n=1}^{\infty}\frac{(2x+1)^n}{n}$.

解 (1) 由于 $a_n=\dfrac{1}{n!}$,因此

$$\lim_{n\to\infty}\left|\frac{a_{n+1}}{a_n}\right|=\lim_{n\to\infty}\frac{\frac{1}{(n+1)!}}{\frac{1}{n!}}=\lim_{n\to\infty}\frac{1}{n+1}=0,$$

故收敛半径 $R=+\infty$,收敛域为 $(-\infty,+\infty)$.

(2) 题设级数缺少偶数次幂,可直接利用比值审敛法,即

$$\lim_{n\to\infty}\left|\frac{u_{n+1}(x)}{u_n(x)}\right|=\lim_{n\to\infty}\left(\frac{x^{2n+1}}{2^{n+1}}\cdot\frac{2^n}{x^{2n-1}}\right)=\frac{1}{2}|x|^2,$$

则当 $\dfrac{1}{2}|x|^2<1$,即 $|x|<\sqrt{2}$ 时,级数收敛;当 $\dfrac{1}{2}|x|^2>1$,即 $|x|>\sqrt{2}$ 时,级数发散,所以收敛半径 $R=\sqrt{2}$,收敛区间为 $(-\sqrt{2},\sqrt{2})$. 当 $x=\sqrt{2}$ 时,级数为 $\displaystyle\sum_{n=1}^{\infty}\frac{1}{\sqrt{2}}$,发散;当 $x=-\sqrt{2}$ 时,级数为 $\displaystyle\sum_{n=1}^{\infty}\frac{-1}{\sqrt{2}}$,发散. 故收敛域为 $(-\sqrt{2},\sqrt{2})$.

(3) **方法一** 令 $y=2x+1$,则幂级数化为 $\displaystyle\sum_{n=1}^{\infty}\frac{y^n}{n}$,该幂级数的系数 $a_n=\dfrac{1}{n}$,

$$\lim_{n\to\infty}\left|\frac{a_{n+1}}{a_n}\right|=\lim_{n\to\infty}\frac{n}{n+1}=1,$$

所以幂级数 $\displaystyle\sum_{n=1}^{\infty}\frac{y^n}{n}$ 的收敛半径 $R=1$. 当 $y=1$ 时,级数为调和级数 $\displaystyle\sum_{n=1}^{\infty}\frac{1}{n}$,发散;当 $y=-1$ 时,级数为交错级数 $\displaystyle\sum_{n=1}^{\infty}\frac{(-1)^n}{n}$,根据莱布尼茨判别法,该级数收敛,所以幂级数 $\displaystyle\sum_{n=1}^{\infty}\frac{y^n}{n}$ 的收敛域为

$[-1,1)$,即 $-1 \leqslant 2x+1 < 1$,则 $-1 \leqslant x < 0$.故原幂级数的收敛域为$[-1,0)$.

方法二 令 $u_n = \dfrac{(2x+1)^n}{n}$,则

$$\lim_{n\to\infty}\left|\frac{u_{n+1}}{u_n}\right| = \lim_{n\to\infty}\left|\frac{(2x+1)^{n+1}}{n+1}\cdot\frac{n}{(2x+1)^n}\right| = |2x+1|,$$

当$|2x+1|<1$,即 $-1<x<0$ 时,级数收敛;当$|2x+1|>1$,即 $x<-1$ 或 $x>0$ 时,级数发散.当 $x=-1$ 时,级数为交错级数$\sum\limits_{n=1}^{\infty}\dfrac{(-1)^n}{n}$,根据莱布尼茨判别法,该级数收敛;当 $x=0$ 时,级数为调和级数$\sum\limits_{n=1}^{\infty}\dfrac{1}{n}$,发散.故原幂级数的收敛域为$[-1,0)$.

3.若幂级数$\sum\limits_{n=0}^{\infty}a_nx^n$ 的收敛域为$(-8,8]$,求$\sum\limits_{n=2}^{\infty}\dfrac{a_nx^n}{n(n-1)}$ 的收敛半径及$\sum\limits_{n=0}^{\infty}a_nx^{3n}$ 的收敛域.

解 已知$\sum\limits_{n=0}^{\infty}a_nx^n$ 的收敛半径$R=\lim\limits_{n\to\infty}\left|\dfrac{a_n}{a_{n+1}}\right|=8$,则级数$\sum\limits_{n=2}^{\infty}\dfrac{a_nx^n}{n(n-1)}$ 的收敛半径为

$$R_1 = \lim_{n\to\infty}\left|\frac{\dfrac{a_n}{n(n-1)}}{\dfrac{a_{n+1}}{(n+1)n}}\right| = \lim_{n\to\infty}\left|\frac{a_n(n+1)}{a_{n+1}(n-1)}\right| = 8.$$

令 $t=x^3$,则级数$\sum\limits_{n=0}^{\infty}a_nx^{3n}=\sum\limits_{n=0}^{\infty}a_nt^n$ 的收敛半径为$R_2=R=8$,且收敛域为$t\in(-8,8]$,于是幂级数$\sum\limits_{n=0}^{\infty}a_nx^{3n}$ 的收敛域为$(-2,2]$.

4.求出下列幂级数的和函数:

(1)$\sum\limits_{n=0}^{\infty}\dfrac{n^2+1}{3^nn!}x^n$; (2)$\sum\limits_{n=1}^{\infty}\dfrac{n^2+1}{n}x^n$.

解 (1) 系数 $a_n=\dfrac{n^2+1}{3^nn!}$,有

$$\lim_{n\to\infty}\left|\frac{a_{n+1}}{a_n}\right| = \lim_{n\to\infty}\left|\frac{(n+1)^2+1}{3^{n+1}(n+1)!}\cdot\frac{3^nn!}{n^2+1}\right| = 0,$$

故该级数的收敛域为$(-\infty,+\infty)$.设 $s(x)$ 为其和函数,则

$$\begin{aligned} s(x) &= \sum_{n=0}^{\infty}\frac{n^2+1}{3^nn!}x^n = \sum_{n=0}^{\infty}\frac{n(n-1)+n+1}{n!}\left(\frac{x}{3}\right)^n \\ &= \sum_{n=2}^{\infty}\frac{1}{(n-2)!}\left(\frac{x}{3}\right)^n + \sum_{n=1}^{\infty}\frac{1}{(n-1)!}\left(\frac{x}{3}\right)^n + \sum_{n=0}^{\infty}\frac{1}{n!}\left(\frac{x}{3}\right)^n \\ &= \left(\frac{x}{3}\right)^2\sum_{n=0}^{\infty}\frac{1}{n!}\left(\frac{x}{3}\right)^n + \left(\frac{x}{3}\right)\sum_{n=0}^{\infty}\frac{1}{n!}\left(\frac{x}{3}\right)^n + \sum_{n=0}^{\infty}\frac{1}{n!}\left(\frac{x}{3}\right)^n \\ &= \left(\frac{x^2}{9}+\frac{x}{3}+1\right)e^{\frac{x}{3}}, \quad x\in(-\infty,+\infty). \end{aligned}$$

(2) 系数 $a_n=\dfrac{n^2+1}{n}$,有

$$\lim_{n\to\infty}\left|\frac{a_{n+1}}{a_n}\right| = \lim_{n\to\infty}\left|\frac{(n+1)^2+1}{n+1}\cdot\frac{n}{n^2+1}\right| = 1,$$

故收敛半径 $R=1$. 当 $x=\pm 1$ 时,级数为 $\sum\limits_{n=1}^{\infty}(\pm 1)^n\frac{n^2+1}{n}$,由于 $\lim\limits_{n\to\infty}\frac{n^2+1}{n}\neq 0$,故级数发散.于是幂级数的收敛域为 $(-1,1)$. 设 $s(x)$ 为其和函数,则

$$\begin{aligned}s(x)&=\sum_{n=1}^{\infty}\frac{n^2+1}{n}x^n=\sum_{n=1}^{\infty}nx^n+\sum_{n=1}^{\infty}\frac{1}{n}x^n=x\sum_{n=1}^{\infty}nx^{n-1}+\sum_{n=1}^{\infty}\left(\int_0^x x^{n-1}\mathrm{d}x\right)\\&=x\left(\sum_{n=1}^{\infty}x^n\right)'+\int_0^x\left(\sum_{n=1}^{\infty}x^{n-1}\right)\mathrm{d}x=x\left(\sum_{n=0}^{\infty}x^n-1\right)'+\int_0^x\left(\sum_{n=0}^{\infty}x^n\right)\mathrm{d}x\\&=x\left(\frac{1}{1-x}-1\right)'+\int_0^x\frac{1}{1-x}\mathrm{d}x=\frac{x}{(1-x)^2}-\ln(1-x),\quad x\in(-1,1).\end{aligned}$$

5. 求级数 $\frac{1}{1\cdot 3}+\frac{1}{2\cdot 3^2}+\frac{1}{3\cdot 3^3}+\frac{1}{4\cdot 3^4}+\cdots+\frac{1}{n\cdot 3^3}+\cdots$ 的和.

解 所求常数项级数的和是幂级数 $\sum\limits_{n=1}^{\infty}\frac{x^n}{n}$ 当 $x=\frac{1}{3}$ 时的和. 对于幂级数 $\sum\limits_{n=1}^{\infty}\frac{x^n}{n}$,系数 $a_n=\frac{1}{n}$,有

$$\lim_{n\to\infty}\left|\frac{a_{n+1}}{a_n}\right|=\lim_{n\to\infty}\left|\frac{n}{n+1}\right|=1,$$

则收敛半径 $R=1$. 当 $x=1$ 时,级数为调和级数 $\sum\limits_{n=1}^{\infty}\frac{1}{n}$,发散;当 $x=-1$ 时,级数为 $\sum\limits_{n=1}^{\infty}\frac{(-1)^n}{n}$,收敛. 故级数的收敛域为 $[-1,1)$.

设和函数 $s(x)=\sum\limits_{n=1}^{\infty}\frac{x^n}{n}$,$x\in[-1,1)$,逐项求导,得

$$s'(x)=\sum_{n=1}^{\infty}x^{n-1}=\frac{1}{1-x},\quad x\in(-1,1),$$

再两端积分,得

$$s(x)-s(0)=\int_0^x s'(x)\mathrm{d}x=\int_0^x\frac{1}{1-x}\mathrm{d}x=-\ln(1-x),\quad x\in[-1,1)$$

即 $s(x)-s(0)=-\ln(1-x)$. 又因为 $s(0)=0$,所以 $s(x)=-\ln(1-x)$,于是所求原级数的和为

$$s\left(\frac{1}{3}\right)=-\ln\left(1-\frac{1}{3}\right)=\ln\frac{3}{2}.$$

6. 将函数 $f(x)=\frac{1}{4}\ln\frac{1+x}{1-x}+\frac{1}{2}\arctan x-x$ 展开成 x 的幂级数.

解 由于

$$\begin{aligned}f'(x)&=\frac{1}{4}\left(\frac{1}{1+x}+\frac{1}{1-x}\right)+\frac{1}{2}\cdot\frac{1}{1+x^2}-1\\&=\frac{1}{1-x^4}-1=\sum_{n=0}^{\infty}x^{4n}-1=\sum_{n=1}^{\infty}x^{4n},\quad x\in(-1,1)\end{aligned}$$

且 $f(0)=0$,因此

$$f(x)=\int_0^x f'(x)\mathrm{d}x=\int_0^x\left(\sum_{n=1}^{\infty}x^{4n}\right)\mathrm{d}x=\sum_{n=1}^{\infty}\frac{x^{4n+1}}{4n+1},\quad x\in(-1,1).$$

7. 将函数 $f(x)=\dfrac{1}{x^2}$ 展开成 $(x-2)$ 的幂级数.

解 由于

$$\frac{1}{x}=\frac{1}{(x-2)+2}=\frac{1}{2}\times\frac{1}{1+\dfrac{x-2}{2}}=\frac{1}{2}\sum_{n=0}^{\infty}\frac{(-1)^n}{2^n}(x-2)^n,\quad x\in(0,4),$$

上式逐项求导,得

$$-\frac{1}{x^2}=\frac{1}{2}\sum_{n=1}^{\infty}(-1)^n\frac{n}{2^n}(x-2)^{n-1},\quad x\in(0,4)$$

所以

$$f(x)=\frac{1}{x^2}=\sum_{n=1}^{\infty}(-1)^{n+1}\frac{n}{2^{n+1}}(x-2)^{n-1},\quad x\in(0,4).$$

8. 设 $f(x)$ 是周期为 2π 的函数,它在 $(-\pi,\pi]$ 上的表达式为

$$f(x)=\begin{cases}-1, & -\pi<x\leqslant 0\\ 1+x^2, & 0<x\leqslant\pi\end{cases},$$

求 $f(x)$ 的傅里叶级数展开式在区间 $(-\pi,\pi]$ 上的和函数 $s(x)$.

解 函数 $f(x)$ 满足收敛定理的条件,在 $(-\pi,\pi]$ 上的第一类间断点为 $x=0,x=\pi$,在其余点处均连续.由收敛定理知,在间断点 $x=0$ 处,和函数

$$s(0)=\frac{f(0-0)+f(0+0)}{2}=\frac{-1+1}{2}=0;$$

在间断点 $x=\pi$ 处,和函数

$$s(\pi)=\frac{f(\pi-0)+f(-\pi+0)}{2}=\frac{(1+\pi^2)+(-1)}{2}=\frac{\pi^2}{2}.$$

因此,所求和函数为

$$s(x)=\begin{cases}-1, & -\pi<x<0\\ 1+x^2, & 0<x<\pi\\ 0, & x=0\\ \dfrac{\pi^2}{2}, & x=\pi\end{cases}.$$

9. 将函数 $f(x)=x(-\pi\leqslant x\leqslant\pi)$ 展开成傅里叶级数.

解 函数 $f(x)$ 满足收敛定理的条件,作周期延拓后的函数 $F(x)$ 在区间端点 $x=-\pi$ 和 $x=\pi$ 处不连续.故 $F(x)$ 的傅里叶级数在区间 $(-\pi,\pi)$ 内收敛于 $f(x)$,在区间端点处收敛于 $\dfrac{f(-\pi+0)+f(\pi-0)}{2}=\dfrac{(-\pi)+\pi}{2}=0$.由于 $f(x)$ 是奇函数,其傅里叶系数为

$$a_n=0\quad(n=0,1,2,\cdots),$$

$$\begin{aligned}b_n&=\frac{2}{\pi}\int_0^{\pi}f(x)\sin nx\,dx=\frac{2}{\pi}\int_0^{\pi}x\sin nx\,dx\\&=\frac{2}{\pi}\left(-\frac{x\cos nx}{n}+\frac{\sin nx}{n^2}\right)\Bigg|_0^{\pi}=-\frac{2}{n}\cos n\pi\\&=\frac{2}{n}(-1)^{n-1}\quad(n=1,2,3,\cdots).\end{aligned}$$

于是

$$f(x)=2\sum_{n=1}^{\infty}\frac{(-1)^{n-1}}{n}\sin nx,\quad x\in(-\pi,\pi).$$

10. 将函数 $f(x)=x+1(0\leqslant x\leqslant\pi)$ 分别展开成正弦级数和余弦级数.

解　先求正弦级数. 对 $f(x)$ 进行奇延拓,则

$$\begin{aligned}b_n&=\frac{2}{\pi}\int_0^{\pi}f(x)\sin nx\,\mathrm{d}x=\frac{2}{\pi}\int_0^{\pi}(x+1)\sin nx\,\mathrm{d}x\\&=\frac{2}{\pi}\left[-\frac{(x+1)\cos nx}{n}+\frac{\sin nx}{n^2}\right]\Bigg|_0^{\pi}\\&=\frac{2}{n\pi}[1-(\pi+1)\cos n\pi]\\&=\begin{cases}\dfrac{2}{\pi}\cdot\dfrac{\pi+2}{n}, & n=1,3,5,\cdots\\ -\dfrac{2}{n}, & n=2,4,6,\cdots\end{cases},\end{aligned}$$

于是

$$x+1=\frac{2}{\pi}\left[(\pi+2)\sin x-\frac{\pi}{2}\sin 2x+\frac{1}{3}(\pi+2)\sin 3x-\cdots\right],\quad x\in(0,\pi).$$

再求余弦级数. 对 $f(x)$ 进行偶延拓,则

$$a_0=\frac{2}{\pi}\int_0^{\pi}(x+1)\mathrm{d}x=\pi+2,$$

$$\begin{aligned}a_n&=\frac{2}{\pi}\int_0^{\pi}(x+1)\cos nx\,\mathrm{d}x=\frac{2}{\pi}\left[\frac{(x+1)\sin nx}{n}+\frac{\cos nx}{n^2}\right]\Bigg|_0^{\pi}\\&=\frac{2}{n^2\pi}(\cos n\pi-1)=\begin{cases}-\dfrac{4}{n^2\pi}, & n=1,3,5,\cdots\\ 0, & n=2,4,6,\cdots\end{cases},\end{aligned}$$

故

$$x+1=\frac{\pi}{2}+1-\frac{4}{\pi}\left(\cos x+\frac{1}{3^2}\cos 3x+\frac{1}{5^2}\cos 5x+\cdots\right),\quad x\in[0,\pi].$$

综　合　题

1. 已知级数 $\sum_{n=1}^{\infty}u_n$ 的前 n 项部分和 $s_n=\dfrac{8^n-1}{7\times 8^{n-1}}$,求该级数.

解　由于部分和 $s_n=u_1+u_2+\cdots+u_{n-1}+u_n=s_{n-1}+u_n$,所以 $u_n=s_n-s_{n-1}$. 从而

$$u_1=s_1=\frac{8^1-1}{7\times 8^0}=1,$$

$$u_2=s_2-s_1=\frac{8^2-1}{7\times 8^1}-1=\frac{1}{8},$$

$$u_3=s_3-s_2=\frac{8^3-1}{7\times 8^2}-\frac{8^2-1}{7\times 8^1}=\left(\frac{1}{8}\right)^2,\cdots,$$

$$u_n = s_n - s_{n-1} = \frac{8^n - 1}{7\times 8^{n-1}} - \frac{8^{n-1} - 1}{7\times 8^{n-2}} = \left(\frac{1}{8}\right)^{n-1}, \cdots,$$

故所求级数为 $\sum\limits_{n=1}^{\infty}\left(\frac{1}{8}\right)^{n-1}$.

2. 设函数 $f(x) = 5\arctan\frac{1+x}{1-x} + \frac{x}{1+x^2}$,求 $f^{(5)}(0)$.

解 令 $g(x) = 5\arctan\frac{1+x}{1-x}$,则

$$g'(x) = 5\cdot\frac{1}{1+\left(\frac{1+x}{1-x}\right)^2}\cdot\left(\frac{1+x}{1-x}\right)' = 5\cdot\frac{1}{1+x^2} = 5(1-x^2+x^4-x^6+\cdots),$$

所以

$$g(x) = 5\left(x - \frac{1}{3}x^3 + \frac{1}{5}x^5 - \cdots\right),$$

$$h(x) = \frac{x}{1+x^2} = x(1-x^2+x^4-x^6+\cdots) = x - x^3 + x^5 - x^7 + \cdots,$$

$$f(x) = g(x) + h(x) = 6x - \frac{8}{3}x^3 + 2x^5 + \cdots,$$

又

$$f(x) = \sum_{n=0}^{\infty}\frac{f^{(n)}(0)}{n!}x^n = f(0) + f'(0)x + \frac{1}{2!}f''(0)x^2 + \cdots + \frac{1}{5!}f^{(5)}(0)x^5 + \cdots,$$

得

$$\frac{1}{5!}f^{(5)}(0) = 2 \Rightarrow f^{(5)}(0) = 240.$$

3. 设函数 $f(x) = (x-1)^5 e^{-x}$,求 $f^{(10)}(1)$.

解 由泰勒展开式得

$$e^x = \sum_{n=0}^{\infty}\frac{x^n}{n!},\quad e^{1-x} = \sum_{n=0}^{\infty}\frac{(1-x)^n}{n!},$$

故

$$f(x) = (x-1)^5 e^{-x} = e^{-1}(x-1)^5 e^{1-x} = e^{-1}(x-1)^5\sum_{n=0}^{\infty}\frac{(1-x)^n}{n!}$$

$$= e^{-1}\sum_{n=0}^{\infty}\frac{(-1)^n(x-1)^{n+5}}{n!},$$

且 $f(x) = \sum\limits_{n=0}^{\infty}\frac{f^{(n)}(1)}{n!}(x-1)^n$,由泰勒展开式的唯一性,有

$$\frac{(-1)^5}{5!}e^{-1} = \frac{f^{(10)}(1)}{10!} \Rightarrow f^{(10)}(1) = -\frac{10!}{5!}e^{-1}.$$

4. 设 $a_n = \int_0^{\frac{\pi}{4}}\tan^n x\,dx$,证明:级数 $\sum\limits_{n=1}^{\infty}\frac{a_n}{n^\lambda}(\lambda > 0)$ 收敛.

证明 由于 $\sec^2 x = \frac{1}{\cos^2 x} > 1$,因此

$$a_n = \int_0^{\frac{\pi}{4}}\tan^n x\,dx < \int_0^{\frac{\pi}{4}}\tan^n x\sec^2 x\,dx$$

$$= \int_0^{\frac{\pi}{4}} \tan^n x \mathrm{d}(\tan x) = \frac{1}{n+1} \tan^{n+1} x \Big|_0^{\frac{\pi}{4}} = \frac{1}{n+1} < \frac{1}{n},$$

则

$$0 < \frac{a_n}{n^\lambda} < \frac{1}{n^{1+\lambda}}.$$

因为 $1+\lambda > 1$，所以级数 $\sum\limits_{n=1}^{\infty} \frac{1}{n^{1+\lambda}}$ 收敛，由比较审敛法知，级数 $\sum\limits_{n=1}^{\infty} \frac{a_n}{n^\lambda}$ 收敛.

5. 判定下列级数的敛散性：

(1) $\sum\limits_{n=1}^{\infty} \frac{(n+a)^n}{n^{n+a}}$；　(2) $\sum\limits_{n=1}^{\infty} \left(\frac{\pi}{n} - \sin \frac{\pi}{n}\right)$；　(3) $\sum\limits_{n=1}^{\infty} \frac{n^2}{\left(2+\frac{1}{n}\right)^n}$；

(4) $\sum\limits_{n=1}^{\infty} \frac{n! a^n}{n^n} (a > 0)$；　(5) $\sum\limits_{n=1}^{\infty} \left(\frac{1}{n} - \ln \frac{n+1}{n}\right)$；　(6) $\sum\limits_{n=1}^{\infty} (-1)^{n-1} \int_0^{\frac{1}{n}} \frac{\sin \pi x}{1+x^3} \mathrm{d}x$；

(7) $\sum\limits_{n=2}^{\infty} \frac{(-1)^n}{\sqrt{n} + (-1)^n}$.

解　(1) 令

$$u_n = \frac{(n+a)^n}{n^{n+a}} = \frac{n^n \left(1+\frac{a}{n}\right)^n}{n^n n^a} = \frac{\left(1+\frac{a}{n}\right)^n}{n^a}, \quad v_n = \frac{1}{n^a},$$

则

$$\lim_{n\to\infty} \frac{u_n}{v_n} = \lim_{n\to\infty} \left(1+\frac{a}{n}\right)^n = \mathrm{e}^a \neq 0,$$

由比较审敛法的极限形式知，原级数与级数 $\sum\limits_{n=1}^{\infty} \frac{1}{n^a}$ 具有相同的敛散性，于是当 $a > 1$ 时，级数 $\sum\limits_{n=1}^{\infty} \frac{(n+a)^n}{n^{n+a}}$ 收敛；当 $a \leqslant 1$ 时，级数 $\sum\limits_{n=1}^{\infty} \frac{(n+a)^n}{n^{n+a}}$ 发散.

(2) 由洛必达法则和等价无穷小代换有

$$\lim_{x\to 0} \frac{x - \sin x}{x^3} = \lim_{x\to 0} \frac{1-\cos x}{3x^2} = \lim_{x\to 0} \frac{\frac{1}{2}x^2}{3x^2} = \frac{1}{6},$$

于是

$$\lim_{n\to\infty} \frac{\frac{\pi}{n} - \sin \frac{\pi}{n}}{\left(\frac{\pi}{n}\right)^3} = \frac{1}{6}.$$

因为级数 $\sum\limits_{n=1}^{\infty} \left(\frac{\pi}{n}\right)^3$ 收敛，所以由比较审敛法的极限形式知，原级数也收敛.

(3) 因为 $\frac{n^2}{\left(2+\frac{1}{n}\right)^n} < \frac{n^2}{2^n}$，而对于级数 $\sum\limits_{n=1}^{\infty} \frac{n^2}{2^n}$，有

$$\lim_{n\to\infty} \frac{u_{n+1}}{u_n} = \lim_{n\to\infty} \left[\frac{(n+1)^2}{2^{n+1}} \cdot \frac{2^n}{n^2}\right] = \lim_{n\to\infty} \left[\frac{1}{2} \left(1+\frac{1}{n}\right)^2\right] = \frac{1}{2} < 1,$$

由比值审敛法知，级数 $\sum\limits_{n=1}^{\infty} \frac{n^2}{2^n}$ 收敛，再由比较审敛法知，原级数也收敛.

(4) 由于

$$\lim_{n\to\infty}\frac{u_{n+1}}{u_n}=\lim_{n\to\infty}\left[\frac{a^{n+1}(n+1)!}{(n+1)^{n+1}}\cdot\frac{n^n}{a^n\cdot n!}\right]=\lim_{n\to\infty}\frac{a}{(1+1/n)^n}=\frac{a}{\mathrm{e}},$$

由比值审敛法知,当 $0<a<\mathrm{e}$ 时,原级数收敛;当 $a>\mathrm{e}$ 时,原级数发散;当 $a=\mathrm{e}$ 时,比值审敛法失效.但注意到数列 $x_n=\left(1+\frac{1}{n}\right)^n$ 严格单调增加,且 $\left(1+\frac{1}{n}\right)^n<\mathrm{e}$,于是当 $a=\mathrm{e}$ 时,

$$\frac{u_{n+1}}{u_n}=\frac{\mathrm{e}}{x_n}>1,$$

即 $u_{n+1}>u_n$,故 $u_n>u_1=\mathrm{e}$,于是 $\lim\limits_{n\to\infty}u_n\neq 0$,所以当 $a=\mathrm{e}$ 时,原级数发散.

(5) 令 $f(x)=\ln(1+x)-x$,则

$$f'(x)=\frac{1}{1+x}-1=-\frac{x}{1+x},$$

故当 $x>0$ 时,$f'(x)<0$,$f(x)<f(0)=0$;当 $-1<x<0$ 时,$f'(x)>0$,$f(x)<f(0)=0$,即 $\ln(1+x)<x(x>-1$ 且 $x\neq 0)$,于是

$$\ln\frac{n+1}{n}=\ln\left(1+\frac{1}{n}\right)<\frac{1}{n},$$

且

$$\ln\frac{n+1}{n}=-\ln\frac{n}{n+1}=-\ln\left(1-\frac{1}{n+1}\right)>\frac{1}{n+1},$$

故

$$0<\frac{1}{n}-\ln\frac{n+1}{n}<\frac{1}{n}-\frac{1}{n+1}=\frac{1}{n(n+1)}<\frac{1}{n^2},$$

已知级数 $\sum\limits_{n=1}^{\infty}\frac{1}{n^2}$ 收敛,故由比较审敛法知,级数 $\sum\limits_{n=1}^{\infty}\left(\frac{1}{n}-\ln\frac{n+1}{n}\right)$ 收敛.

(6) 令 $u_n=(-1)^{n-1}\int_0^{\frac{1}{n}}\frac{\sin\pi x}{1+x^3}\mathrm{d}x$,则

$$|u_n|=\int_0^{\frac{1}{n}}\frac{\sin\pi x}{1+x^3}\mathrm{d}x\leqslant\int_0^{\frac{1}{n}}\sin\pi x\mathrm{d}x=\frac{1}{\pi}\left(1-\cos\frac{\pi}{n}\right)=v_n.$$

对于级数 $\sum\limits_{n=1}^{\infty}v_n=\sum\limits_{n=1}^{\infty}\frac{1}{\pi}\left(1-\cos\frac{\pi}{n}\right)$,有

$$\lim_{n\to\infty}\frac{\frac{1}{\pi}\left(1-\cos\frac{\pi}{n}\right)}{\frac{1}{n^2}}=\lim_{n\to\infty}\frac{\frac{1}{\pi}\cdot\frac{\pi^2}{2n^2}}{\frac{1}{n^2}}=\frac{\pi}{2},$$

已知级数 $\sum\limits_{n=1}^{\infty}\frac{1}{n^2}$ 收敛,故由比较审敛法的极限形式知,级数 $\sum\limits_{n=1}^{\infty}v_n$ 收敛.再由比较审敛法知,级数 $\sum\limits_{n=1}^{\infty}\left|(-1)^{n-1}\int_0^{\frac{1}{n}}\frac{\sin\pi x}{1+x^3}\mathrm{d}x\right|$ 收敛,即原级数绝对收敛.

(7) 令 $u_n=\frac{1}{\sqrt{n}+(-1)^n}$,则

$$\lim_{n\to\infty} u_n = \lim_{n\to\infty}\frac{1}{\sqrt{n}+(-1)^n} = 0,$$

但 $u_n = \dfrac{1}{\sqrt{n}+(-1)^n}$ 不单调,所以不能直接利用莱布尼茨判别法来判定该交错级数的敛散性.

但是有

$$\frac{(-1)^n}{\sqrt{n}+(-1)^n} = \frac{(-1)^n\left[\sqrt{n}-(-1)^n\right]}{n-1} = (-1)^n\frac{\sqrt{n}}{n-1}-\frac{1}{n-1}.$$

由于

$$\lim_{n\to\infty}\frac{\sqrt{n}}{n-1} = \lim_{n\to\infty}\frac{\sqrt{\frac{1}{n}}}{1-\frac{1}{n}} = 0,$$

$$\frac{\sqrt{n+1}}{n} = \sqrt{\frac{1}{n}+\frac{1}{n^2}} < \sqrt{\frac{1}{n-1}+\frac{1}{(n-1)^2}} = \frac{\sqrt{n}}{n-1}\quad (n>2),$$

故根据莱布尼茨判别法,交错级数 $\sum\limits_{n=2}^{\infty}(-1)^n\dfrac{\sqrt{n}}{n-1}$ 收敛,而级数 $\sum\limits_{n=2}^{\infty}\dfrac{1}{n-1}$ 发散,于是原级数发散.

6. 设 $a_n = \int_0^{n\pi} x|\sin x|\,\mathrm{d}x, n=1,2,3,\cdots$,求 $\sum\limits_{n=1}^{\infty}\left(\dfrac{1}{\sqrt{a_n}}-\dfrac{1}{\sqrt{a_{n+1}}}\right)$.

解　$a_n = \int_0^{n\pi} x|\sin x|\,\mathrm{d}x = \int_0^{\pi} x|\sin x|\,\mathrm{d}x + \int_{\pi}^{2\pi} x|\sin x|\,\mathrm{d}x + \cdots + \int_{(n-1)\pi}^{n\pi} x|\sin x|\,\mathrm{d}x$,

由于

$$\begin{aligned}\int_{k\pi}^{(k+1)\pi} x|\sin x|\,\mathrm{d}x &\xlongequal{\text{令 } t=x-k\pi} \int_0^{\pi}(t+k\pi)|\sin(t+k\pi)|\,\mathrm{d}x\\ &= \int_0^{\pi} t|\sin t|\,\mathrm{d}t + k\pi\int_0^{\pi}|\sin t|\,\mathrm{d}t\\ &= \pi+2k\pi = (2k+1)\pi,\end{aligned}$$

故

$$\begin{aligned}a_n &= \int_0^{n\pi} x|\sin x|\,\mathrm{d}x = \pi+3\pi+5\pi+\cdots+(2n-1)\pi\\ &= \frac{n(1+2n-1)}{2}\cdot\pi = n^2\pi,\quad n=1,2,3,\cdots,\end{aligned}$$

于是级数 $\sum\limits_{n=1}^{\infty}\left(\dfrac{1}{\sqrt{a_n}}-\dfrac{1}{\sqrt{a_{n+1}}}\right)$ 的前 n 项部分和为

$$\begin{aligned}s_n &= \frac{1}{\sqrt{a_1}}-\frac{1}{\sqrt{a_2}}+\frac{1}{\sqrt{a_2}}-\frac{1}{\sqrt{a_3}}+\cdots+\frac{1}{\sqrt{a_n}}-\frac{1}{\sqrt{a_{n+1}}}\\ &= \frac{1}{\sqrt{a_1}}-\frac{1}{\sqrt{a_{n+1}}} = \frac{1}{\sqrt{\pi}}-\frac{1}{\sqrt{(n+1)^2\pi}},\end{aligned}$$

故 $\lim\limits_{n\to\infty} s_n = \dfrac{1}{\sqrt{\pi}}$,从而 $\sum\limits_{n=1}^{\infty}\left(\dfrac{1}{\sqrt{a_n}}-\dfrac{1}{\sqrt{a_{n+1}}}\right) = \dfrac{1}{\sqrt{\pi}}$.

7. 求下列级数的收敛域：

(1) $\sum_{n=1}^{\infty}\frac{x^n}{(1+x)(1+x^2)\cdots(1+x^n)}(x\neq -1)$； (2) $\sum_{n=1}^{\infty}\frac{(n+x)^n}{n^{n+x}}$；

(3) $\sum_{n=1}^{\infty}\left[\frac{(-1)^n}{n}+\frac{1}{4^n}\right]x^n$； (4) $\sum_{n=1}^{\infty}(-1)^n\left(1+\frac{1}{2}+\cdots+\frac{1}{n}\right)x^n$；

(5) $\sum_{n=1}^{\infty}\frac{1}{n(n+1)}(x^2+x+1)^n$.

解 (1) 一般项中存在分母，故 $x\neq -1$. 当 $x=1$ 时，级数为 $\sum_{n=1}^{\infty}\frac{1}{2^n}$，根据比值审敛法易知此级数收敛. 当 $|x|\neq 1$ 时，记 $u_n(x)=\frac{x^n}{(1+x)(1+x^2)\cdots(1+x^n)}$，则

$$\rho=\lim_{n\to\infty}\left|\frac{u_{n+1}(x)}{u_n(x)}\right|=\lim_{n\to\infty}\left|\frac{x}{1+x^{n+1}}\right|=\begin{cases}0, & |x|>1\\ |x|, & |x|<1\end{cases},$$

由比值审敛法知 $\rho<1$，级数绝对收敛. 于是收敛域为 $(-\infty,-1)\cup(-1,+\infty)$.

(2) 记 $u_n=\frac{(n+x)^n}{n^{n+x}}=\frac{(1+x/n)^n}{n^x}$，当 $x=0$ 时，$u_n=1(n=1,2,3,\cdots)$，级数发散. 当 $x\neq 0$ 时，级数去掉前面有限项后为正项级数，又

$$\lim_{n\to\infty}\frac{u_n}{1/n^x}=\lim_{n\to\infty}\left(1+\frac{x}{n}\right)^n=\lim_{n\to\infty}\left[\left(1+\frac{x}{n}\right)^{n/x}\right]^x=\mathrm{e}^x,$$

且级数 $\sum_{n=1}^{\infty}\frac{1}{n^x}$ 当 $x>1$ 时收敛，当 $x\leqslant 1$ 时发散. 故由比较审敛法的极限形式知，原级数当 $x>1$ 时收敛，当 $x\leqslant 1$ 时发散，即收敛域为 $(1,+\infty)$.

(3) 对于级数 $\sum_{n=1}^{\infty}\frac{(-1)^n}{n}x^n$，有

$$\rho=\lim_{n\to\infty}\left|\frac{a_{n+1}}{a_n}\right|=\lim_{n\to\infty}\frac{1/(n+1)}{1/n}=\lim_{n\to\infty}\frac{n}{n+1}=1,$$

则收敛半径 $R=1$. 当 $x=1$ 时，级数为交错级数 $\sum_{n=1}^{\infty}\frac{(-1)^n}{n}$，由莱布尼茨判别法可知，级数收敛；当 $x=-1$ 时，级数为调和级数 $\sum_{n=1}^{\infty}\frac{1}{n}$，发散. 故收敛域为 $(-1,1]$.

对于级数 $\sum_{n=1}^{\infty}\frac{1}{4^n}x^n$，有

$$\rho=\lim_{n\to\infty}\left|\frac{a_{n+1}}{a_n}\right|=\lim_{n\to\infty}\left(\frac{1}{4^{n+1}}\cdot\frac{4^n}{1}\right)=\frac{1}{4},$$

收敛半径为 $R=4$. 当 $x=\pm 4$ 时，级数为 $\sum_{n=1}^{\infty}(\pm 1)^n$，发散，故收敛域为 $(-4,4)$. 由幂级数的代数运算性质知，原级数的收敛域为 $(-1,1]$.

(4) 幂级数的系数为 $a_n=(-1)^n\left(1+\frac{1}{2}+\cdots+\frac{1}{n}\right)$，则

$$\left|\frac{a_{n+1}}{a_n}\right|=\frac{1+\frac{1}{2}+\cdots+\frac{1}{n}+\frac{1}{n+1}}{1+\frac{1}{2}+\cdots+\frac{1}{n}}=1+\frac{1}{1+\frac{1}{2}+\cdots+\frac{1}{n}}\cdot\frac{1}{n+1},$$

故

$$1\leqslant\left|\frac{a_{n+1}}{a_n}\right|<1+\frac{1}{n+1},$$

由夹逼准则可得$\lim\limits_{n\to\infty}\left|\frac{a_{n+1}}{a_n}\right|=1$,故收敛半径$R=1$,收敛区间为$(-1,1)$.当$x=\pm1$时,级数为$\sum\limits_{n=1}^{\infty}(\pm1)^n\left(1+\frac{1}{2}+\cdots+\frac{1}{n}\right)$,由于

$$\lim_{n\to\infty}u_n(x)=\pm\lim_{n\to\infty}\left(1+\frac{1}{2}+\cdots+\frac{1}{n}\right)\neq0,$$

故级数$\sum\limits_{n=1}^{\infty}(\pm1)^n\left(1+\frac{1}{2}+\cdots+\frac{1}{n}\right)$发散,于是原级数的收敛域为$(-1,1)$.

(5) 由于$\forall x\in\mathbb{R}$,都有$x^2+x+1>0$,又

$$\rho(x)=\lim_{n\to\infty}\left|\frac{u_{n+1}(x)}{u_n(x)}\right|=\lim_{n\to\infty}\frac{\frac{1}{(n+1)(n+2)}(x^2+x+1)^{n+1}}{\frac{1}{n(n+1)}(x^2+x+1)^n}=x^2+x+1,$$

所以当$x^2+x+1<1$,即$-1<x<0$时,级数收敛;当$x=0$或$x=-1$时,级数为$\sum\limits_{n=1}^{\infty}\frac{1}{n(n+1)}$,收敛.故原级数的收敛域为$[-1,0]$.

8. 求幂级数$\sum\limits_{n=1}^{\infty}(-1)^{n-1}\left[1+\frac{1}{n(2n-1)}\right]x^{2n}$的和函数.

解 因为

$$\lim_{n\to\infty}\left|\frac{u_{n+1}(x)}{u_n(x)}\right|=x^2\lim_{n\to\infty}\left[\frac{(n+1)(2n+1)+1}{(n+1)(2n+1)}\cdot\frac{n(2n-1)}{n(2n-1)+1}\right]=x^2,$$

所以当$x^2<1$,即$-1<x<1$时,级数绝对收敛;当$x^2>1$,即$x<-1$或$x>1$时,级数发散.当$x=\pm1$时,级数为$\sum\limits_{n=1}^{\infty}(-1)^{n-1}\left[1+\frac{1}{n(2n-1)}\right]$,因为$\lim\limits_{n\to\infty}\left[1+\frac{1}{n(2n-1)}\right]=1\neq0$,所以级数发散.故原级数的收敛域为$(-1,1)$.

记

$$s(x)=\sum_{n=1}^{\infty}\frac{(-1)^{n-1}}{2n(2n-1)}x^{2n},\quad x\in(-1,1),$$

则

$$s'(x)=\sum_{n=1}^{\infty}\frac{(-1)^{n-1}}{2n-1}x^{2n-1},\quad x\in(-1,1),$$

$$s''(x)=\sum_{n=1}^{\infty}(-1)^{n-1}x^{2n-2}=\frac{1}{1+x^2},\quad x\in(-1,1),$$

由于$s(0)=0,s'(0)=0$,因此

$$s'(x)=\int_0^x s''(t)\mathrm{d}t=\int_0^x \frac{1}{1+t^2}\mathrm{d}t=\arctan x,$$

$$s(x)=\int_0^x s'(t)\mathrm{d}t=\int_0^x \arctan t\mathrm{d}t=x\arctan x-\frac{1}{2}\ln(1+x^2),\quad x\in(-1,1).$$

另一方面,

$$\sum_{n=1}^{\infty}(-1)^{n-1}x^{2n}=-\sum_{n=1}^{\infty}(-x^2)^n=\frac{x^2}{1+x^2},\quad x\in(-1,1),$$

于是原级数为

$$\begin{aligned}\sum_{n=1}^{\infty}(-1)^{n-1}\left[1+\frac{1}{n(2n-1)}\right]x^{2n}&=\sum_{n=1}^{\infty}(-1)^{n-1}x^{2n}+2\sum_{n=1}^{\infty}\frac{(-1)^{n-1}}{2n(2n-1)}x^{2n}\\&=\frac{x^2}{1+x^2}+2s(x)\\&=2x\arctan x-\ln(1+x^2)+\frac{x^2}{1+x^2},\quad x\in(-1,1).\end{aligned}$$

9. 求出幂级数$\sum\limits_{n=1}^{\infty}\frac{(-1)^n n}{(2n+1)!}x^{2n-1}$的和函数,并求级数$\sum\limits_{n=1}^{\infty}\frac{(-1)^n n}{(2n+1)!}\left(\frac{3}{4}\right)^n$的和.

解 容易求得幂级数$\sum\limits_{n=1}^{\infty}\frac{(-1)^n n}{(2n+1)!}x^{2n-1}$的收敛域为$(-\infty,+\infty)$,设其和函数为

$$s(x)=\sum_{n=1}^{\infty}\frac{(-1)^n n}{(2n+1)!}x^{2n-1},\quad x\in(-\infty,+\infty),$$

显然$s(0)=0$.当$x\neq 0$时,

$$\begin{aligned}\int_0^x s(t)\mathrm{d}t&=\sum_{n=1}^{\infty}\int_0^x\frac{(-1)^n n}{(2n+1)!}t^{2n-1}\mathrm{d}t=\sum_{n=1}^{\infty}\frac{(-1)^n}{2(2n+1)!}x^{2n}\\&=\frac{1}{2x}\left[\sum_{n=0}^{\infty}\frac{(-1)^n x^{2n+1}}{(2n+1)!}-x\right]=\frac{1}{2x}(\sin x-x),\end{aligned}$$

所以

$$s(x)=\left[\int_0^x s(t)\mathrm{d}t\right]'=\left[\frac{1}{2x}(\sin x-x)\right]'=\frac{x\cos x-\sin x}{2x^2},$$

故原幂级数的和函数为

$$s(x)=\begin{cases}\dfrac{x\cos x-\sin x}{2x^2}, & x\neq 0\\ 0, & x=0\end{cases}.$$

从而

$$\sum_{n=1}^{\infty}\frac{(-1)^n n}{(2n+1)!}\left(\frac{3}{4}\right)^n=\frac{\sqrt{3}}{2}\sum_{n=1}^{\infty}\frac{(-1)^n n}{(2n+1)!}\left(\frac{\sqrt{3}}{2}\right)^{2n-1}=\frac{\sqrt{3}}{2}s\left(\frac{\sqrt{3}}{2}\right)=\frac{1}{2}\cos\frac{\sqrt{3}}{2}-\frac{\sqrt{3}}{3}\sin\frac{\sqrt{3}}{2}.$$

10. 将函数$f(x)=\int_0^x \mathrm{e}^{-t^2}\mathrm{d}t$展开成$x$的幂级数.

解 由于

$$\mathrm{e}^{-t^2}=\sum_{n=0}^{\infty}\frac{(-1)^n}{n!}t^{2n},$$

因此

$$f(x)=\int_0^x \mathrm{e}^{-t^2}\mathrm{d}t=\int_0^x\left[\sum_{n=0}^{\infty}\frac{(-1)^n}{n!}t^{2n}\right]\mathrm{d}t$$
$$=\sum_{n=0}^{\infty}\left[\int_0^x\frac{(-1)^n}{n!}t^{2n}\mathrm{d}t\right]$$
$$=\sum_{n=0}^{\infty}\frac{(-1)^n}{(2n+1)\cdot n!}x^{2n+1},\quad x\in(-\infty,+\infty).$$

11. 设 a_n 为曲线 $y=x^n$ 与 $y=x^{n+1}(n=1,2,3,\cdots)$ 所围区域的面积，求 $S_1=\sum\limits_{n=1}^{\infty}a_n, S_2=\sum\limits_{n=1}^{\infty}a_{2n-1}$ 的值.

解 曲线 $y=x^n$ 与 $y=x^{n+1}(n=1,2,3,\cdots)$ 的交点为(0,0)和(1,1)，所围区域的面积为

$$a_n=\int_0^1(x^n-x^{n+1})\mathrm{d}x=\frac{1}{n+1}-\frac{1}{n+2},$$

则

$$S_1=\sum_{n=1}^{\infty}a_n=\sum_{n=1}^{\infty}\left(\frac{1}{n+1}-\frac{1}{n+2}\right),$$

其前 n 项和为

$$\sigma_n=\sum_{i=1}^{n}\left(\frac{1}{i+1}-\frac{1}{i+2}\right)=\frac{1}{2}-\frac{1}{3}+\frac{1}{3}-\cdots-\frac{1}{n+2}=\frac{1}{2}-\frac{1}{n+2},$$
$$\lim_{n\to\infty}\sigma_n=\lim_{n\to\infty}\left(\frac{1}{2}-\frac{1}{n+2}\right)=\frac{1}{2},$$

即

$$S_1=\sum_{n=1}^{\infty}a_n=\sum_{n=1}^{\infty}\left(\frac{1}{n+1}-\frac{1}{n+2}\right)=\frac{1}{2}.$$

又

$$S_2=\sum_{n=1}^{\infty}a_{2n-1}=\sum_{n=1}^{\infty}\left(\frac{1}{2n}-\frac{1}{2n+1}\right)=\sum_{n=2}^{\infty}(-1)^n\frac{1}{n}.$$

考虑幂级数 $\sum\limits_{n=2}^{\infty}\frac{(-1)^n}{n}x^n$，有

$$\lim_{n\to\infty}\left|\frac{(-1)^{n+1}}{n+1}\cdot\frac{n}{(-1)^n}\right|=1,$$

即幂级数的收敛半径为 $R=1$. 当 $x=-1$ 时，级数为调和级数 $\sum\limits_{n=2}^{\infty}\frac{1}{n}$，发散；当 $x=1$ 时，级数为交错级数 $\sum\limits_{n=2}^{\infty}\frac{(-1)^n}{n}$，收敛. 故幂级数的收敛域为 $(-1,1]$. 设其和函数为 $s(x), x\in(-1,1]$，则 $s(0)=0$，且

$$s'(x)=\left[\sum_{n=2}^{\infty}\frac{(-1)^n}{n}x^n\right]'=\sum_{n=2}^{\infty}(-1)^n x^{n-1}=\frac{x}{1+x},$$
$$s(x)=\int_0^x s'(t)\mathrm{d}t=\int_0^x\frac{t}{1+t}\mathrm{d}t=x-\ln(1+x),\quad x\in(-1,1].$$

取 $x=1$，可得 $S_2=s(1)=1-\ln 2$.

12. 已知$\lim\limits_{n\to\infty}(nu_n)=0$,级数$\sum\limits_{n=1}^{\infty}(n+1)(u_{n+1}-u_n)$收敛,证明:级数$\sum\limits_{n=1}^{\infty}u_n$也收敛.

证明 已知级数$\sum\limits_{n=1}^{\infty}(n+1)(u_{n+1}-u_n)$收敛,设其和为$s$,记$\sigma_n=\sum\limits_{k=1}^{n}(k+1)(u_{k+1}-u_k)$,$s_n=\sum\limits_{i=1}^{n}u_i$,则$\lim\limits_{n\to\infty}\sigma_n=s$.又因为

$$\begin{aligned}\sigma_n&=\sum_{k=1}^{n}(k+1)(u_{k+1}-u_k)=2(u_2-u_1)+3(u_3-u_2)+\cdots+(n+1)(u_{n+1}-u_n)\\&=-2u_1-u_2-u_3-\cdots-u_n+(n+1)u_{n+1}\\&=-u_1+(n+1)u_{n+1}-(u_1+u_2+u_3+\cdots+u_n)=-u_1+(n+1)u_{n+1}-s_n,\end{aligned}$$

即

$$s_n=u_1+u_2+u_3+\cdots+u_n=-u_1+(n+1)u_{n+1}-\sigma_n,$$

所以

$$\lim_{n\to\infty}s_n=\lim_{n\to\infty}[-u_1+(n+1)u_{n+1}-\sigma_n]=-u_1+0-\lim_{n\to\infty}\sigma_n=-u_1+s,$$

故级数$\sum\limits_{n=1}^{\infty}u_n$收敛.

13. 若级数$\sum\limits_{n=1}^{\infty}u_n$绝对收敛,判定级数$\sum\limits_{n=1}^{\infty}u_n^2$、$\sum\limits_{n=1}^{\infty}\dfrac{u_n}{1+u_n}$和$\sum\limits_{n=1}^{\infty}\dfrac{\sqrt{|u_n|}}{n}$的敛散性.

解 对于级数$\sum\limits_{n=1}^{\infty}u_n^2$,由$\sum\limits_{n=1}^{\infty}u_n$绝对收敛可得$\lim\limits_{n\to\infty}u_n=0$,根据极限的定义,对$\varepsilon=1$,存在正整数$N$,使得当$n>N$时,有$0\leqslant|u_n|<1$,则

$$0\leqslant|u_n|^2=u_n^2\leqslant|u_n|,$$

于是由比较审敛法知,级数$\sum\limits_{n=1}^{\infty}u_n^2$绝对收敛.

对于级数$\sum\limits_{n=1}^{\infty}\dfrac{u_n}{1+u_n}$,令$v_n=\dfrac{u_n}{1+u_n}$,有

$$\lim_{n\to\infty}\frac{|v_n|}{|u_n|}=\lim_{n\to\infty}\frac{1}{|1+u_n|}=1,$$

由比较审敛法的极限形式知,级数$\sum\limits_{n=1}^{\infty}\dfrac{u_n}{1+u_n}$绝对收敛.

对于级数$\sum\limits_{n=1}^{\infty}\dfrac{\sqrt{|u_n|}}{n}$,由于

$$0\leqslant\frac{\sqrt{|u_n|}}{n}=\sqrt{\frac{|u_n|}{n^2}}\leqslant\frac{1}{2}\left(|u_n|+\frac{1}{n^2}\right),$$

且级数$\sum\limits_{n=1}^{\infty}|u_n|$与级数$\sum\limits_{n=1}^{\infty}\dfrac{1}{n^2}$均收敛,因此级数$\sum\limits_{n=1}^{\infty}\dfrac{1}{2}\left(|u_n|+\dfrac{1}{n^2}\right)$也收敛,由比较审敛法知,级数$\sum\limits_{n=1}^{\infty}\dfrac{\sqrt{|u_n|}}{n}$绝对收敛.

14. 设函数$f(x)$在点$x=0$的某一邻域内具有二阶连续导数,且$\lim\limits_{x\to0}\dfrac{f(x)}{x}=0$,证明:级数

$\sum\limits_{n=1}^{\infty} f\left(\frac{1}{n}\right)$绝对收敛.

证明　已知 $f(x)$ 在点 $x=0$ 的某一邻域内具有二阶连续导数,故 $f(x)$、$f'(x)$、$f''(x)$ 在点 $x=0$ 的邻域内连续. 由于$\lim\limits_{x\to 0}\frac{f(x)}{x}=0$,有$\lim\limits_{x\to 0}f(x)=0=f(0)$,且利用洛必达法则,可得$\lim\limits_{x\to 0}f'(x)=0=f'(0)$. 再由泰勒中值定理有

$$f(x)=f(0)+f'(0)x+\frac{1}{2}f''(\xi)x^2=\frac{1}{2}f''(\xi)x^2,$$

其中 ξ 在 0 与 x 之间. 取 $x=\frac{1}{n}$,得 $f\left(\frac{1}{n}\right)=\frac{1}{2}f''(\xi)\frac{1}{n^2}$. 显然,级数$\sum\limits_{n=1}^{\infty}\frac{1}{2}\left|f''(\xi)\frac{1}{n^2}\right|$收敛,即级数$\sum\limits_{n=1}^{\infty}f\left(\frac{1}{n}\right)$绝对收敛.

15. 设函数 $y=f(x)$ 由方程组$\begin{cases} x=\sum\limits_{n=1}^{\infty}\frac{(t-1)^n}{n} \\ y=\sum\limits_{n=1}^{\infty}\frac{nt^{n-1}}{2^n}\end{cases}$确定,求$\left.\frac{\mathrm{d}y}{\mathrm{d}x}\right|_{t=1}$.

解　由题可知，$x'_t=\sum\limits_{n=1}^{\infty}(t-1)^{n-1}=\frac{1}{1-(t-1)}=\frac{1}{2-t}\quad(0<t<2)$,

$$y=\sum_{n=1}^{\infty}\frac{nt^{n-1}}{2^n}=\left(\sum_{n=1}^{\infty}\frac{t^n}{2^n}\right)'=\left[\sum_{n=1}^{\infty}\left(\frac{t}{2}\right)^n\right]'=\left(\frac{\frac{t}{2}}{1-\frac{t}{2}}\right)'=\frac{2}{(2-t)^2},$$

所以

$$y'_t=\frac{4}{(2-t)^3},\quad \left.\frac{\mathrm{d}y}{\mathrm{d}x}\right|_{t=1}=\left.\frac{\frac{4}{(2-t)^3}}{\frac{1}{2-t}}\right|_{t=1}=4.$$

第 12 章 常微分方程

知识点总结

一、微分方程的基本概念

(1) 微分方程:表示自变量、未知函数及其导数(或微分)之间关系的方程.

(2) 微分方程的阶:微分方程中出现的未知函数导数的最高阶数.

(3) 微分方程的解:满足微分方程的函数.

(4) 微分方程的通解:解中含有相互独立的任意常数,且常数的个数与微分方程的阶数相同.

(5) 微分方程的特解:利用初始条件,确定了通解中的任意常数后而得出的解.

(6) 初始条件:实际问题中用来确定特解的已知条件.

二、一阶微分方程的求解

(1) 可分离变量的微分方程:$\frac{dy}{dx}=f(x)g(y)$.

分离变量,积分得$\int\frac{1}{g(y)}dy=\int f(x)dx$.

(2) 齐次方程:$\frac{dy}{dx}=g\left(\frac{y}{x}\right)$.

换元法:令 $u=\frac{y}{x}$,化为$\frac{du}{g(u)-u}=\frac{1}{x}dx$,积分得$\int\frac{du}{g(u)-u}=\int\frac{1}{x}dx$.

(3) 一阶线性微分方程:$\frac{dy}{dx}+P(x)y=Q(x)$.

常数变易法:$y=e^{-\int P(x)dx}\left[\int Q(x)e^{\int P(x)dx}dx+C\right]$.

(4) 伯努利方程:$\frac{dy}{dx}+P(x)y=Q(x)y^n(n\neq 0、1)$.

换元法:令 $z=y^{1-n}$,化为一阶线性微分方程$\frac{dz}{dx}+(1-n)P(x)z=(1-n)Q(x)$.

(5) 全微分方程:$P(x,y)dx+Q(x,y)dy=0\left(\frac{\partial P}{\partial y}=\frac{\partial Q}{\partial x}\right)$.

曲线积分法：$u(x,y)=\int_{(x_0,y_0)}^{(x,y)} P\mathrm{d}x+Q\mathrm{d}y$；

凑微分法：$\mathrm{d}u(x,y)=P\mathrm{d}x+Q\mathrm{d}y$；

全微分方程的通解为 $u(x,y)=C$.

三、可降阶的高阶微分方程

(1) $y^{(n)}=f(x)$ 型.

连续积分 n 次可得通解.

(2) $y''=f(x,y')$ 型.

令 $y'=p, y''=\frac{\mathrm{d}p}{\mathrm{d}x}$，原方程化为关于 x、p 的一阶微分方程 $\frac{\mathrm{d}p}{\mathrm{d}x}=f(x,p)$.

(3) $y''=f(y,y')$ 型.

令 $y'=p, y''=p\frac{\mathrm{d}p}{\mathrm{d}y}$，原方程化为关于 y、p 的一阶微分方程 $p\frac{\mathrm{d}p}{\mathrm{d}y}=f(y,p)$.

四、二阶常系数线性微分方程

(1) 二阶常系数齐次线性微分方程 $y''+py'+qy=0$ 的特征方程为 $r^2+pr+q=0$，特征根为 r_1、r_2.

① 若特征方程有两个不相等的实根 $r_1\neq r_2$，则通解为 $y=C_1\mathrm{e}^{r_1x}+C_2\mathrm{e}^{r_2x}$.

② 若特征方程有两个相等的实根 $r_1=r_2$，则通解为 $y=(C_1+C_2x)\mathrm{e}^{r_1x}$.

③ 若特征方程有一对共轭复根 $r_{1,2}=\alpha\pm\mathrm{i}\beta(\beta\neq0)$，则通解为 $y=\mathrm{e}^{\alpha x}(C_1\cos\beta x+C_2\sin\beta x)$.

(2) 二阶常系数非齐次线性微分方程 $y''+py'+qy=f(x)$ 的解法.

根据二阶常系数齐次线性微分方程解的结构，可知二阶常系数非齐次线性微分方程 $y''+py'+qy=f(x)$ 的通解为 $y=Y+y^*$，其中 Y 是原方程对应的齐次方程的通解，y^* 是原方程的一个特解，通常用待定系数法求特解 y^*.

① 若非齐次项 $f(x)=\mathrm{e}^{\lambda x}P_m(x)$ 型[其中 λ 是常数，$P_m(x)$ 为 m 次多项式]，则特解的形式为 $y^*=x^k\mathrm{e}^{\lambda x}Q_m(x)$[其中 k 为 λ 作为特征根的重数，$Q_m(x)$ 为 m 次待定多项式].

② 若非齐次项 $f(x)=\mathrm{e}^{\alpha x}[P_l(x)\cos\omega x+P_n(x)\sin\omega x]$ 型[其中 α、ω 是实常数，$P_n(x)$ 为 n 次多项式，$P_l(x)$ 为 l 次多项式]，则特解的形式为 $y^*=x^k\mathrm{e}^{\lambda x}[Q_m(x)\cos\omega x+R_m(x)\sin\omega x]$[其中 $\alpha\pm\mathrm{i}\omega$ 为 λ 作为特征根的重数，$m=\max\{n,l\}$，$Q_m(x)$、$R_m(x)$ 为 m 次待定多项式].

五、欧拉方程

二阶欧拉方程的形式为

$$x^2y''+pxy'+qy=0,$$

其中 p、q 是实数.

设 $x=\mathrm{e}^t$，则 $xy'=\frac{\mathrm{d}y}{\mathrm{d}t}, x^2y''=\frac{\mathrm{d}^2y}{\mathrm{d}t^2}-\frac{\mathrm{d}y}{\mathrm{d}t}$，引进符号 $\mathrm{D}=\frac{\mathrm{d}}{\mathrm{d}t}, \mathrm{D}^2=\frac{\mathrm{d}^2}{\mathrm{d}t^2}$，则 $\frac{\mathrm{d}y}{\mathrm{d}t}=\frac{\mathrm{d}}{\mathrm{d}t}y=\mathrm{D}y$，$\frac{\mathrm{d}^2y}{\mathrm{d}t^2}-\frac{\mathrm{d}y}{\mathrm{d}t}=\frac{\mathrm{d}}{\mathrm{d}t}\left(\frac{\mathrm{d}}{\mathrm{d}t}-1\right)y=\mathrm{D}(\mathrm{D}-1)y$. 原方程就化为以 t 为自变量的二阶常系数线性微分方

程$[D(D-1)+pD+q]y=0$,其特征方程为$r(r-1)+pr+q=0$. 从而容易求出此微分方程的通解,再将自变量换为x,就得到原方程的通解.

对于$n>2$的欧拉方程

$$x^n y^{(n)}+p_1x^{n-1}y^{(n-1)}+\cdots+p_{n-1}xy'+p_ny=0,$$

同样作变换$x=e^t$,记$D^n=\dfrac{d^n}{dt^n}$,有

$$x^n y^{(n)}=D(D-1)\cdots(D-n+1)y,$$

原方程化为以t为自变量的n阶常系数线性微分方程.

基 础 题

1. 求下列微分方程的通解:

(1)$x^2y'+y=0$;

(2)$x\sec y\,dx+(x+1)dy=0$;

(3)$\dfrac{dx}{dt}=\dfrac{t\sqrt{1+t^2}}{xe^x}$;

(4)$(x^2+1)\dfrac{dy}{dx}=xy$;

(5)$\dfrac{dy}{dx}=\dfrac{1+y^2}{xy+x^3y}$;

(6)$xy'-y\ln y=0$.

解 (1) 显然,$y=0$是方程的解,$x=0$不是方程的解. 分离变量,得

$$\frac{dy}{y}=-\frac{dx}{x^2},$$

积分$\displaystyle\int\frac{dy}{y}=-\int\frac{dx}{x^2}$,得

$$\ln|y|=\frac{1}{x}+C_1 \quad 或 \quad y=Ce^{\frac{1}{x}}.$$

(2) 分离变量,得

$$\cos y\,dy=-\frac{x}{x+1}dx,$$

积分$\displaystyle\int\cos y\,dy=-\int\frac{x}{x+1}dx$,得

$$\sin y=\ln|x+1|-x+C.$$

(3) 分离变量,得

$$xe^x dx=t\sqrt{1+t^2}\,dt,$$

积分$\displaystyle\int xe^x dx=\int t\sqrt{1+t^2}\,dt$,得

$$(x-1)e^x=\frac{1}{3}(1+t^2)^{3/2}+C.$$

(4) 显然,$y=0$是方程的解. 分离变量,得

$$\frac{dy}{y}=\frac{xdx}{1+x^2},$$

积分$\displaystyle\int\frac{1}{y}dy=\int\frac{x}{1+x^2}dx$,得

$$\ln|y| = \frac{1}{2}\ln(1+x^2) + C_1 \quad 或 \quad y = C\sqrt{1+x^2}.$$

(5) 分离变量，得

$$\frac{y}{1+y^2}\mathrm{d}y = \frac{1}{x+x^3}\mathrm{d}x,$$

积分$\int \frac{y}{1+y^2}\mathrm{d}y = \int \frac{1}{x+x^3}\mathrm{d}x$，得

$$\frac{1}{2}\int \frac{1}{1+y^2}\mathrm{d}(1+y^2) = \int\left(\frac{1}{x} - \frac{x}{1+x^2}\right)\mathrm{d}x,$$

于是$\frac{1}{2}\ln(1+y^2) = \ln x - \frac{1}{2}\ln(1+x^2) + \frac{1}{2}\ln C$，即$(1+y^2)(1+x^2) = Cx^2$.

(6) 原方程可写为 $x\frac{\mathrm{d}y}{\mathrm{d}x} - y\ln y = 0$，分离变量，得

$$\frac{\mathrm{d}y}{y\ln y} = \frac{1}{x}\mathrm{d}x,$$

积分$\int \frac{\mathrm{d}y}{y\ln y} = \int \frac{1}{x}\mathrm{d}x$，得

$$\ln\ln y = \ln x + \ln C = \ln Cx,$$

亦即 $\ln y = Cx$，故原方程的通解为 $y = \mathrm{e}^{Cx}$.

2. 求下列微分方程满足所给初始条件的特解：

(1)$y' = \mathrm{e}^{2x-y}, y|_{x=0} = 0$；　　(2)$(xy^2+x)\mathrm{d}x + (x^2y - y)\mathrm{d}y = 0, y|_{x=0} = 1$.

解　(1) 分离变量并积分，得

$$\int \mathrm{e}^y\mathrm{d}y = \mathrm{e}^{2x}\mathrm{d}x,$$

通解为 $\mathrm{e}^y = \frac{1}{2}\mathrm{e}^{2x} + C$，由条件 $y|_{x=0} = 0$，得 $1 = \frac{1}{2} + C$，即 $C = \frac{1}{2}$，故满足初始条件的特解为 $\mathrm{e}^y = \frac{1}{2}(\mathrm{e}^{2x}+1)$.

(2) 分离变量并积分，得

$$\int \frac{y}{1+y^2}\mathrm{d}y = \int \frac{x}{1-x^2}\mathrm{d}x,$$

通解为$(1-x^2)(1+y^2) = C$，由条件 $y|_{x=0} = 1$，得 $C = 2$，故满足初始条件的特解为$(1-x^2)(1+y^2) = 2$.

3. 求下列齐次方程的通解：

(1)$x\frac{\mathrm{d}y}{\mathrm{d}x} = y + x\sec\frac{y}{x}$；　　(2)$xy' - y - x\mathrm{e}^{\frac{y}{x}} = 0$；

(3)$x\frac{\mathrm{d}y}{\mathrm{d}x} = y\ln\frac{y}{x}$；　　(4)$(x^3+y^3)\mathrm{d}x - 3xy^2\mathrm{d}y = 0$.

解　(1) 设 $u = \frac{y}{x}$，即 $y = xu$，则$\frac{\mathrm{d}y}{\mathrm{d}x} = u + x\frac{\mathrm{d}u}{\mathrm{d}x}$，于是原方程变为 $x\frac{\mathrm{d}u}{\mathrm{d}x} = \sec u$，分离变量，得

$$\cos u\mathrm{d}u = \frac{1}{x}\mathrm{d}x,$$

积分$\int \cos u\mathrm{d}u = \int \frac{1}{x}\mathrm{d}x$,得 $\sin u = \ln|x| + C$,

即
$$\sin\frac{y}{x} = \ln|x| + C.$$

(2) 设 $u = \frac{y}{x}$,即 $y = xu$,则$\frac{\mathrm{d}y}{\mathrm{d}x} = u + x\frac{\mathrm{d}u}{\mathrm{d}x}$,于是原方程变为 $x\frac{\mathrm{d}u}{\mathrm{d}x} = \mathrm{e}^u$,分离变量,得

$$\mathrm{e}^{-u}\mathrm{d}u = \frac{1}{x}\mathrm{d}x,$$

积分$\int \mathrm{e}^{-u}\mathrm{d}u = \int \frac{1}{x}\mathrm{d}x$,得 $\mathrm{e}^{-u} = -\ln|x| + C$,

即
$$\mathrm{e}^{-\frac{y}{x}} = -\ln|x| + C.$$

(3) 原方程可写为$\frac{\mathrm{d}y}{\mathrm{d}x} = \frac{y}{x}\ln\frac{y}{x}$,令 $u = \frac{y}{x}$,则 $y = ux$,$\frac{\mathrm{d}y}{\mathrm{d}x} = u + x\frac{\mathrm{d}u}{\mathrm{d}x}$,代入原方程,得

$$u + x\frac{\mathrm{d}u}{\mathrm{d}x} = u\ln u,$$

分离变量,得

$$\frac{1}{u(\ln u - 1)}\mathrm{d}u = \frac{1}{x}\mathrm{d}x,$$

积分$\int \frac{1}{u(\ln u - 1)}\mathrm{d}u = \int \frac{1}{x}\mathrm{d}x$,得 $\ln(\ln u - 1) = \ln x + \ln C$,

即
$$\ln\frac{y}{x} = Cx + 1.$$

(4) 原方程可写为$\frac{\mathrm{d}y}{\mathrm{d}x} = \frac{y}{3x} + \frac{x^2}{3y^2}$,令 $u = \frac{y}{x}$,则 $y = ux$,$\frac{\mathrm{d}y}{\mathrm{d}x} = u + x\frac{\mathrm{d}u}{\mathrm{d}x}$,代入原方程,得

$$u + x\frac{\mathrm{d}u}{\mathrm{d}x} = \frac{u}{3} + \frac{1}{3u^2},$$

分离变量,得

$$\frac{3u^2}{1 - 2u^3}\mathrm{d}u = \frac{1}{x}\mathrm{d}x,$$

积分$\int \frac{3u^2}{1 - 2u^3}\mathrm{d}u = \int \frac{1}{x}\mathrm{d}x$,得 $-\frac{1}{2}\ln(1 - 2u^3) = \ln x + C_1$,

即 $2u^3 = 1 - \frac{C}{x^2}$,其中 $C = \mathrm{e}^{C_1}$.将 $u = \frac{y}{x}$ 代入上式,得原方程的通解为 $x^3 - 2y^3 = Cx$.

4. 求解下列一阶线性微分方程:

(1)$y' - 3y = \mathrm{e}^x$;　　(2)$y' + 4y = x$;

(3)$y' + y\cos x = \mathrm{e}^{-\sin x}$;　　(4)$y' = \frac{y}{2y\ln y + y - x}$;

(5)$y' + y\tan x = \sin 2x$;　　(6)$(y^2 - 6x)\frac{\mathrm{d}y}{\mathrm{d}x} + 2y = 0$.

解　(1) 原方程对应的齐次方程为 $y' = 3y$,其通解为

$$y = C\mathrm{e}^{3x}.$$

设非齐次方程的通解为$y = C(x)\mathrm{e}^{3x}$,代入原方程,得$C'(x)\mathrm{e}^{3x} = \mathrm{e}^x$,即$C'(x) = \mathrm{e}^{-2x}$,于是$C(x) = -\frac{1}{2}\mathrm{e}^{-2x} + C$,从而原方程的通解为

$$y = Ce^{3x} - \frac{1}{2}e^{x}.$$

(2) 原方程对应的齐次方程为 $y' = -4y$,其通解为

$$y = Ce^{-4x}.$$

设非齐次方程的通解为 $y = C(x)e^{-4x}$,代入原方程,得 $C'(x)e^{-4x} = x$,即 $C'(x) = xe^{4x}$,于是 $C(x) = \frac{1}{16}(4x-1)e^{4x} + C$,从而原方程的通解为

$$y = \frac{1}{16}(4x-1) + Ce^{-4x}.$$

(3) 原方程对应的齐次方程为 $y' = -y\cos x$,其通解为

$$y = Ce^{-\sin x}.$$

设非齐次方程的通解为 $y = C(x)e^{-\sin x}$,代入原方程,得 $C'(x)e^{-\sin x} = e^{-\sin x}$,即 $C'(x) = 1$,于是 $C(x) = x + C$,从而原方程的通解为

$$y = (x + C)e^{-\sin x}.$$

(4) 原方程可以写成 $\frac{dx}{dy} + \frac{x}{y} = 2\ln y + 1$. 对应的齐次方程为 $\frac{dx}{dy} = -\frac{x}{y}$,其通解为

$$x = \frac{C}{y}.$$

设非齐次方程的通解为 $x = \frac{C(y)}{y}$,代入原方程,得 $\frac{C'(y)}{y} = 2\ln y + 1$,即 $C'(y) = 2y\ln y + y$,于是 $C(y) = y^2\ln y + C$,从而原方程的通解为

$$x = y\ln y + \frac{C}{y}.$$

(5) 原方程是 $P(x) = \tan x$, $Q(x) = \sin 2x$ 的一阶非齐次线性方程. 由通解公式得,原方程的通解为

$$\begin{aligned} y &= e^{-\int \tan x dx}\left(\int \sin 2x \cdot e^{\int \tan x dx}dx + C\right) \\ &= \cos x\left(\int \frac{\sin 2x}{\cos x}dx + C\right) = C\cos x - 2\cos^2 x. \end{aligned}$$

(6) 原方程可以写成 $\frac{dx}{dy} - \frac{3x}{y} = -\frac{y}{2}$,它是 $P(y) = -\frac{3}{y}$, $Q(y) = -\frac{y}{2}$ 的一阶非齐次线性方程. 由通解公式得,原方程的通解为

$$\begin{aligned} x &= e^{\int \frac{3}{y}dy}\left[\int\left(-\frac{y}{2}\right)\cdot e^{-\int \frac{3}{y}dy}dy + C\right] \\ &= y^3\left(-\int \frac{y}{2}\cdot\frac{1}{y^3}dy + C\right) = \frac{1}{2}y^2 + Cy^3. \end{aligned}$$

5. 求解下列一阶线性微分方程的初值问题:

(1) $y' + y = x + e^x$, $y|_{x=0} = 0$;　　(2) $xy' - 3y = x^2$, $x > 0$, $y|_{x=1} = 0$;

(3) $\frac{dy}{dx} - y\tan x = \sec x$, $y|_{x=0} = 0$;　　(4) $\frac{dy}{dx} + \frac{y}{x} = 4x^2$, $y|_{x=1} = 2$.

解　(1) 原方程对应的齐次方程为 $y' = -y$,其通解为

$$y = Ce^{-x}.$$

设非齐次方程的通解为 $y = C(x)\mathrm{e}^{-x}$,代入原方程,得 $C'(x)\mathrm{e}^{-x} = x + \mathrm{e}^{x}$,即 $C'(x) = x\mathrm{e}^{x} + \mathrm{e}^{2x} + C$,于是 $C(x) = (x-1)\mathrm{e}^{x} + \frac{1}{2}\mathrm{e}^{2x} + C$,从而原方程的通解为

$$y = C\mathrm{e}^{-x} + \frac{1}{2}\mathrm{e}^{x} + x - 1,$$

将 $y|_{x=0} = 0$ 代入,得 $C + \frac{1}{2} - 1 = 0$,即 $C = \frac{1}{2}$,故原方程的特解为

$$y = \frac{1}{2}(\mathrm{e}^{-x} + \mathrm{e}^{x}) + x - 1.$$

(2) 原方程可以写成$\frac{\mathrm{d}y}{\mathrm{d}x} - 3\,\frac{y}{x} = x$.对应的齐次方程为 $y' = \frac{3y}{x}$,其通解为

$$y = Cx^{3}.$$

设非齐次方程的通解为 $y = C(x)x^{3}$,代入原方程,得 $C'(x)x^{3} = x$,即 $C'(x) = \frac{1}{x^{2}}$,于是 $C(x) = -\frac{1}{x} + C$,从而原方程的通解为

$$y = (Cx - 1)x^{2},$$

将 $y|_{x=1} = 0$ 代入,得 $C = 1$,故原方程的特解为

$$y = (x-1)x^{2}.$$

(3) 由通解公式得,一阶线性微分方程的通解为

$$\begin{aligned} y &= \mathrm{e}^{\int \tan x\mathrm{d}x}\left[\int \sec x \cdot \mathrm{e}^{-\int \tan x\mathrm{d}x}\mathrm{d}x + C\right] \\ &= \frac{1}{\cos x}\left[\int \sec x \cdot \cos x\mathrm{d}x + C\right] \\ &= \frac{1}{\cos x}(x + C), \end{aligned}$$

将 $y|_{x=0} = 0$ 代入,得 $C = 0$,故原方程的特解为

$$y = \frac{x}{\cos x}.$$

(4) 由通解公式得,一阶线性微分方程的通解为

$$\begin{aligned} y &= \mathrm{e}^{-\int \frac{\mathrm{d}x}{x}}\left(\int 4x^{2} \cdot \mathrm{e}^{\int \frac{\mathrm{d}x}{x}}\mathrm{d}x + C\right) \\ &= \frac{1}{x}\left(\int 4x^{2} \cdot x\mathrm{d}x + C\right) \\ &= \frac{1}{x}(x^{4} + C) = x^{3} + \frac{C}{x}, \end{aligned}$$

将 $y|_{x=1} = 2$ 代入,得 $C = 1$,故原方程的特解为

$$y = x^{3} + \frac{1}{x}.$$

6. 求下列伯努利方程的通解:

(1) $x\frac{\mathrm{d}y}{\mathrm{d}x} + 2y = \frac{y^{3}}{x}$;　　(2) $y' + \frac{y}{x} = 2x^{-\frac{1}{2}}y^{\frac{1}{2}}$.

解 (1) 原方程可以写成$\frac{\mathrm{d}y}{\mathrm{d}x} + 2\,\frac{y}{x} = \frac{y^{3}}{x^{2}}$.这是 $n = 3$ 的伯努利方程.令 $z = y^{-2}$,则原方程

变为$\frac{dz}{dx}-4\frac{z}{x}=-\frac{2}{x^2}$. 对应的齐次方程为$\frac{dz}{dx}=\frac{4z}{x}$,其通解为

$$z=Cx^4.$$

设非齐次方程的通解为$z=C(x)x^4$,代入原方程,得$C'(x)x^4=-\frac{2}{x^2}$,即$C'(x)=-\frac{2}{x^6}$,于是$C(x)=\frac{2}{5x^5}+C$,从而原方程的通解为

$$z=\left(\frac{2}{5x^5}+C\right)x^4,$$

即

$$y^{-2}=\frac{2}{5x}+Cx^4.$$

(2) 这是$n=\frac{1}{2}$的伯努利方程. 令$z=y^{1/2}$,则原方程变为$\frac{dz}{dx}+\frac{z}{2x}=\frac{1}{x^{1/2}}$. 对应的齐次方程为$\frac{dz}{dx}=-\frac{z}{2x}$,其通解为

$$z=\frac{C}{x^{1/2}}.$$

设非齐次方程的通解为$z=\frac{C(x)}{x^{1/2}}$,代入原方程,得$\frac{C'(x)}{x^{1/2}}=\frac{1}{x^{1/2}}$,即$C'(x)=1$,于是$C(x)=x+C$,从而原方程的通解为

$$z=\frac{x+C}{x^{1/2}},$$

即

$$y=\frac{(x+C)^2}{x}.$$

7. 求下列全微分方程的通解:

(1) $(x^3-y)dx-(x-y)dy=0$;

(2) $(x\cos y+\cos x)y'-y\sin x+\sin y=0$;

(3) $\frac{2x}{y^3}dx+\frac{y^2-3x^2}{y^4}dy=0$;

(4) $(x^2-y)dx-xdy=0$.

解 (1)

$$(x^3-y)dx-(x-y)dy=0,$$

$$x^3dx+ydy-ydx-xdy=0,$$

$$d\left(\frac{1}{4}x^4\right)+d\left(\frac{1}{2}y^2\right)-d(xy)=0,$$

$$d(x^4+2y^2-4xy)=0,$$

于是原微分方程的通解为

$$x^4+2y^2-4xy=C.$$

(2) 原方程可以写成

$$x\cos y dy+\cos x dy-y\sin x dx+\sin y dx=0,$$

$$x d(\sin y)+\cos x dy+y d(\cos x)+\sin y dx=0,$$

$$x d(\sin y)+\sin y dx+\cos x dy+y d(\cos x)=0,$$

$$d(x\sin y)+d(y\cos x)=0,$$

$$d(x\sin y+y\cos x)=0,$$

于是原微分方程的通解为

$$x\sin y+y\cos x=C.$$

(3) 由题可知，$P(x,y)=\dfrac{2x}{y^3}$，$Q(x,y)=\dfrac{y^2-3x^2}{y^4}$，因为当 $y\neq 0$ 时，$\dfrac{\partial P}{\partial y}=-\dfrac{6x}{y^4}=\dfrac{\partial Q}{\partial x}$，故原方程是全微分方程，则

$$\begin{aligned}u(x,y)&=\int_{(0,1)}^{(x,y)}\frac{2x}{y^3}\mathrm{d}x+\frac{y^2-3x^2}{y^4}\mathrm{d}y\\&=\int_0^x 2x\mathrm{d}x+\int_1^y\frac{y^2-3x^2}{y^4}\mathrm{d}y\\&=x^2-\frac{1}{y}+1+\frac{x^2}{y^3}-x^2\\&=-\frac{1}{y}+1+\frac{x^2}{y^3},\end{aligned}$$

于是原微分方程的通解为 $u(x,y)=C_1$，即 $-\dfrac{1}{y}+\dfrac{x^2}{y^3}=C$.

(4) 由题可知，$P(x,y)=x^2-y$，$Q(x,y)=-x$，于是有$\dfrac{\partial P}{\partial y}=-1=\dfrac{\partial Q}{\partial x}$，所以原方程是全微分方程. 取 $x_0=0$，$y_0=0$，根据公式 $u(x,y)=\displaystyle\int_{x_0}^x P(x,y_0)\mathrm{d}x+\int_{y_0}^y Q(x,y)\mathrm{d}y$，有

$$u(x,y)=\int_0^x x^2\mathrm{d}x-\int_0^y x\mathrm{d}y=\frac{x^3}{3}-xy,$$

于是原微分方程的通解为 $$xy=\frac{x^3}{3}+C.$$

8. 求下列微分方程的通解：

(1) $4xy''-y''-4y'=0$；　(2) $xy''=y'\ln\dfrac{y'}{x}$；

(3) $yy''-(y')^2=0$；　(4) $yy''-(y')^2=y^2y'$；

(5) $y'''=y''$；　(6) $y''=(y')^3+y'$；

(7) $(1+x^2)y''=2xy'$；　(8) $y''-\dfrac{2}{1-y}y'^2=0$.

解 (1) 设 $y'=p$，则 $y''=p'$，于是原方程可以写成

$$(4x-1)\frac{\mathrm{d}p}{\mathrm{d}x}=4p,$$

分离变量，得

$$\frac{\mathrm{d}p}{p}=\frac{4\mathrm{d}x}{4x-1},$$

积分，得 $\ln|p|=\ln|4x-1|+C$，即 $p=C_1(4x-1)$，于是

$$y'=C_1(4x-1),$$

故原方程的通解为 $$y=C_1(2x^2-x)+C_2.$$

(2) 设 $y'=p$，则 $y''=p'$，于是原方程可以写成

$$\frac{\mathrm{d}p}{\mathrm{d}x}=\frac{p}{x}\ln\frac{p}{x},$$

再设 $u=\dfrac{p}{x}$，即 $p=xu$，则 $p'=u+xu'$，于是原方程变为

$$x\frac{\mathrm{d}u}{\mathrm{d}x}=u(\ln u-1),$$

分离变量,得

$$\frac{1}{u(\ln u-1)}\mathrm{d}u=\frac{1}{x}\mathrm{d}x,$$

积分,得 $\ln|\ln u-1|=\ln|x|+C$,即 $u=\mathrm{e}^{C_1x+1}$,于是 $p=x\mathrm{e}^{C_1x+1}$,即 $y'=x\mathrm{e}^{C_1x+1}$,

故原方程的通解为

$$y=\frac{1}{C_1^2}(C_1x-1)\mathrm{e}^{C_1x+1}+C_2.$$

(3) 设 $y'=p$,则 $y''=pp'$,于是原方程可以写成 $yp\frac{\mathrm{d}p}{\mathrm{d}y}=p^2$,得

$$p=0\quad \text{或}\quad y\frac{\mathrm{d}p}{\mathrm{d}y}=p.$$

微分方程 $y\frac{\mathrm{d}p}{\mathrm{d}y}=p$ 的解为 $p=C_1y$,即 $y'=C_1y$,它包含 $p=0$.解微分方程 $y'=C_1y$,得

$$y=C_2\mathrm{e}^{C_1x}.$$

(4) 设 $y'=p$,则 $y''=pp'$,于是原方程可以写成 $yp\frac{\mathrm{d}p}{\mathrm{d}y}=y^2p+p^2$,得

$$p=0\quad \text{或}\quad \frac{\mathrm{d}p}{\mathrm{d}y}-\frac{p}{y}=y.$$

微分方程 $\frac{\mathrm{d}p}{\mathrm{d}y}-\frac{p}{y}=y$ 对应的齐次方程为 $\frac{\mathrm{d}p}{\mathrm{d}y}=\frac{p}{y}$,其通解为

$$p=Cy.$$

设非齐次方程的通解为 $p=C(y)y$,代入原方程,得 $C'(y)y=y$,即 $C'(y)=1$,于是 $C(y)=y+C_1$,从而微分方程 $\frac{\mathrm{d}p}{\mathrm{d}y}-\frac{p}{y}=y$ 的通解为 $p=(y+C_1)y$,即

$$y'=(y+C_1)y,$$

解微分方程 $y'=(y+C_1)y$,得

$$\frac{y}{y+C_1}=C_2\mathrm{e}^{C_1x}\quad \text{或}\quad y=\frac{C_1C_2\mathrm{e}^{C_1x}}{1-C_2\mathrm{e}^{C_1x}}.$$

再由 $p=0$ 得 $y'=0$,解得 $y=C$,也是原方程的解.

(5) 设 $y''=p$,则 $y'''=p'$,于是原方程可以写成

$$\frac{\mathrm{d}p}{\mathrm{d}x}=p,$$

此微分方程的解为 $p=C_1\mathrm{e}^x$,即　$y''=C_1\mathrm{e}^x$,　$y'=C_1\mathrm{e}^x+C_2$,

故原方程的通解为

$$y=C_1\mathrm{e}^x+C_2x+C_3.$$

(6) 设 $y'=p$,则 $y''=pp'$,于是原方程可以写成 $p\frac{\mathrm{d}p}{\mathrm{d}y}=p+p^3$,得

$$p=0\quad \text{或}\quad \frac{\mathrm{d}p}{\mathrm{d}y}=1+p^2.$$

微分方程 $\frac{\mathrm{d}p}{\mathrm{d}y}=1+p^2$ 的解为 $p=\tan(y+C_1)$,即

$$y'=\tan(y+C_1),$$

解得

$$\sin(y+C_1)=C_2\mathrm{e}^x.$$

由 $p=0$ 得 $y'=0$,解得 $y=C$,也是原方程的解.

(7) 设 $y'=p$,则 $y''=p'$,于是原方程可以写成 $(1+x^2)p'=2xp$,得

$$\frac{dp}{p}=\frac{2x dx}{1+x^2},$$

积分,得 $\ln p=\ln(1+x^2)+\ln C_1$,即

$$p=C_1(1+x^2),\quad y'=C_1(1+x^2),$$

故原方程的通解为

$$y=\int C_1(1+x^2)dx=C_1\left(x+\frac{1}{3}x^3\right)+C_2.$$

(8) 令 $y'=p$,则 $y''=p\frac{dp}{dy}$,于是原方程可以写成 $p\frac{dp}{dy}-\frac{2p^2}{1-y}=0$,即

$$p\left(\frac{dp}{dy}-\frac{2p}{1-y}\right)=0.$$

当 $p=0$ 时,得原方程的一个解为 $y=C$,它不是通解;

当 $p\neq 0$ 时,约去 p,分离变量并积分,得

$$p(y-1)^2=C,$$

即

$$p=\frac{dy}{dx}=\frac{C}{(y-1)^2},$$

从而 $(y-1)^2dy=Cdx$,积分,得

$$(y-1)^3=C_1x+C_2\quad (C_1=3C),$$

故原方程的通解为

$$(y-1)^3=C_1x+C_2.$$

9. 求解下列初值问题:

(1) $y''-y'^2=0,y|_{x=0}=0,y'|_{x=0}=-1$;

(2) $y^3y''+1=0,y|_{x=1}=1,y'|_{x=1}=0$;

(3) $yy''=(y')^2-(y')^3,y|_{x=1}=1,y'|_{x=1}=-1$;

(4) $xy''+x(y')^2-y'=0,y|_{x=2}=2,y'|_{x=2}=1$.

解 (1) 设 $y'=p$,则 $y''=p'$,于是原方程可以写成 $\frac{dp}{dx}=p^2$,分离变量,得

$$\frac{dp}{p^2}=dx,$$

积分,得 $p=-\frac{1}{x+C_1}$,于是 $y'=-\frac{1}{x+C_1}$,由 $y'|_{x=0}=-1$ 得 $C_1=-1$,于是 $y'=-\frac{1}{x+1}$,从而 $y=-\ln|x+1|+C_2$,由 $y|_{x=0}=0$ 得 $C_2=0$,于是

$$y=-\ln|x+1|.$$

(2) 设 $y'=p$,则 $y''=pp'$,于是原方程可以写成

$$y^3p\frac{dp}{dy}=-1\quad 或\quad pdp=-y^{-3}dy.$$

微分方程 $pdp=-y^{-3}dy$ 的解为 $p^2=y^{-2}+C_1$,由 $y|_{x=1}=1,y'|_{x=1}=0$ 得 $C_1=-1$,即

$$(y')^2=y^{-2}-1\quad 或\quad y'=\pm\frac{\sqrt{1-y^2}}{y},$$

解微分方程 $y'=\pm\frac{\sqrt{1-y^2}}{y}$,得

$$\sqrt{1-y^2}=\mp(x+C_2),$$

由 $y|_{x=1}=1$ 得 $C_2=-1$，于是

$$y^2=2x-x^2.$$

(3) 设 $y'=p$，则 $y''=pp'$，于是原方程可以写成

$$yp\frac{\mathrm{d}p}{\mathrm{d}y}=p^2-p^3,$$

得 $p=0$ 或 $y\dfrac{\mathrm{d}p}{\mathrm{d}y}=p-p^2$. 微分方程 $y\dfrac{\mathrm{d}p}{\mathrm{d}y}=p-p^2$ 的解为$\dfrac{p}{p-1}=C_1y$，由 $y|_{x=1}=1$，$y'|_{x=1}=-1$ 得 $C_1=\dfrac{1}{2}$，即

$$\frac{y'}{y'-1}=\frac{y}{2}\quad 或\quad \frac{\mathrm{d}x}{\mathrm{d}y}=1-\frac{2}{y},$$

解微分方程$\dfrac{\mathrm{d}x}{\mathrm{d}y}=1-\dfrac{2}{y}$，得

$$y-2\ln|y|=x+C_2,$$

由 $y|_{x=1}=1$ 得 $C_2=0$，于是

$$y-2\ln|y|=x\quad 或\quad y=\mathrm{e}^{\frac{y-x}{2}}.$$

(4) 设 $y'=p$，则 $y''=p'$，于是原方程可以写成 $p'-\dfrac{p}{x}=-p^2$，这是 $n=2$ 的伯努利方程. 令 $z=p^{-1}$，原方程变为

$$\frac{\mathrm{d}z}{\mathrm{d}x}+\frac{z}{x}=1.$$

对应的齐次方程为 $z'=-\dfrac{z}{x}$，其通解为

$$z=\frac{C}{x}.$$

设非齐次方程的通解为 $z=\dfrac{C(x)}{x}$，代入上述方程，得$\dfrac{C'(x)}{x}=1$，即 $C'(x)=x$，于是

$$C(x)=\frac{x^2}{2}+C_1,$$

从而原方程的通解为

$$z=\frac{x}{2}+\frac{C_1}{x}\quad 或\quad \frac{1}{p}=\frac{x}{2}+\frac{C_1}{x}.$$

由 $y'|_{x=2}=1$ 得 $C_1=0$，于是 $y'=\dfrac{2}{x}$，从而 $y=2\ln|x|+C_2$，由 $y|_{x=2}=2$ 得 $C_2=2-\ln 4$，于是

$$y=\ln x^2-\ln 4+2.$$

10. 求下列微分方程的通解：

(1) $y''-3y'+2y=0$；　(2) $y''+6y'+9y=0$；

(3) $y''+y'+y=0$；　(4) $\dfrac{\mathrm{d}^2x}{\mathrm{d}t^2}-6\dfrac{\mathrm{d}x}{\mathrm{d}t}+9x=0$.

解　(1) 此方程的特征方程为 $r^2-3r+2=0$，特征根为 $r_1=1,r_2=2$，故其通解为 $y=$

$C_1 e^x + C_2 e^{2x}$.

(2) 此方程的特征方程为 $r^2 + 6r + 9 = 0$，特征根为 $r_1 = r_2 = -3$，故其通解为 $y = (C_1 + C_2 x)e^{-3x}$.

(3) 此方程的特征方程为 $r^2 + r + 1 = 0$，特征根为 $r_{1,2} = \dfrac{-1 \pm \sqrt{3}i}{2}$，故其通解为 $y = e^{-\frac{1}{2}x}\left(C_1 \cos \dfrac{\sqrt{3}x}{2} + C_2 \sin \dfrac{\sqrt{3}x}{2}\right)$.

(4) 此方程的特征方程为 $r^2 - 6r + 9 = 0$，特征根为 $r_1 = r_2 = 3$，故其通解为 $x = (C_1 + C_2 t)e^{3t}$.

11. 求下列微分方程的通解：

(1) $y'' - 3y' = x - 1$；

(2) $6y'' - y' - 2y = xe^x$；

(3) $y'' + 4y = x\sin x$；

(4) $2y'' + y' - y = 2e^{-x}$；

(5) $y'' + y = x + \cos x$；

(6) $y'' + 2y' + 2y = x + 3 + e^{-x}\sin x$.

解 (1) 此方程对应的齐次方程的特征方程为 $r^2 - 3r = 0$，特征根为 $r_1 = 0, r_2 = 3$，故齐次方程的通解为

$$y = C_1 + C_2 e^{3x}.$$

设非齐次方程的特解为 $y^* = x(Ax + B)$，代入原方程，得 $2A - 3(2Ax + B) = x - 1$，比较两端同类项的系数，得 $A = -\dfrac{1}{6}, B = \dfrac{2}{9}$，则特解为 $y^* = -\dfrac{1}{6}x^2 + \dfrac{2}{9}x$.

故微分方程的通解为

$$y = C_1 + C_2 e^{3x} - \frac{1}{6}x^2 + \frac{2}{9}x.$$

(2) 此方程对应的齐次方程的特征方程为 $6r^2 - r - 2 = 0$，特征根为 $r_1 = \dfrac{2}{3}, r_2 = -\dfrac{1}{2}$，故齐次方程的通解为

$$y = C_1 e^{\frac{2}{3}x} + C_2 e^{-\frac{1}{2}x}.$$

设非齐次方程的特解为 $y^* = e^x(Ax + B)$，代入原方程，得 $3Axe^x + (3B + 11A)e^x = xe^x$，比较两端同类项的系数，得 $A = \dfrac{1}{3}, B = -\dfrac{11}{9}$，则特解为 $y^* = \left(\dfrac{1}{3}x - \dfrac{11}{9}\right)e^x$.

故微分方程的通解为

$$y = C_1 e^{\frac{2}{3}x} + C_2 e^{-\frac{1}{2}x} + \left(\frac{1}{3}x - \frac{11}{9}\right)e^x.$$

(3) 此方程对应的齐次方程的特征方程为 $r^2 + 4 = 0$，特征根为 $r_{1,2} = \pm 2i$，故齐次方程的通解为

$$y = C_1 \cos 2x + C_2 \sin 2x.$$

设非齐次方程的特解为 $y^* = \cos x(Ax + B) + \sin x(Cx + D)$，代入原方程，得 $3\cos x(Ax + B) + 3\sin x(Cx + D) - 2A\sin x + 2C\cos x = x\sin x$，比较两端同类项的系数，得 $A = D = 0$，$C = \dfrac{1}{3}, B = -\dfrac{2}{9}$，则特解为 $y^* = \dfrac{1}{3}x\sin x - \dfrac{2}{9}\cos x$.

故微分方程的通解为

$$y = C_1\cos 2x + C_2\sin 2x + \frac{1}{3}x\sin x - \frac{2}{9}\cos x.$$

(4) 此方程对应的齐次方程的特征方程为 $2r^2 + r - 1 = 0$，特征根为 $r_1 = -1, r_2 = \frac{1}{2}$，故齐次方程的通解为

$$y = C_1 e^{-x} + C_2 e^{\frac{1}{2}x}.$$

设非齐次方程的特解为 $y^* = Axe^{-x}$，代入原方程，得 $-3Ae^{-x} = 2e^{-x}$，解得 $A = -\frac{2}{3}$，则特解为 $y^* = -\frac{2}{3}xe^{-x}$.

故微分方程的通解为

$$y = C_1 e^{-x} + C_2 e^{\frac{1}{2}x} - \frac{2}{3}xe^{-x}.$$

(5) 此方程对应的齐次方程的特征方程为 $r^2 + 1 = 0$，特征根为 $r_{1,2} = \pm i$，故齐次方程的通解为

$$y = C_1\cos x + C_2\sin x.$$

设非齐次方程 $y'' + y = x$ 的特解为 $y_1^* = Ax + B$，代入方程，得 $Ax + B = x$，比较两端同类项的系数，得 $A = 1, B = 0$，则特解为 $y_1^* = x$；

设非齐次方程 $y'' + y = \cos x$ 的特解为 $y_2^* = Cx\cos x + Dx\sin x$，代入方程，得 $-2C\sin x + 2D\cos x = \cos x$，比较两端同类项的系数，得 $C = 0, D = \frac{1}{2}$，则特解为 $y_2^* = \frac{1}{2}x\sin x$.

故微分方程的通解为

$$y = C_1\cos x + C_2\sin x + x + \frac{1}{2}x\sin x.$$

(6) 此方程对应的齐次方程的特征方程为 $r^2 + 2r + 2 = 0$，特征根为 $r_{1,2} = -1 \pm i$，故齐次方程的通解为

$$y = e^{-x}(C_1\cos x + C_2\sin x).$$

设非齐次方程 $y'' + 2y' + 2y = x + 3$ 的特解为 $y_1^* = Ax + B$，代入方程，得 $2Ax + 2(A + B) = x + 3$，比较两端同类项的系数，得 $A = \frac{1}{2}, B = 1$，则特解为 $y_1^* = \frac{1}{2}x + 1$；

设非齐次方程 $y'' + 2y' + 2y = e^{-x}\sin x$ 的特解为 $y_2^* = (Cx\cos x + Dx\sin x)e^{-x}$，代入方程，得 $2(-C\sin x + D\cos x)e^{-x} = e^{-x}\sin x$，比较两端同类项的系数，得 $C = -\frac{1}{2}, D = 0$，则特解为 $y_2^* = -\frac{1}{2}xe^{-x}\cos x$.

故微分方程的通解为

$$y = e^{-x}(C_1\cos x + C_2\sin x) + \frac{1}{2}x + 1 - \frac{1}{2}xe^{-x}\cos x.$$

12. 求下列微分方程的特解：

(1) $y'' + y = 2\cos x, y|_{x=0} = 1, y'|_{x=0} = 0$；

(2) $4y'' + 16y' + 15y = 4e^{-\frac{3}{2}x}, y|_{x=0} = 3, y'|_{x=0} = -\frac{11}{2}$；

(3) $y''-3y'+2y=5, y|_{x=0}=1, y'|_{x=0}=2$;

(4) $y''-y=4x\mathrm{e}^{x}, y|_{x=0}=0, y'|_{x=0}=1$.

解 (1) 此方程对应的齐次方程的特征方程为 $r^2+1=0$,特征根为 $r_{1,2}=\pm\mathrm{i}$,故齐次方程的通解为

$$y=C_1\cos x+C_2\sin x.$$

设非齐次方程的特解为 $y^*=Ax\cos x+Bx\sin x$,代入原方程,得 $-2A\sin x+2B\cos x=2\cos x$,比较两端同类项的系数,得 $A=0, B=1$,则特解为 $y^*=x\sin x$.

故微分方程的通解为

$$y=C_1\cos x+C_2\sin x+x\sin x,$$

又 $y'=(1-C_1)\sin x+(x+C_2)\cos x$,将 $y|_{x=0}=1, y'|_{x=0}=0$ 代入,得 $C_1=1, C_2=0$,从而所求特解为 $y=\cos x+x\sin x$.

(2) 此方程对应的齐次方程的特征方程为 $4r^2+16r+15=0$,特征根为 $r_1=-\dfrac{5}{2}, r_2=-\dfrac{3}{2}$,故齐次方程的通解为

$$y=C_1\mathrm{e}^{-\frac{5}{2}x}+C_2\mathrm{e}^{-\frac{3}{2}x}.$$

设非齐次方程的特解为 $y^*=Ax\mathrm{e}^{-\frac{3}{2}x}$,代入原方程,得 $4A\mathrm{e}^{-\frac{3}{2}x}=4\mathrm{e}^{-\frac{3}{2}x}$,即 $A=1$,则特解为 $y^*=x\mathrm{e}^{-\frac{3}{2}}x$.

故微分方程的通解为

$$y=C_1\mathrm{e}^{-\frac{5}{2}x}+C_2\mathrm{e}^{-\frac{3}{2}x}+x\mathrm{e}^{-\frac{3}{2}x},$$

又 $y'=-\dfrac{5}{2}C_1\mathrm{e}^{-\frac{5}{2}x}+\left(1-\dfrac{3}{2}C_2-\dfrac{3}{2}x\right)\mathrm{e}^{-\frac{3}{2}x}$,将 $y|_{x=0}=3, y'|_{x=0}=-\dfrac{11}{2}$,代入,得

$$\begin{cases}C_1+C_2=3\\-\dfrac{5}{2}C_1-\dfrac{3}{2}C_2+1=-\dfrac{11}{2}\end{cases},$$

解得 $C_1=2, C_2=1$,从而所求特解为 $y=2\mathrm{e}^{-\frac{5}{2}x}+\mathrm{e}^{-\frac{3}{2}x}+x\mathrm{e}^{-\frac{3}{2}x}$.

(3) 此方程对应的齐次方程的特征方程为 $r^2-3r+2=0$,特征根为 $r_1=1, r_2=2$,故齐次方程的通解为

$$y=C_1\mathrm{e}^{x}+C_2\mathrm{e}^{2x}.$$

设非齐次方程的特解为 $y^*=A$,代入原方程,得 $2A=5$,即 $A=\dfrac{5}{2}$,则特解为 $y^*=\dfrac{5}{2}$.

故微分方程的通解为

$$y=C_1\mathrm{e}^{x}+C_2\mathrm{e}^{2x}+\frac{5}{2},$$

又 $y'=C_1\mathrm{e}^{x}+2C_2\mathrm{e}^{2x}$,将 $y|_{x=0}=1, y'|_{x=0}=2$ 代入,得

$$\begin{cases}C_1+C_2+\dfrac{5}{2}=1\\C_1+2C_2=2\end{cases},$$

解得 $C_1=-5, C_2=\dfrac{7}{2}$,从而所求特解为 $y=-5\mathrm{e}^{x}+\dfrac{7}{2}\mathrm{e}^{2x}+\dfrac{5}{2}$.

(4) 此方程对应的齐次方程的特征方程为 $r^2-1=0$,特征根为 $r_1=1, r_2=-1$,故齐次方程的通解为

$$Y=C_1\mathrm{e}^x+C_2\mathrm{e}^{-x}.$$

设非齐次方程的特解为 $y^*=x(Ax+B)\mathrm{e}^x$,代入原方程,得

$$[4Ax+2(A+B)]\mathrm{e}^x=4x\mathrm{e}^x,$$

比较两端同类项的系数,得 $A=1, B=-1$,则特解为 $y^*=x(x-1)\mathrm{e}^x$.

故微分方程的通解为

$$y=C_1\mathrm{e}^x+C_2\mathrm{e}^{-x}+x(x-1)\mathrm{e}^x,$$

又 $y'=C_1\mathrm{e}^x-C_2\mathrm{e}^{-x}+(x^2+x-1)\mathrm{e}^x$,将 $y|_{x=0}=0, y'|_{x=0}=1$ 代入,得

$$\begin{cases}C_1+C_2=0\\C_1-C_2-1=1\end{cases},$$

解得 $C_1=1, C_2=-1$,从而所求特解为 $y=\mathrm{e}^x-\mathrm{e}^{-x}+(x^2-x)\mathrm{e}^x$.

13. 已知 $y_1=3, y_2=3+x^2, y_3=3+\mathrm{e}^x$ 是某二阶非齐次线性微分方程的三个特解,求微分方程的通解及该微分方程.

解　因为 $y_1=3, y_2=3+x^2, y_3=3+\mathrm{e}^x$ 是所给二阶非齐次线性微分方程的三个特解,故 $y_2-y_1=x^2$ 及 $y_3-y_1=\mathrm{e}^x$ 都是对应齐次线性微分方程的解,且由 $\frac{\mathrm{e}^x}{x^2}\neq k$(常数)知,$\mathrm{e}^x$ 与 x^2 线性无关,又 $y^*=y_1=3$ 是原方程的一个特解,故原方程的通解为

$$y=C_1x^2+C_2\mathrm{e}^x+3.$$

对上述通解求一阶、二阶导数,并联立得方程组

$$\begin{cases}y=C_1x^2+C_2\mathrm{e}^x+3\\y'=2C_1x+C_2\mathrm{e}^x\\y''=2C_1+C_2\mathrm{e}^x\end{cases},$$

消去 C_2,得

$$y'-y=2C_1x-C_1x^2-3,\quad y''-y'=2C_1-2C_1x,$$

即

$$\frac{y'-y+3}{2x-x^2}=C_1=\frac{y''-y'}{2-2x},$$

于是所求微分方程为

$$(2x-x^2)y''+(x^2-2)y'+2(1-x)y=6(1-x).$$

14. 设常系数微分方程 $y''+ay'-2y=\mathrm{e}^{-x}$ 具有形如 $y^*=Ax\mathrm{e}^{-x}$ 的一个特解,其中 A 为待定常数,求此方程的通解.

解　因为原方程的非齐次项 $f(x)=\mathrm{e}^{-x}$,而 $y^*=Ax\mathrm{e}^{-x}$ 是它的一个特解,易见 $\lambda=-1$ 是特征方程 $r^2+ar-2=0$ 的单根,从而 $(-1)^2-a-2=0$,解得 $a=-1$. 可求得特征方程 $r^2-r-2=0$ 的另一根为 2,故原方程 $y''-y'-2y=\mathrm{e}^{-x}$ 所对应的齐次方程的通解为

$$Y=C_1\mathrm{e}^{-x}+C_2\mathrm{e}^{2x}.$$

又因为 $y^*=Ax\mathrm{e}^{-x}$ 为原方程的一个特解,将它代入原方程,得

$$A(x-2)\mathrm{e}^{-x}-A(1-x)\mathrm{e}^{-x}-2Ax\mathrm{e}^{-x}=\mathrm{e}^{-x},$$

约去 e^{-x},比较两端同类项的系数,得 $A=-\frac{1}{3}$,则特解为 $y^*=-\frac{1}{3}x\mathrm{e}^{-x}$.

故原方程的通解为

$$y = C_1 e^{-x} + C_2 e^{2x} - \frac{1}{3} x e^{-x}.$$

15. 设微分方程 $y'' - 3y' + 2y = 2e^x$，试求：

(1) 方程的通解；

(2) 满足条件 $y|_{x=0} = 0, y'|_{x=0} = 1$ 的特解；

(3) 满足方程且其图形在点(0,1)处与曲线 $y = x^2 - x + 1$ 相切的特解.

解　(1) 原方程所对应的齐次方程的特征方程为 $r^2 - 3r + 2 = 0$，特征根为 $r_1 = 1, r_2 = 2$，故齐次方程的通解为

$$y = C_1 e^x + C_2 e^{2x}.$$

设原方程的特解为 $y^* = Axe^x$，代入原方程，得

$$A(x+2)e^x - 3A(x+1)e^x + 2Axe^x = 2e^x,$$

约去 e^x，比较两端同类项的系数，得 $A = -2$，则特解为 $y = -2xe^x$.

故原方程的通解为

$$y = C_1 e^x + C_2 e^{2x} - 2xe^x.$$

(2) 对上述通解求导，得

$$y' = C_1 e^x + 2C_2 e^{2x} - 2(x+1)e^x,$$

将 $y|_{x=0} = 0, y'|_{x=0} = 1$ 代入通解，得

$$\begin{cases} C_1 + C_2 = 0 \\ C_1 + 2C_2 = 3 \end{cases},$$

解得 $C_1 = -3, C_2 = 3$，故满足条件 $y|_{x=0} = 0, y'|_{x=0} = 1$ 的特解为

$$y = -3e^x + 3e^{2x} - 2xe^x.$$

(3) 因为特解所代表的曲线与曲线 $y = x^2 - x + 1$ 在点(0,1)处相切，所以 $y|_{x=0} = 1$，$y'|_{x=0} = (x^2 - x + 1)'|_{x=0} = -1$，将该初始条件代入通解，得

$$\begin{cases} C_1 + C_2 = 1 \\ C_1 + 2C_2 = 1 \end{cases},$$

解得 $C_1 = 1, C_2 = 0$，故所求特解为

$$y = (1 - 2x)e^x.$$

16. 求下列欧拉方程的通解：

(1) $x^2 y'' + xy' - 4y = x^3$；　　(2) $y'' - \dfrac{y'}{x} + \dfrac{y}{x^2} = \dfrac{2}{x}$；

(3) $x^2 y''' + xy'' - 4y' = 3x$；　　(4) $x^2 y'' + xy' + y = 2\cos \ln x$.

解　(1) 令 $x = e^t$，方程化为

$$[D(D-1) + D - 4]y = e^{3t},$$

对应齐次方程的特征方程为 $r(r-1) + r - 4 = 0$，特征根为 $r_1 = -2, r_2 = 2$，故齐次方程的通解为 $y = C_1 e^{-2t} + C_2 e^{2t}$.

设非齐次方程的特解为 $y^* = Ae^{3t}$，代入方程 $y'' - 4y = e^{3t}$，得 $5Ae^{3t} = e^{3t}$，解得 $A = \dfrac{1}{5}$，则特解为 $y^* = \dfrac{1}{5} e^{3t}$.

故微分方程的通解为

$$y = C_1 x^{-2} + C_2 x^2 + \frac{1}{5}x^3.$$

(2) 原方程可以写成 $x^2 y'' - xy' + y = 2x$，令 $x = \mathrm{e}^t$，方程化为

$$[\mathrm{D}(\mathrm{D}-1) - \mathrm{D} + 1]y = 2\mathrm{e}^t,$$

对应齐次方程的特征方程为 $r(r-1) - r + 1 = 0$，特征根为 $r_1 = r_2 = 1$，故齐次方程的通解为 $y = \mathrm{e}^t(C_1 + C_2 t)$.

设非齐次方程的特解为 $y^* = At^2\mathrm{e}^t$，代入方程 $y'' - 2y' + y = 2\mathrm{e}^t$，得 $2A\mathrm{e}^t = 2\mathrm{e}^t$，解得 $A = 1$，则特解为 $y^* = t^2\mathrm{e}^t$.

故微分方程的通解为

$$y = (C_1 + C_2 \ln|x|)x + x\ln^2|x|.$$

(3) 原方程可以写成 $x^3 y''' + x^2 y'' - 4xy' = 3x^2$，令 $x = \mathrm{e}^t$，方程化为

$$[\mathrm{D}(\mathrm{D}-1)(\mathrm{D}-2) + \mathrm{D}(\mathrm{D}-1) - 4\mathrm{D}]y = 3\mathrm{e}^{2t},$$

对应齐次方程的特征方程为 $r(r-1)(r-2) + r(r-1) - 4r = 0$，特征根为 $r_1 = 0, r_2 = -1, r_3 = 3$，故齐次方程的通解为 $y = C_1 + C_2\mathrm{e}^{-t} + C_3\mathrm{e}^{3t}$.

设非齐次方程的特解为 $y^* = A\mathrm{e}^{2t}$，代入方程 $y''' - 2y'' - 3y' = 3\mathrm{e}^{2t}$，得 $-6A\mathrm{e}^{2t} = 3\mathrm{e}^{2t}$，解得 $A = -\frac{1}{2}$，则特解为 $y^* = -\frac{1}{2}\mathrm{e}^{2t}$.

故微分方程的通解为

$$y = \left(C_1 + \frac{C_2}{x} + C_3 x^3\right) - \frac{1}{2}x^2.$$

(4) 令 $x = \mathrm{e}^t$，方程化为

$$[\mathrm{D}(\mathrm{D}-1) + \mathrm{D} + 1]y = 2\cos t,$$

对应齐次方程的特征方程为 $r(r-1) + r + 1 = 0$，特征根为 $r_{1,2} = \pm \mathrm{i}$，故齐次方程的通解为 $y = C_1\cos t + C_2\sin t$.

设非齐次方程的特解为 $y^* = At\cos t + Bt\sin t$，代入方程 $y'' + y = 2\cos t$，得 $2(-A\sin t + B\cos t) = 2\cos t$，比较两端同类项的系数，得 $A = 0, B = 1$，则特解为 $y^* = t\sin t$.

故微分方程的通解为

$$y = (C_1\cos\ln x + C_2\sin\ln x) + \ln x\sin\ln x.$$

综　合　题

1. 求解下列微分方程：

(1) $y' = \cos(x-y)$；　　(2) $\mathrm{e}^{\frac{x}{y}}(y-x)\mathrm{d}y + y(1+\mathrm{e}^{\frac{x}{y}})\mathrm{d}x = 0$；

(3) $\frac{\mathrm{d}y}{\mathrm{d}x} = (x+y)^2$；　　(4) $y' = \mathrm{e}^{2x+y-1} - 2$.

解　(1) 令 $u = x - y$，$\frac{\mathrm{d}y}{\mathrm{d}x} = 1 - \frac{\mathrm{d}u}{\mathrm{d}x}$，则原方程可化为

$$\frac{du}{dx}=1-\cos u=2\sin^2\frac{u}{2},$$

分离变量,得

$$\frac{1}{2}\csc^2\frac{u}{2}du=dx,$$

积分,得

$$x+\cot\frac{u}{2}=C,$$

将 $u=x-y$ 代入,得原方程的通解为

$$x+\cot\frac{x-y}{2}=C.$$

(2) 原方程可以写成

$$\frac{dx}{dy}=\frac{\left(\frac{x}{y}-1\right)e^{\frac{x}{y}}}{1+e^{\frac{x}{y}}},$$

令 $u=\frac{x}{y},\frac{dx}{dy}=u+y\frac{du}{dy}$,则原方程可化为

$$u+y\frac{du}{dy}=\frac{(u-1)e^u}{1+e^u},$$

分离变量,得

$$\frac{1+e^u}{u+e^u}du=-\frac{1}{y}dy,$$

积分,得

$$\ln|u+e^u|=-\ln|y|+\ln C,$$

即 $y(u+e^u)=C$,将 $u=\frac{x}{y}$ 代入,得原方程的通解为

$$x+ye^{\frac{x}{y}}=C.$$

(3) 令 $u=x+y,\frac{dy}{dx}=\frac{du}{dx}-1$,则原方程可化为

$$\frac{du}{dx}=1+u^2,$$

分离变量,得

$$dx=\frac{du}{1+u^2},$$

积分,得

$$x+C=\arctan u,$$

将 $u=x+y$ 代入,得原方程的通解为

$$x+C=\arctan(x+y),$$

即

$$y=-x+\tan(x+C).$$

(4) 令 $u=2x+y-1,\frac{dy}{dx}=y'=\frac{du}{dx}-2$,则原方程可化为

$$\frac{du}{dx}=e^u,$$

分离变量,得

$$dx = e^{-u}du,$$

积分,得

$$e^{-u} = C - x,$$

将 $u = 2x + y - 1$ 代入,得原方程的通解为

$$e^{-(2x+y+1)} = C - x.$$

2. 已知函数 $y = f(x)$ 在任意点 x 处的增量 $\Delta y = \dfrac{y\Delta x}{1+x^2} + \alpha$,其中 α 是比 $\Delta x(\Delta x \to 0)$ 高阶的无穷小,且 $y|_{x=0} = \pi$,求 $y|_{x=1}$.

解 由 $\Delta y = \dfrac{y\Delta x}{1+x^2} + \alpha$,结合可微的定义知,函数 $y = f(x)$ 在任意点 x 处均可微,且其微分为

$$dy = \frac{y}{1+x^2}dx,$$

这是可分离变量的微分方程,分离变量,得

$$\frac{dy}{y} = \frac{1}{1+x^2}dx,$$

积分,得通解为 $y = Ce^{\arctan x}$. 由条件 $y|_{x=0} = \pi$ 得 $C = \pi$,于是 $y = \pi e^{\arctan x}$,所以 $y|_{x=1} = \pi e^{\frac{\pi}{4}}$.

3. (1) 求微分方程 $xy' + ay = 1 + x^2$ 满足 $y|_{x=1} = 1$ 的解 $y(x,a)$,其中 a 为常数,且不等于零.

(2) 证明:$\lim\limits_{a\to 0} y(x,a)$ 是方程 $xy' = 1 + x^2$ 的解.

解 (1) 将原方程变形为

$$\frac{dy}{dx} + \frac{a}{x}y = \frac{1}{x} + x,$$

这是一阶线性微分方程,$P(x) = \dfrac{a}{x}$,$Q(x) = \dfrac{1}{x} + x$,故其通解为

$$\begin{aligned} y &= e^{-\int \frac{a}{x}dx}\left[\int\left(\frac{1}{x}+x\right)e^{\int \frac{a}{x}dx}dx + C\right] \\ &= e^{-a\ln x}\left[\int\left(\frac{1}{x}+x\right)e^{a\ln x}dx + C\right] \\ &= x^{-a}\left[\int\left(\frac{1}{x}+x\right)x^a dx + C\right] = x^{-a}\left(\frac{x^a}{a} + \frac{x^{a+2}}{a+2} + C\right) \\ &= \frac{1}{a} + \frac{x^2}{a+2} + Cx^{-a}, \end{aligned}$$

将 $y|_{x=1} = 1$ 代入,得 $C = \dfrac{a^2-2}{a(a+2)}$,于是 $y(x,a) = \dfrac{1}{a} + \dfrac{x^2}{a+2} + \dfrac{a^2-2}{a(a+2)}x^{-a}$.

(2)
$$\begin{aligned} \lim_{a\to 0} y(x,a) &= \lim_{a\to 0}\left[\frac{1}{a} + \frac{x^2}{a+2} + \frac{a^2-2}{a(a+2)}x^{-a}\right] \\ &= \frac{x^2}{2} + \lim_{a\to 0}\frac{a+2+(a^2-2)x^{-a}}{a(a+2)} \\ &= \frac{x^2}{2} + \frac{1}{2}\lim_{a\to 0}\frac{a+2+(a^2-2)x^{-a}}{a} \end{aligned}$$

$$= \frac{x^2}{2} + \frac{1}{2}\lim_{a\to 0}\frac{1 + 2ax^{-a} - (a^2 - 2)x^{-a}\ln x}{1}$$

$$= \frac{x^2}{2} + \frac{1}{2} + \ln x,$$

将$\lim\limits_{a\to 0} y(x,a) = \frac{x^2}{2} + \frac{1}{2} + \ln x$ 代入方程 $xy' = 1 + x^2$,得

$$xy' = x\left(\frac{x^2}{2} + \frac{1}{2} + \ln x\right)' = x\left(x + \frac{1}{x}\right) = 1 + x^2,$$

所以$\lim\limits_{a\to 0} y(x,a)$ 是方程 $xy' = 1 + x^2$ 的解.

4. 求微分方程 $y\mathrm{d}x + (x - 3y^3)\mathrm{d}y = 0$ 满足条件$y|_{x=1} = 1$ 的特解.

解 将原方程变形为

$$\frac{\mathrm{d}x}{\mathrm{d}y} + \frac{x}{y} = 3y,$$

这是一阶线性微分方程,$P(y) = \frac{1}{y}$,$Q(y) = 3y$,故其通解为

$$x = \mathrm{e}^{-\int\frac{1}{y}\mathrm{d}y}\left(\int 3y\cdot \mathrm{e}^{\int\frac{1}{y}\mathrm{d}y}\mathrm{d}y + C\right) = \frac{1}{y}\left(\int 3y^2\mathrm{d}y + C\right) = y^2 + \frac{C}{y}.$$

将$y|_{x=1} = 1$ 代入,得 $C = 0$,于是特解为 $x = y^2$,即 $y = \sqrt{x}$.

5. 设有微分方程 $y' - 2y = \varphi(x)$,其中 $\varphi(x) = \begin{cases} 2, & x < 1 \\ 0, & x > 1 \end{cases}$,试求出一个在$(-\infty, +\infty)$内连续的函数 y,使之在$(-\infty, 1)$、$(1, +\infty)$ 内都满足所给方程,且满足条件 $y|_{x=0} = 0$.

解 当 $x < 1$ 时,原方程为 $y' - 2y = 2$,其通解为 $y = C_1\mathrm{e}^{2x} - 1$,将 $y|_{x=0} = 0$ 代入,得 $C_1 = 1$,于是 $y = \mathrm{e}^{2x} - 1$;

当 $x > 1$ 时,原方程为 $y' - 2y = 0$,其通解为 $y = C_2\mathrm{e}^{2x}$,由函数的连续性得 $\lim\limits_{x\to 1^+} y = \lim\limits_{x\to 1^-} y$,即 $C_2\mathrm{e}^2 = \mathrm{e}^2 - 1$,解得 $C_2 = 1 - \mathrm{e}^{-2}$,于是 $y = (1 - \mathrm{e}^{-2})\mathrm{e}^{2x}$.

综上所述,所求函数为

$$y = \begin{cases} \mathrm{e}^{2x} - 1, & x < 1 \\ (1 - \mathrm{e}^{-2})\mathrm{e}^{2x}, & x \geqslant 1 \end{cases}.$$

6. 设曲线 $y = f(x)$,其中 $f(x)$ 是可导函数,且 $f(x) > 0$. 已知曲线 $y = f(x)$ 与直线 $y = 0$,$x = 1$ 及 $x = t(t > 1)$ 所围成的曲边梯形绕 x 轴旋转一周所得立体的体积是该曲边梯形面积的 πt 倍,求该曲线方程.

解 由题意知

$$\pi\int_1^t f^2(x)\mathrm{d}x = \pi t\int_1^t f(x)\mathrm{d}x,$$

方程两端对 t 求导,得

$$f^2(t) = \int_1^t f(x)\mathrm{d}x + tf(t),$$

将 $t = 1$ 代入,得 $f(1) = 1$ 或 $f(1) = 0$(舍去). 上述方程两端再对 t 求导,得

$$2f(t)f'(t) = 2f(t) + tf'(t),$$

记 $f(t) = y$,$f'(t) = \frac{\mathrm{d}y}{\mathrm{d}t}$,则上述方程可化为$\frac{\mathrm{d}y}{\mathrm{d}t} = \frac{2y}{2y - t}$,即$\frac{\mathrm{d}t}{\mathrm{d}y} + \frac{1}{2y}t = 1$,因此

$$t = e^{-\int \frac{1}{2y}dy}\left(\int e^{\int \frac{1}{2y}dy}dy + C\right)$$

$$= y^{-1/2}\left(\frac{2}{3}y^{3/2} + C\right) = \frac{2}{3}y + \frac{C}{\sqrt{y}},$$

将 $y\big|_{t=1} = f(1) = 1$ 代入，得 $C = \frac{1}{3}$，于是 $t = \frac{2}{3}y + \frac{1}{3\sqrt{y}}$，即 $x = \frac{2}{3}y + \frac{1}{3\sqrt{y}}$.

7. 设函数 $f(x)$ 在 $(0, +\infty)$ 内连续，$f(1) = \frac{5}{2}$，且对任意的 x、$t \in (0, +\infty)$，恒有

$$\int_1^{xt} f(u)du = t\int_1^x f(u)du + x\int_1^t f(u)du,$$

求 $f(x)$.

解　等式两端关于 t 求导，得

$$xf(xt) = \int_1^x f(u)du + xf(t),$$

令 $t = 1$，得

$$xf(x) = \int_1^x f(u)du + xf(1) = \int_1^x f(u)du + \frac{5}{2}x,$$

上述等式两端关于 x 求导，得

$$f(x) + xf'(x) = f(x) + \frac{5}{2},$$

即 $f'(x) = \frac{5}{2x}$，积分，得

$$f(x) = \frac{5}{2}\ln x + C.$$

由初始条件 $f(1) = \frac{5}{2}$ 得 $C = \frac{5}{2}$，故 $f(x) = \frac{5}{2}\ln x + \frac{5}{2}$.

8. 设函数 $f(x)$ 连续，且满足 $\int_0^x f(x-t)dt = \int_0^x (x-t)f(t)dt + e^{-x} - 1$，求 $f(x)$.

解　对于左端 $\int_0^x f(x-t)dt$，令 $x - t = u$，得

$$\int_0^x f(x-t)dt = \int_x^0 f(u)d(x-u) = \int_0^x f(u)du,$$

将右端的积分变量写成 u，于是原式可以写成

$$\int_0^x f(u)du = \int_0^x (x-u)f(u)du + e^{-x} - 1 = x\int_0^x f(u)du - \int_0^x uf(u)du + e^{-x} - 1,$$

对 x 求导，得

$$f(x) = \int_0^x f(u)du + xf(x) - xf(x) - e^{-x} = \int_0^x f(u)du - e^{-x},$$

令 $x = 0$，得 $f(0) = -1$. 再对 x 求导，得

$$f'(x) = f(x) + e^{-x},$$

即 $y' - y = e^{-x}$，这是一个一阶线性微分方程，其中 $P(x) = -1$，$Q(x) = e^{-x}$，故其通解为

$$y = e^{-\int P(x)dx}\left[\int Q(x)e^{\int P(x)dx}dx + C\right]$$

$$= e^{\int dx}\left[\int e^{-x}\cdot e^{-\int dx}dx + C\right] = e^{x}\left(-\frac{1}{2}e^{-2x} + C\right),$$

由 $f(0) = -1$ 得 $C = -\frac{1}{2}$,所以

$$f(x) = e^{x}\left(-\frac{1}{2}e^{-2x} - \frac{1}{2}\right) = -\frac{e^{x} + e^{-x}}{2}.$$

9. 设函数 $f(u)$ 在 $(0, +\infty)$ 内具有二阶导数,且 $z = f(\sqrt{x^2 + y^2})$ 满足 $\frac{\partial^2 z}{\partial x^2} + \frac{\partial^2 z}{\partial y^2} = 0$, $f(1) = 0, f'(1) = 1$,求 $f(u)$ 的表达式.

解 由 $z = f(u), u = \sqrt{x^2 + y^2}$ 得

$$\frac{\partial z}{\partial x} = f'(u)\cdot\frac{x}{\sqrt{x^2+y^2}},\quad \frac{\partial^2 z}{\partial x^2} = f''(u)\cdot\frac{x^2}{x^2+y^2} + f'(u)\cdot\frac{y^2}{(x^2+y^2)^{3/2}},$$

$$\frac{\partial z}{\partial y} = f'(u)\cdot\frac{y}{\sqrt{x^2+y^2}},\quad \frac{\partial^2 z}{\partial y^2} = f''(u)\cdot\frac{y^2}{x^2+y^2} + f'(u)\cdot\frac{x^2}{(x^2+y^2)^{3/2}},$$

根据题设条件,可得

$$f''(u) + \frac{f'(u)}{\sqrt{x^2+y^2}} = 0,$$

即

$$f''(u) + \frac{f'(u)}{u} = 0,$$

令 $f'(u) = p, f''(u) = \frac{dp}{du}$,方程化为

$$\frac{dp}{du} = -\frac{p}{u},$$

分离变量并积分,得 $p = \frac{C_1}{u}$,即 $f'(u) = \frac{C_1}{u}$,由 $f'(1) = 1$ 知,$C_1 = 1$,于是 $f'(u) = \frac{1}{u}$,积分,得 $f(u) = \ln u + C$,由 $f(1) = 0$ 知,$C = 0$,所以 $f(u) = \ln u$.

10. 试证明幂级数 $\sum_{n=0}^{\infty}\frac{x^{2n+1}}{(2n+1)!}$ 在其收敛域内的和函数 $y = f(x)$ 满足微分方程 $y'' + y' = e^{x}$,并求此幂级数的和函数.

证明 因为对任意 $x \in (-\infty, +\infty)$,有 $\lim_{n\to\infty}\left|\frac{\frac{x^{2n+3}}{(2n+3)!}}{\frac{x^{2n+1}}{(2n+1)!}}\right| = \lim_{n\to\infty}\frac{x^2}{(2n+3)(2n+2)} = 0$,

故所给幂级数对任意 x 均收敛,收敛域为 $(-\infty, +\infty)$.

设 $y = f(x) = \sum_{n=0}^{\infty}\frac{x^{2n+1}}{(2n+1)!}$,则

$$y' = \sum_{n=0}^{\infty}\frac{x^{2n}}{(2n)!},\quad y'' = \sum_{n=1}^{\infty}\frac{x^{2n-1}}{(2n-1)!} = \sum_{n=0}^{\infty}\frac{x^{2n+1}}{(2n+1)!},$$

代入方程,得

$$y'' + y' = \sum_{n=0}^{\infty}\frac{x^{2n+1}}{(2n+1)!} + \sum_{n=0}^{\infty}\frac{x^{2n}}{2n!} = \sum_{n=0}^{\infty}\frac{x^{n}}{n!} = e^{x},$$

即所给幂级数满足题设微分方程.

由级数的表达式易见 $y|_{x=0}=0, y'|_{x=0}=1$,即幂级数的和函数是微分方程 $y''+y'=e^x$ 满足条件 $y|_{x=0}=0, y'|_{x=0}=1$ 的特解,微分方程对应的齐次方程的通解为 $Y=C_1+C_2e^{-x}$,微分方程的一个特解为 $y^*=\frac{1}{2}e^x$,故其通解为

$$y=C_1+C_2e^{-x}+\frac{1}{2}e^x,$$

由初始条件 $y|_{x=0}=0, y'|_{x=0}=1$ 得 $C_1=0, C_2=-\frac{1}{2}$,于是所给幂级数的和函数为

$$y=\frac{1}{2}(e^x-e^{-x}).$$

11. 设曲线积分

$$\int_L [xy(x+y)-f(x)y]dx+[f'(x)+x^2y]dy,$$

与路径无关,且 $f(0)=0, f'(0)=1$,试计算:

$$\int_{(0,0)}^{(1,1)} [xy(x+y)-f(x)y]dx+[f'(x)+x^2y]dy.$$

解　由于曲线积分与路径无关,取

$$P(x,y)=xy(x+y)-f(x)y,\quad Q(x,y)=f'(x)+x^2y,$$

满足$\frac{\partial P}{\partial y}=\frac{\partial Q}{\partial x}$,即

$$x^2+2xy-f(x)=f''(x)+2xy,$$

所以有

$$\begin{cases} f''(x)+f(x)=x^2 \\ f(0)=0, f'(0)=1 \end{cases},$$

容易求得 $f''(x)+f(x)=0$ 的通解为 $F(x)=C_1\cos x+C_2\sin x$,又易见 $f''(x)+f(x)=x^2$ 的一个特解为 $f^*(x)=x^2-2$,故 $f''(x)+f(x)=x^2$ 的通解为

$$f(x)=C_1\cos x+C_2\sin x+x^2-2.$$

由 $f(0)=0, f'(0)=1$ 得 $C_1=2, C_2=1$,故

$$f(x)=2\cos x+\sin x+x^2-2,$$

于是

$$\begin{aligned}
&\int_{(0,0)}^{(1,1)} [xy(x+y)-f(x)y]dx+[f'(x)+x^2y]dy \\
&=\int_{(0,0)}^{(1,0)} 0dx+\int_{(1,0)}^{(1,1)} [f'(x)+x^2y]dy \\
&=\int_0^1 [f'(1)+y]dy=f'(1)+\frac{1}{2} \\
&=-2\sin 1+\cos 1+\frac{5}{2}.
\end{aligned}$$

12. 设函数 $f(x)$ 在数轴上处处确定,恒不为零,$f'(0)$ 存在,并且对任意 x、y,恒有 $f(x+y)=f(x)\cdot f(y)$. 试导出 $f'(x)$ 与 $f(x)$ 的关系,并由此求出 $f(x)$.

解　取 $x=0, y=1$,得 $f(0)=1$. 任取 $\Delta x\neq 0$,由 $f(x+y)=f(x)\cdot f(y)$,有

$$\frac{f(x+\Delta x)-f(x)}{\Delta x}=\frac{f(x)[f(\Delta x)-f(0)]}{\Delta x},$$

令 $\Delta x\to 0$,得

$$f'(x)=\lim_{\Delta x\to 0}\frac{f(x+\Delta x)-f(x)}{\Delta x}=f(x)\lim_{\Delta x\to 0}\frac{f(\Delta x)-f(0)}{\Delta x}=f(x)f'(0),$$

即 $f'(x)=f(x)f'(0)$. 因 $f(x)$ 在数轴上处处确定,恒不为零,分离变量并积分,得

$$f(x)=Ce^{f'(0)x},$$

由 $f(0)=1$ 得 $C=1$,故 $f(x)=e^{f'(0)x}$.

13. 已知 $f(xy)=yf(x)+xf(y)$ 对任意 x、y 均成立,且 $f'(1)=e$,求 $f(xy)$ 的极小值.

解 在 $f(xy)=yf(x)+xf(y)$ 中,令 $x=y=1$,得 $f(1)=0$. 当 $x\neq 0$ 时,

$$\begin{aligned}f'(x)&=\lim_{\Delta x\to 0}\frac{f(x+\Delta x)-f(x)}{\Delta x}=\lim_{\Delta x\to 0}\frac{f\left[x\left(1+\frac{\Delta x}{x}\right)\right]-f(x)}{\Delta x}\\&=\lim_{\Delta x\to 0}\frac{xf\left(1+\frac{\Delta x}{x}\right)+\left(1+\frac{\Delta x}{x}\right)f(x)-f(x)}{\Delta x}=\lim_{\Delta x\to 0}\frac{xf\left(1+\frac{\Delta x}{x}\right)+\left(\frac{\Delta x}{x}\right)f(x)}{\Delta x}\\&=\lim_{\Delta x\to 0}\frac{f\left(1+\frac{\Delta x}{x}\right)}{\frac{\Delta x}{x}}+\frac{1}{x}f(x)=f'(1)+\frac{1}{x}f(x)=e+\frac{1}{x}f(x),\end{aligned}$$

即 $f'(x)-\frac{1}{x}f(x)=e$,这是一个一阶线性微分方程,其通解为

$$f(x)=e^{\int\frac{1}{x}dx}\left(\int e\cdot e^{-\int\frac{1}{x}dx}dx+C\right)=x(e\ln x+C),$$

由 $f(1)=0$ 得 $C=0$,于是 $f(x)=ex\ln x$,从而 $f(xy)=exy\ln xy$.

令 $xy=u$,考虑函数 $f(u)=eu\ln u$,解方程 $f'(u)=e\ln u+e=0$,得 $u=e^{-1}$,$f''(e^{-1})=e^2>0$,所以极小值为 $f(e^{-1})=-1$.

14. 已知某曲线经过点(1,1),它的切线在纵轴上的截距等于切点的横坐标,求它的方程.

解 设曲线的方程为 $y=f(x)$,其上任意一点 (x,y) 处的切线方程为 $Y-y=y'(X-x)$,切线在纵轴上的截距为 $y-xy'$,由题意有 $y-xy'=x$,即 $y'-\frac{y}{x}=-1$,其通解为

$$y=e^{\int\frac{1}{x}dx}\left[\int(-1)\cdot e^{-\int\frac{1}{x}dx}dx+C\right]=x\left(-\int\frac{1}{x}dx+C\right)=x(-\ln x+C),$$

又因为曲线过点(1,1),所以 $C=1$,从而所求曲线方程为 $y=x(1-\ln x)$.

15. 已知某光滑曲线在第一象限内且通过原点 $O(0,0)$,曲线上任意一点 M 处的切线为 MT(这里 T 为此切线与 x 轴的交点),过点 M 作 x 轴的垂线 PM,P 为垂足. 设 $\triangle PMT$ 的面积与曲边三角形 OPM 的面积之比恒为常数 $k\left(k>\frac{1}{2}\right)$,设点 M 处的导数恒为正,求曲线方程.

解 设曲线方程为 $y=f(x)$,任意点 M 的坐标为 $(x_0,f(x_0))$,点 M 处的切线 MT 的方程为

$$y=f(x_0)+f'(x_0)(x-x_0),$$

令 $y=0$,得点 T 的横坐标为 $x_0-\frac{f(x_0)}{f'(x_0)}$,故 $\triangle PMT$ 的面积为 $\frac{f^2(x_0)}{2|f'(x_0)|}$,由于点 M 处的导

数恒为正，因此 $\triangle PMT$ 的面积为 $\frac{f^2(x_0)}{2f'(x_0)}$，曲边三角形 OPM 的面积为 $\int_0^{x_0} f(x)\mathrm{d}x$，于是

$$\frac{f^2(x_0)}{2f'(x_0)} = k\int_0^{x_0} f(x)\mathrm{d}x,$$

由 x_0 的任意性得 $\frac{f^2(x)}{f'(x)} = 2k\int_0^x f(x)\mathrm{d}x$. 方程两端对 x 求导，并写成微分方程的形式，得

$$yy'' + 2(k-1)y'^2 = 0.$$

这是不显含 x 的二阶可降阶微分方程. 令 $y' = p(y)$，则 $y'' = p\frac{\mathrm{d}p}{\mathrm{d}y}$，方程可化为

$$yp\frac{\mathrm{d}p}{\mathrm{d}y} + 2(k-1)p^2 = 0 \quad (p > 0),$$

即 $\frac{\mathrm{d}p}{p} = 2(1-k)\frac{1}{y}\mathrm{d}y$，这是可分离变量的一阶微分方程. 积分，得

$$\ln|p| = 2(1-k)\ln|y| + \ln|C_1|,$$

即 $p = C_1 y^{2(1-k)}$ 或 $\frac{\mathrm{d}y}{\mathrm{d}x} = C_1 y^{2(1-k)}$，分离变量，得 $\frac{\mathrm{d}y}{y^{2(1-k)}} = C_1\mathrm{d}x$，积分，得

$$\frac{1}{2k-1}y^{2k-1} = C_1 x + C_2,$$

由 $y|_{x=0} = 0$ 得 $C_2 = 0$，所以曲线方程为 $y = Cx^{\frac{1}{2k-1}}[C = C_1(2k-1) > 0]$.

16. 求微分方程 $y''[x + (y')^2] = y'$ 满足初始条件 $y|_{x=1} = y'|_{x=1} = 1$ 的特解.

解 此微分方程不显含 y，令 $y' = p(x)$，$y'' = p'$，则方程可化为

$$p'(x + p^2) = p,$$

即

$$\frac{\mathrm{d}p}{\mathrm{d}x} = \frac{p}{x + p^2} \quad \text{或} \quad \frac{\mathrm{d}x}{\mathrm{d}p} - \frac{x}{p} = p,$$

这是一阶线性微分方程，其通解为

$$\begin{aligned} x &= \mathrm{e}^{\int\frac{1}{p}\mathrm{d}p}\left(\int p\mathrm{e}^{-\int\frac{1}{p}\mathrm{d}p}\mathrm{d}p + C_1\right) \\ &= p\left(\int\mathrm{d}p + C_1\right) = p(p + C_1), \end{aligned}$$

由初始条件 $y'|_{x=1} = 1$ 得 $C_1 = 0$，于是 $x = p^2$，即 $x = \left(\frac{\mathrm{d}y}{\mathrm{d}x}\right)^2$，也即 $\frac{\mathrm{d}y}{\mathrm{d}x} = \sqrt{x}$，积分，得

$$y = \frac{2}{3}x^{\frac{3}{2}} + C_2,$$

再由初始条件 $y|_{x=1} = 1$ 得 $C_2 = \frac{1}{3}$，所以特解为 $y = \frac{2}{3}x^{\frac{3}{2}} + \frac{1}{3}$.

17. 设可导函数 $\varphi(x)$ 满足

$$\varphi(x)\cos x + 2\int_0^x \varphi(t)\sin t\mathrm{d}t = x + 1,$$

求 $\varphi(x)$.

解 方程两端同时对 x 求导，得

$$\varphi'(x)\cos x - \varphi(x)\sin x + 2\varphi(x)\sin x = 1,$$

即 $\varphi'(x)\cos x + \varphi(x)\sin x = 1$，亦即 $\varphi'(x) + \tan x\varphi(x) = \sec x$，其通解为

$$\begin{aligned}\varphi(x) &= e^{-\int \tan x dx}\left(\int \sec x \cdot e^{\int \tan x dx} dx + C\right) \\ &= e^{\ln \cos x}\left(\int \sec x \cdot e^{-\ln \cos x} dx + C\right) \\ &= \cos x\left(\int \sec^2 x dx + C\right) = \cos x(\tan x + C) \\ &= C\cos x + \sin x,\end{aligned}$$

在 $\varphi(x)\cos x + 2\int_0^x \varphi(t)\sin t dt = x + 1$ 中，令 $x = 0$，得 $\varphi(0) = 1$，故

$$1 = C\cos 0 + \sin 0,$$

从而 $C = 1$，因此 $\varphi(x) = \cos x + \sin x$.

18. 设函数 $\varphi(x)$ 连续，且满足

$$\varphi(x) = e^x + \int_0^x t\varphi(t)dt - x\int_0^x \varphi(t)dt,$$

求 $\varphi(x)$.

解　令 $x = 0$，得 $\varphi(0) = 1$. 方程两端同时对 x 求导，得

$$\varphi'(x) = e^x - \int_0^x \varphi(t)dt,$$

令 $x = 0$，得 $\varphi'(0) = 1$. 再求导，得 $\varphi''(x) = e^x - \varphi(x)$，于是

$$\varphi''(x) + \varphi(x) = e^x,$$

又该方程对应的齐次方程的特征方程为 $r^2 + 1 = 0$，特征根为 $r_{1,2} = \pm i$，故齐次方程的通解为

$$\varphi(x) = C_1\cos x + C_2\sin x,$$

设该方程对应的非齐次方程的特解为 $\varphi^* = Ae^x$，代入方程，得特解为 $\varphi^* = \frac{1}{2}e^x$.

故该方程的通解为

$$\varphi(x) = C_1\cos x + C_2\sin x + \frac{1}{2}e^x.$$

19. 设 $y = f(x)$ 是区间$(-\pi,\pi)$内过点$\left(-\frac{\pi}{\sqrt{2}},\frac{\pi}{\sqrt{2}}\right)$的光滑曲线，当 $-\pi < x < 0$ 时，曲线上任意一点处的法线都过原点；当 $0 \leqslant x < \pi$ 时，函数 $y = f(x)$ 满足方程 $y'' + y + x = 0$. 求函数 $y = f(x)$ 的表达式.

解　当 $-\pi < x < 0$ 时，设(x,y)为曲线上任意一点，由导数的几何意义知，法线的斜率为 $k = -\frac{1}{\frac{dy}{dx}}$，由法线都过原点可知，法线的斜率为$\frac{y}{x}$，所以$\frac{dy}{dx} = -\frac{x}{y}$，分离变量并积分，得 $x^2 + y^2 = C$，由初始条件 $y|_{x=-\frac{\pi}{\sqrt{2}}} = \frac{\pi}{\sqrt{2}}$ 得 $C = \pi^2$，所以

$$y = \sqrt{\pi^2 - x^2}, \quad -\pi < x < 0.$$

因为曲线 $y = f(x)$ 光滑，即函数 $y = f(x)$ 连续且可导，所以

$$f(0) = \lim_{x\to 0^-} f(x) = \lim_{x\to 0^-} \sqrt{\pi^2 - x^2} = \pi,$$

$$f'(0) = f'_-(0) = \lim_{x\to 0^-}\frac{f(x) - f(0)}{x} = \lim_{x\to 0^-}\frac{\sqrt{\pi^2 - x^2} - \pi}{x} = \lim_{x\to 0^-}\frac{-x}{\sqrt{\pi^2 - x^2}} = 0.$$

当 $0 \leqslant x < \pi$ 时，$y'' + y + x = 0$ 的通解为

$$y = C_1 \cos x + C_2 \sin x - x,$$

$$y' = -C_1 \sin x + C_2 \cos x - 1,$$

由 $y|_{x=0} = \pi, y'|_{x=0} = 0$ 得 $C_1 = \pi, C_2 = 1$，故

$$y = \pi\cos x + \sin x - x, \quad 0 \leqslant x < \pi.$$

综上所述，

$$y = \begin{cases} \sqrt{\pi^2 - x^2}, & -\pi < x < 0 \\ \pi\cos x + \sin x - x, & 0 \leqslant x < \pi \end{cases}.$$

20. 设函数 $f(x)$ 具有连续的一阶导数，且满足 $f(x) = \int_0^x (x^2 - t^2) f'(t) \mathrm{d}t + x^2$，求 $f(x)$ 的表达式.

解　易见 $f(x) = x^2 \int_0^x f'(t) \mathrm{d}t - \int_0^x t^2 f'(t) \mathrm{d}t + x^2$，令 $x = 0$，得 $f(0) = 0$. 对此式求导，得

$$\begin{aligned} f'(x) &= 2x \int_0^x f'(t) \mathrm{d}t + x^2 f'(x) - x^2 f'(x) + 2x \\ &= 2x[f(x) - f(0)] + 2x, \end{aligned}$$

整理，得一阶线性微分方程

$$f'(x) - 2xf(x) = 2x,$$

解得

$$f(x) = C\mathrm{e}^{x^2} - 1,$$

将 $f(0) = 0$ 代入，得 $C = 1$，所以 $f(x) = \mathrm{e}^{x^2} - 1$.

21. 用变量代换 $x = \cos t \ (0 < t < \pi)$ 化简微分方程 $(1 - x^2) y'' - xy' + y = 0$，并求其满足初始条件 $y|_{x=0} = 1, y'|_{x=0} = 2$ 的特解.

解　由题可知

$$y' = \frac{\mathrm{d}y}{\mathrm{d}x} = \frac{\mathrm{d}y}{\mathrm{d}t} \cdot \frac{1}{\frac{\mathrm{d}x}{\mathrm{d}t}} = -\frac{1}{\sin t} \frac{\mathrm{d}y}{\mathrm{d}t},$$

$$\begin{aligned} y'' &= \frac{\mathrm{d}}{\mathrm{d}t}\left(\frac{\mathrm{d}y}{\mathrm{d}x}\right) \cdot \frac{1}{\frac{\mathrm{d}x}{\mathrm{d}t}} \\ &= \left(\frac{\cos t}{\sin^2 t} \frac{\mathrm{d}y}{\mathrm{d}t} - \frac{1}{\sin t} \frac{\mathrm{d}^2 y}{\mathrm{d}t^2}\right)\left(-\frac{1}{\sin t}\right) \\ &= \frac{1}{\sin^2 t} \frac{\mathrm{d}^2 y}{\mathrm{d}t^2} - \frac{\cos t}{\sin^3 t} \frac{\mathrm{d}y}{\mathrm{d}t}, \end{aligned}$$

将 y'、y'' 代入原方程，得

$$(1 - \cos^2 t)\left(\frac{1}{\sin^2 t} \frac{\mathrm{d}^2 y}{\mathrm{d}t^2} - \frac{\cos t}{\sin^3 t} \frac{\mathrm{d}y}{\mathrm{d}t}\right) + \frac{\cos t}{\sin t} \frac{\mathrm{d}y}{\mathrm{d}t} + y = 0,$$

即

$$\frac{\mathrm{d}^2 y}{\mathrm{d}t^2} + y = 0,$$

其特征方程为 $\lambda^2 + 1 = 0$，特征根为 $\lambda = \pm \mathrm{i}$，于是其通解为 $y = C_1 \cos t + C_2 \sin t$，从而原方程的通解为

$$y = C_1 x + C_2 \sqrt{1 - x^2},$$

由初始条件$y|_{x=0}=1, y'|_{x=0}=2$得 $C_1=2, C_2=1$,故所求方程的特解为

$$y=2x+\sqrt{1-x^2}.$$

22.(1) 验证函数 $y=1+\frac{x^3}{3!}+\frac{x^6}{6!}+\frac{x^9}{9!}+\cdots+\frac{x^{3n}}{(3n)!}+\cdots$ 满足微分方程

$$y''+y'+y=\mathrm{e}^x.$$

(2) 利用(1) 的结果求幂级数$\sum\limits_{n=0}^{\infty}\frac{x^{3n}}{(3n)!}$的和函数.

解 (1) 对 $y=\sum\limits_{n=0}^{\infty}\frac{x^{3n}}{(3n)!}, x\in(-\infty,+\infty)$ 求一阶、二阶导数,得

$$y'=\sum_{n=1}^{\infty}\frac{x^{3n-1}}{(3n-1)!},\quad y''=\sum_{n=1}^{\infty}\frac{x^{3n-2}}{(3n-2)!},$$

所以

$$y''+y'+y=\sum_{n=0}^{\infty}\frac{x^n}{n!}=\mathrm{e}^x.$$

(2) 由级数的表达式易见 $y|_{x=0}=1, y'|_{x=0}=0$,即幂级数的和函数是微分方程 $y''+y'+y=\mathrm{e}^x$ 满足条件 $y|_{x=0}=1, y'|_{x=0}=0$ 的特解,微分方程对应的齐次方程的通解为 $Y=\mathrm{e}^{-\frac{x}{2}}\left(C_1\cos\frac{\sqrt{3}}{2}x+C_2\sin\frac{\sqrt{3}}{2}x\right)$,微分方程的一个特解为 $y^*=\frac{1}{3}\mathrm{e}^x$,故其通解为

$$y=\mathrm{e}^{-\frac{x}{2}}\left(C_1\cos\frac{\sqrt{3}}{2}x+C_2\sin\frac{\sqrt{3}}{2}x\right)+\frac{1}{3}\mathrm{e}^x,$$

由初始条件 $y|_{x=0}=1, y'|_{x=0}=0$ 得 $C_1=\frac{2}{3}, C_2=0$,于是所给幂级数的和函数为

$$y=\frac{2}{3}\mathrm{e}^{-\frac{x}{2}}\cos\frac{\sqrt{3}}{2}x+\frac{1}{3}\mathrm{e}^x,\quad x\in(-\infty,+\infty).$$

23. 设 $y=f(x)$ 在$(-\infty,+\infty)$内具有二阶导数,且 $y'\neq 0$, $x=g(y)$ 是 $y=f(x)$ 的反函数.

(1) 试将 $x=g(y)$ 所满足的微分方程$\frac{\mathrm{d}^2x}{\mathrm{d}y^2}+(y+\sin x)\left(\frac{\mathrm{d}x}{\mathrm{d}y}\right)^3=0$ 变换为 $y=f(x)$ 满足的微分方程;

(2) 求变换后的微分方程满足初始条件 $y|_{x=0}=0, y'|_{x=0}=\frac{3}{2}$ 的解.

解 (1) 由题可知

$$\frac{\mathrm{d}x}{\mathrm{d}y}=\frac{1}{\frac{\mathrm{d}y}{\mathrm{d}x}}=\frac{1}{y'},$$

$$\frac{\mathrm{d}^2x}{\mathrm{d}y^2}=\frac{\mathrm{d}\left(\frac{1}{y'}\right)}{\mathrm{d}y}=\frac{\mathrm{d}\left(\frac{1}{y'}\right)}{\mathrm{d}x}\cdot\frac{\mathrm{d}x}{\mathrm{d}y}=-(y')^{-2}\cdot y''\cdot\frac{1}{y'}=-\frac{y''}{y'^3},$$

代入方程$\frac{\mathrm{d}^2x}{\mathrm{d}y^2}+(y+\sin x)\left(\frac{\mathrm{d}x}{\mathrm{d}y}\right)^3=0$,得

$$-\frac{y''}{y'^3}+(y+\sin x)\left(\frac{1}{y'}\right)^3=0,$$

即 $y''-y=\sin x$ 为 $y=f(x)$ 满足的微分方程.

(2) 微分方程 $y''-y=\sin x$ 对应的齐次方程的特征方程为 $r^2-1=0$,特征根为 $r_1=1$, $r_2=-1$,故齐次方程的通解为 $Y=C_1\mathrm{e}^x+C_2\mathrm{e}^{-x}$.

设非齐次方程的特解为 $y^*=A\cos x+B\sin x$,代入原微分方程,得 $-2A\cos x-2B\sin x=\sin x$,比较两端同类项的系数,得 $A=0, B=-\frac{1}{2}$,则特解为 $y^*=-\frac{1}{2}\sin x$.

故微分方程的通解为

$$y=C_1\mathrm{e}^x+C_2\mathrm{e}^{-x}-\frac{1}{2}\sin x,$$

由初始条件 $y|_{x=0}=0, y'|_{x=0}=\frac{3}{2}$ 得

$$\begin{cases}C_1+C_2=0\\ C_1-C_2-\frac{1}{2}=\frac{3}{2}\end{cases},$$

解得 $C_1=1, C_2=-1$,所以满足初始条件的解为

$$y=\mathrm{e}^x-\mathrm{e}^{-x}-\frac{1}{2}\sin x.$$

24. 求方程 $y''-y=\mathrm{e}^x+4\cos x$ 的一个解,使其所对应的曲线在点(0,1) 处与曲线 $y=x^2-x+1$ 相切.

解　微分方程 $y''-y=\mathrm{e}^x+4\cos x$ 对应的齐次方程的特征方程为 $r^2-1=0$,特征根为 $r_1=1, r_2=-1$,故齐次方程的通解为 $Y=C_1\mathrm{e}^x+C_2\mathrm{e}^{-x}$.

设非齐次方程 $y''-y=\mathrm{e}^x$ 的特解为 $y_1^*=Ax\mathrm{e}^x$,代入方程,得 $2A\mathrm{e}^x=\mathrm{e}^x$,解得 $A=\frac{1}{2}$,则特解为 $y_1^*=\frac{1}{2}x\mathrm{e}^x$;

设非齐次方程 $y''-y=4\cos x$ 的特解为 $y_2^*=B\cos x+C\sin x$,代入方程,得 $-2B\cos x-2C\sin x=4\cos x$,比较两端同类项的系数,得 $B=-2, C=0$,则特解为 $y_2^*=-2\cos x$.

故原方程的通解为

$$y=Y+y_1^*+y_2^*=C_1\mathrm{e}^x+C_2\mathrm{e}^{-x}+\frac{1}{2}x\mathrm{e}^x-2\cos x.$$

因为曲线在点(0,1) 处与曲线 $y=x^2-x+1$ 相切,所以有 $y|_{x=0}=1, y'|_{x=0}=(2x-1)\Big|_{x=0}=-1$,代入通解,有

$$\begin{cases}C_1+C_2-2=1\\ C_1-C_2+\frac{1}{2}=-1\end{cases},$$

解得 $C_1=\frac{3}{4}, C_2=\frac{9}{4}$,因此所求曲线方程为

$$y=\frac{3}{4}\mathrm{e}^x+\frac{9}{4}\mathrm{e}^{-x}+\frac{1}{2}x\mathrm{e}^x-2\cos x.$$

25. 在下列微分方程中,以 $y = C_1 e^x + C_2 \cos 2x + C_3 \sin 2x$($C_1$、$C_2$、$C_3$ 为任意常数)为通解的是(　　).

(A)$y''' + y'' - 4y' - 4y = 0$　　(B)$y''' + y'' + 4y' + 4y = 0$

(C)$y''' - y'' - 4y' + 4y = 0$　　(D)$y''' - y'' + 4y' - 4y = 0$

解　因为特征根 $r_1 = 1, r_2 = 2i, r_3 = -2i$,所以特征方程为

$$(r-1)(r^2+4) = r^3 - r^2 + 4r - 4 = 0,$$

由此特征方程得到微分方程 $y''' - y'' + 4y' - 4y = 0$. 所以选(D).

26. 设 $y = f(x)$ 是 $y'' + 2y' + y = e^{3x}$ 满足 $y|_{x=0} = y'|_{x=0} = 0$ 的解,则当 $x \to 0$ 时,与 $f(x)$ 为等价无穷小的是(　　).

(A)$\sin x^2$　　(B)$\sin x$　　(C)$\ln(1+x^2)$　　(D)$\ln\sqrt{1+x^2}$

解　由初始条件 $y|_{x=0} = y'|_{x=0} = 0$ 得

$$\lim_{x\to 0} y'' = \lim_{x\to 0}(e^{3x} - 2y' - y) = 1,$$

因此

$$\lim_{x\to 0}\frac{\ln\sqrt{1+x^2}}{y} = \lim_{x\to 0}\frac{\frac{1}{2}\ln(1+x^2)}{y} = \lim_{x\to 0}\frac{\frac{1}{2}x^2}{y} = \lim_{x\to 0}\frac{x}{y'} = \lim_{x\to 0}\frac{1}{y''} = 1.$$

所以选(D).